Bemerkungen zum **Autor dieses Buches**

Franz Daniels, Geburtsjahrgang 1944, legte sein Abitur 1964 am mathematisch–naturwissenschaftlichen Ernst-Moritz-Arndt-Gymnasium in Bonn ab. Nach dem damals obligatorischen Bundeswehrdienst studierte er ab 1966 die Fächer Mathematik und Physik an der Technischen Universität Berlin.

Nach dem Vordiplom in Berlin setzte er ab 1969 sein Studium an der Goethe-Universität Frankfurt am Main fort. Dort arbeitete er seit 1970 in der Arbeitsgruppe für biophysikalische Raumforschung im Max-Planck-Institut für Biophysik als wissenschaftlicher Hilfsassistent. Er gehörte hier bald zur Gruppe der Mitentwickler des sogenannten „Biostack"-Experimentes, welches im Rahmen des US Raumfahrt-Programms „Apollo" zweimal an Mondumrundungen teilnahm.

Nach dem Diplom in Physik 1973 hätte er sich für die Fortführung seiner wissenschaftlichen Forschungstätigkeit am Institut entscheiden können. Er beschloss jedoch, die höhere Schule als Vermittlungsort naturwissenschaftlicher und mathematischer Erkenntnisse und Ausbildungen zu wählen. Er erhoffte sich dort eine größere Breitenwirkung für die (damals schlecht beleumundeten) Fächer Mathematik und Physik.

Nach der erforderlichen Referendarzeit unterrichtete er seit Anfang 1975 am Gymnasium der Altkönigschule in Kronberg im Taunus. Dort amtierte er seit 1987 als StD und Fachbereichsleiter für die Naturwissenschaften.

Während seiner gesamten Lehrertätigkeit hat er immer in allen Klassenstufen Mathematik und Physik unterrichtet. Insbesondere hat er in diesen Fächern Leistungskurse erfolgreich zum Abitur geführt.

Als es in Hessen noch kein Zentralabitur gab, gehörte er seit 1995 einer Arbeitsgruppe des hessischen Staatlichen Schulamtes in Friedberg an, die mit der Aufgabe betraut war, die Abiturvorschläge der anderen Schulen in Mathematik und Physik zu begutachten und zu überprüfen.

Im Sommer 2009 wurde F. Daniels pensioniert.

Für das (strenge) Korrekturlesen danke ich sehr herzlich Herrn StD Hans-Georg Krapf aus Kassel und meiner Frau.

Vorbemerkungen

Liebe Leserinnen und Leser !

Alles, was Sie unter Umständen in der Schulzeit über das Rechnen mit Funktionen nicht immer so recht verstanden haben, wird dieses Buch behandeln und ausführlich erklären. Es stellt also einen Vorbereitungskurs (sowohl für Grund- und Leistungskurse) auf das Mathematik-Abitur in Analysis dar, so dass dann eine gute oder sogar sehr gute Note in Mathematik möglich wird. Es kann aber auch einen Brückenkurs zwischen Schule und Universität darstellen.

Für Lehrer(innen) ist dieses Buch ebenfalls sehr gut geeignet, da es ihnen bei ihrer stetigen Suche nach passenden Aufgaben interessante Probleme und Aufgabenstellungen aus dem Gebiet der Analysis liefert.

Schließlich kann jeder Leser, der sich für Probleme der höheren Mathematik interessiert, hier Anregungen erhalten.

Im Abitur müssen im Zentralabitur Mathematik in Deutschland hauptsächlich ganzrationale, gebrochenrationale Funktionen aber auch e- und ln-Funktionen untersucht werden. Häufig werden dazu Probleme aus dem Alltag mathematisch aufgegriffen, sie werden dann meistens modelliert und manchmal auch optimiert. Seltener werden auch Kurvenscharen untersucht. Oft werden sogenannte Verständnisfragen gestellt. All diesen Gesichtspunkten trägt dieses Buch Rechnung.

Das Buch ist so aufgebaut, dass ganzrationale Funktionen 2., 3. und 4. Grades, gebrochen-rationale Funktionen, ebenso e-Funktionen und ln-Funktionen untersucht werden.

Das Buch enthält leichtere und schwierigere Aufgaben. In vielen Aufgaben werden spezielle Aussagen zu der zu untersuchenden Funktionsvorschrift gemacht, die dann in Form einer sogenannten „Steckbriefaufgabe" gefunden werden kann. Anschließend wird die Funktion diskutiert und der erforderliche Graph gezeigt (welcher für dieses Buch mit einem Computerprogramm hergestellt wurde). Deshalb sind alle Aufgaben zunächst sehr ähnlich aufgebaut. Es schließen sich in der Regel dann meistens weitere spezielle Fragestellungen an.

Oft müssen dabei auch Integrale berechnet werden oder es werden Optimierungsprobleme betrachtet. Ist die Stammfunktion (wegen fehlender Kenntnisse zur Integralrechnung) nicht zu ermitteln, kann in diesen Fällen nur eine Bestätigung erfolgen. Wenn die Steckbriefaufgabe nicht gelöst werden soll oder kann, ist es außerdem immer möglich, sofort zur Diskussion überzugehen, da in allen Aufgaben die Vorschrift als Kontrollergebnis gegeben wird. Das gesamte Buch setzt daher nicht voraus, dass es vollständig von der ersten bis zur letzten Seite durch gearbeitet werden muss. Vielmehr kann jedes einzelne Problem (z. B. auch aus der Mitte) aufgegriffen werden und, unabhängig von den anderen, eigenständig bearbeitet werden.

Am Ende des Buches werden dann schwierigere Integrale ausführlich berechnet und schließlich einige Inhalte der Analysis noch einmal in kurzen Merksätzen dargestellt.

Fast allen Aufgaben ist gemeinsam, dass der Schwierigkeitsgrad sich von einem Teilaufgabenpunkt zum nächsten steigert. Auf den nachfolgenden Seiten einer jeden Aufgabe wird dann ausführlich ihre jeweilige Lösung erläutert. Dort kann also immer nachgelesen werden, wie man zu der entsprechenden Lösung gelangt. Hier wird aber jedes Mal nur ein Weg angegeben; das heißt jedoch nicht, dass es nicht noch andere Möglichkeiten geben kann.

Wird das Buch sorgfältig durchgearbeitet, dann stellen die erworbenen Kenntnisse sicherlich eine sehr gute Grundlage dar, um erfolgreich in der Schule zu sein, oder aber auch in den Anfangskursen der Universität (Brückenkurse) weiter zu arbeiten.

Im Mathematik-Abitur kann in Analysis dann eigentlich nichts mehr schiefgehen.

Inhaltsverzeichnis und Gliederung des gesamten Buches

1.) **Wiederholung einiger wichtiger Grundlagen**

a.) Quadratische Gleichungen

Bei fast allen Problemen treten quadratische Gleichungen auf. Wie man damit umgeht, soll hier an einigen Beispielen erörtert und dabei gleichzeitig gründlich wiederholt werden.

Gegeben sei z. B. die Gleichung: $\qquad 12x^2 + 13x - 35 = 0$.

Wie lauten die Lösungen dieser Gleichung?

Ohne „Lösungsformel" muss diese Gleichung auf ein vollständiges Binom zurückgeführt werden. Dies geschieht folgendermaßen: Zunächst wird die ganze Gleichung durch 12 dividiert, damit $1 \cdot x^2$ vorne alleine steht. Also:

$$x^2 + \frac{13}{12}x - \frac{35}{12} = 0.$$

In der binomischen Formel steht $a^2 \pm 2ab + b^2 = (a \pm b)^2$.

Genau das wird jetzt ausgenutzt: Wenn in der quadratischen Gleichung $x^2 + \frac{13}{12}x$ als ein Teil eines Binoms aufgefasst wird, muss also $\frac{13}{12} = 2b$ sein, da x^2 oder a ja schon „vergeben" sind.

Wenn aber $2b = \frac{13}{12}$ ist, dann ist $b = \frac{13}{2 \cdot 12} = \frac{13}{24}$.

Stünde dieser Term in der Gleichung, dann könnte man sofort das „vollständige" Binom hinschreiben. Dieser Term steht aber meistens (leider) nicht dort. Trotzdem kann man erzwingen, dass er dort auftaucht, ohne die Aussage der Gleichung zu verändern. Dieser „Trick" sieht so aus, dass man zunächst eine Null addiert (und diese dann „auseinanderreißt"). Man geht daher folgendermaßen vor:

$$x^2 + \frac{13}{12}x + \left(\frac{13}{24}\right)^2 - \left(\frac{13}{24}\right)^2 - \frac{35}{12} = 0.$$

Nun kann man für die ersten drei Terme genau das Binom hinschreiben, also

$$\left(x + \frac{13}{24}\right)^2 - \left(\frac{13}{24}\right)^2 - \frac{35}{12} = 0 \quad \text{oder} \quad \left(x + \frac{13}{24}\right)^2 = \left(\frac{13}{24}\right)^2 + \frac{35}{12} = \frac{169}{576} + \frac{35 \cdot 48}{12 \cdot 48} = \frac{1849}{576}.$$

Jetzt kann die Wurzel gezogen werden. Also ist: $x + \frac{13}{24} = \pm\sqrt{\frac{1849}{576}} = \pm\frac{43}{24}$.

Damit ergibt sich $x_{1/2} = -\frac{13}{24} \pm \frac{43}{24}$ oder:

$$x_1 = -\frac{13}{24} - \frac{43}{24} = -\frac{56}{24} = -\frac{7}{3} \text{ und } x_2 = -\frac{13}{24} + \frac{43}{24} = \frac{30}{24} = \frac{5}{4}.$$

Das sind genau die Lösungen der gegebenen quadratischen Gleichung.

Man kann die „Probe" machen:

Es ist: $P = 12 \cdot \left(-\frac{7}{3}\right)^2 + 13 \cdot \left(-\frac{7}{3}\right) - 35 = \frac{12 \cdot 49}{9} - \frac{13 \cdot 7}{3} - 35$ oder

$$P = \frac{588}{9} - \frac{91 \cdot 3}{9} - \frac{35 \cdot 9}{9} = \frac{588 - 273 - 315}{9} = 0, \quad \text{q.e.d.}$$

Mit dem anderen Wert von x_2 gelingt dies genauso. Das überlassen wir dem Leser.

Jetzt kann die allgemeine Formel gefunden werden, damit das Lösen von quadratischen Gleichungen in Zukunft etwas schneller geht.

Gegeben sei $ax^2 + bx + c = 0$; ($a \neq 0$, $b, c \in \Re$). Zunächst wird (wie oben) durch a

dividiert: $x^2 + \frac{b}{a}x + \frac{c}{a} = 0$. Wieder ist x „vergeben", also muss $\left(\frac{b}{2a}\right)^2$ ergänzt

werden. Da die Aussage der Gleichung nicht verändert werden darf, kommt wieder der

„Trick" mit der Addition einer Null zur Geltung: $x^2 + \frac{b}{a}x + \left(\frac{b}{2a}\right)^2 - \left(\frac{b}{2a}\right)^2 + \frac{c}{a} = 0$.

Dafür kann man jetzt schreiben: $\left(x + \frac{b}{2a}\right)^2 - \left(\frac{b}{2a}\right)^2 + \frac{c}{a} = 0$ oder

$$\left(x + \frac{b}{2a}\right)^2 = \left(\frac{b}{2a}\right)^2 - \frac{c}{a}.$$

Also sind $x_{1/2} + \frac{b}{2a} = \pm\sqrt{\left(\frac{b}{2a}\right)^2 - \frac{c}{a}}$ oder $x_{1/2} = -\frac{b}{2a} \pm \sqrt{\left(\frac{b}{2a}\right)^2 - \frac{c}{a}}$ die Lösungen

der oben gegebenen Gleichung.

Nennt man nun $p = \frac{b}{a}$ und $q = \frac{c}{a}$, dann geht die quadratische Gleichung über in

$x^2 + px + q = 0$. (Das ist die sogenannte **Normalform** der quadratischen Gleichung.)

Ihre Lösungen lauten demnach: $x_{1/2} = -\frac{p}{2} \pm \sqrt{\left(\frac{p}{2}\right)^2 - q}$.

Das ist die wichtige **p-q-Formel**, auf die immer wieder zurück gegriffen werden wird.

Bleiben wir beim obigen konkreten Beispiel: $12x^2 + 13x - 35 = 0$.

Zunächst muss auch hier durch 12 dividiert werden, da in der Normalform $1 \cdot x^2$ stehen muss.

Also ist (wie oben) : $x^2 + \dfrac{13}{12} x - \dfrac{35}{12} = 0$.

Damit ergibt sich für $p = \dfrac{13}{12}$ und für $q = -\dfrac{35}{12}$.

Also lauten die Lösungen der Gleichung (siehe obige „Formel"):

$$x_{1/2} = -\frac{13}{24} \pm \sqrt{\left(\frac{13}{24}\right)^2 - \left(-\frac{35}{12}\right)} = -\frac{13}{24} \pm \sqrt{\frac{169}{576} + \frac{35 \cdot 48}{576}} = -\frac{13}{24} \pm \sqrt{\frac{169 + 1680}{576}}$$

$$x_{1/2} = -\frac{13}{24} \pm \sqrt{\frac{1849}{576}} = -\frac{13}{24} \pm \frac{43}{24} \quad \text{oder}$$

$$x_1 = -\frac{56}{24} = -\frac{7}{3} \quad \text{und} \quad x_2 = \frac{30}{24} = \frac{5}{4}.$$

Hier ist zwar immer noch einige Arbeit erforderlich, bis man die Ergebnisse hat und nicht immer geht die Wurzel so „schön" wie hier auf, trotzdem findet man mit der p-q-Formel die Lösungen ganz gut und einigermaßen schnell.

Wer lieber mit der allgemeinen Formel arbeitet, der merke sich folgendes:

$$x_{1/2} = -\frac{b}{2a} \pm \sqrt{\left(\frac{b}{2a}\right)^2 - \frac{c}{a}} = \frac{-b \pm \sqrt{b^2 - 4ac}}{2a}.$$

(Diese Formel heißt manchmal auch „Mitternachtsformel".)

Es ergibt sich damit für obiges Beispiel :

$$x_{1/2} = \frac{-13 \pm \sqrt{169 - 4 \cdot 12 \cdot (-35)}}{24} = \frac{-13 \pm \sqrt{1849}}{24} = -\frac{13}{24} \pm \frac{43}{24} \quad \text{usw., wie oben.}$$

Lösungsmannigfaltigkeiten:

Manchmal wird gefragt nach der Anzahl der möglichen, in Frage kommenden Lösungen. Das kann jetzt gut mit Hilfe der allgemeinen Lösungsformel entschieden werden:

Ist der Radikand (also der Ausdruck unter der Wurzel) $\left(\dfrac{p}{2}\right)^2 - q > 0$, dann <u>existiert</u> im

Reellen die Wurzel und die Gleichung hat wegen des $\pm$ vor der Wurzel **zwei**

Lösungen, nämlich $x_{1/2} = -\dfrac{p}{2} \pm \sqrt{\left(\dfrac{p}{2}\right)^2 - q}$. Ist der Radikand $\left(\dfrac{p}{2}\right)^2 - q = 0$, dann hat die Wurzel den Wert Null und das $\pm$ vor der Wurzel „bewirkt" nichts. Damit hat die Gleichung nur noch **eine** Lösung: $x = -\dfrac{p}{2}$.

Ist der Radikand $\left(\dfrac{p}{2}\right)^2 - q < 0$, dann existiert im Reellen für die Wurzel keine Lösung.

Damit hat im Reellen die Gleichung gar **keine** Lösung.

Manchmal ist danach gefragt, wie man die Gleichung verändern muss, damit bei gegebenem p oder q nur eine oder sogar keine Lösung existiert. Wie lautet dann diese? Dazu nimmt man genau diese Bedingungen und „dreht" sie einfach um.

Beispiel von oben: $p = \dfrac{13}{12}$. Die Gleichung lautet jetzt: $12x^2 + 13x - 35q = 0$.

Damit ergibt sich für den Radikanden, der gleich Null gesetzt wurde: $\left(\dfrac{13}{24}\right)^2 + \dfrac{35}{12}q = 0$; daraus ergibt sich für $q = -\dfrac{13^2}{24^2} \cdot \dfrac{12}{35} = -\dfrac{169}{1680}$.

Wenn also für $q = -\dfrac{169}{1680}$ gewählt wird, dann hat die quadratische Gleichung genau nur eine Lösung.

Die (neue) Gleichung heißt in dieser Situation:

$$12x^2 + 13x - 35 \cdot \frac{-169}{1680} = 0 \Leftrightarrow 12x^2 + 13x + \frac{169}{48} = 0 \Leftrightarrow x^2 + \frac{13}{12}x + \frac{169}{576} = 0.$$

In diesem Falle lautet deren einzige Lösung:

$$x = -\frac{13}{24} \pm \sqrt{\left(\frac{13}{24}\right)^2 - \frac{169}{576}} = -\frac{13}{24} \pm \sqrt{0} = -\frac{13}{24}.$$

1b.) Polynomdivision

In vielen Fällen sind ganzrationale Gleichungen 3. oder 4. Grades gegeben und es werden deren Nullstellen gesucht. Da die Lösungsformeln für derartige Gleichungen zwar existieren, aber sehr schwierig zu handhaben sind, geht man in der Schule anders vor.

In vielen vorkommenden Gleichungen existiert häufig eine ganzzahlige Nullstelle, damit ist die Nullstelle ist bereits bekannt.

Nach Gauß gibt es den Fundamentalsatz der Algebra. Dieser besagt, dass das Polynom n-ten Grades $P_n(x)$ dargestellt werden kann durch ein Produkt aus seiner Nullstelle $(x - x_N)$ mit einem Polynom vom Grad $(n-1)$.

Konkret bedeutet dies: Es ist: $P_n(x) = P_{n-1}(x) \cdot (x - x_N)$. Daraus ergibt sich, wenn man eine Nullstelle x_N kennt, dass dann durch Division mit $(x - x_N)$ ein Polynom $P_{n-1}(x)$ vom Grad $(n-1)$ erzeugt werden kann.

Also ist : $P_{n-1}(x) = \dfrac{P_n(x)}{(x - x_N)}$.

Am besten wieder ein Beispiel: Es sei gegeben: $2x^3 + x^2 - 15x - 18 = 0$.

Es sei bekannt, dass $x_1 = -2$ eine (sogenannte) Nullstelle ist. (Die Probe durch Einsetzen von $x_1 = -2$ in die Beispielsgleichung liefert: $-16 + 4 + 30 - 18 = 0$.)

Wie lauten die anderen Nullstellen ?

Diese findet man durch eine Polynomdivision. Es wird dividiert wie immer, mit dem Unterschied, dass der Divisor hier aus einer Summe oder Differenz besteht. Es ist:

$$(2x^3 + x^2 - 15x - 18) : (x - (-2)) = 2x^2 - 3x - 9$$
$$\underline{-(2x^3 + 4x^2)} \qquad \text{(Jeder Term, durch den dividiert wird, wird berücksichtigt.)}$$
$$0 - 3x^2 - 15x$$
$$\underline{-(-3x^2 - 6x)} \qquad \text{denn } -3x \cdot (+2) = -6x$$
$$0 - 9x - 18$$
$$\underline{-(-9x - 18)} \qquad \text{denn } -9 \cdot (+2) = -18$$
$$0$$

Die Division muss „aufgehen", wenn die Nullstelle gefunden und richtig gerechnet wurde. Damit ist ein Polynom 2. Grades entstanden, dessen weitere Nullstellen nun mit der p-q-Formel bestimmt werden können:

Hier bleibt übrig:

$2x^2 - 3x - 9 = 0 \Leftrightarrow x^2 - \dfrac{3}{2}x - \dfrac{9}{2} = 0$ (wegen der p-q-Formel), liefert als Lösungen:

$$x_{2/3} = \frac{3}{4} \pm \sqrt{\frac{9}{16} + \frac{9}{2}} = \frac{3}{4} \pm \sqrt{\frac{9+72}{16}} = \frac{3}{4} \pm \sqrt{\frac{81}{16}} = \frac{3}{4} \pm \frac{9}{4}.$$

Also lauten alle Nullstellen des obigen Beispiel-Polynoms:

$$x_1 = -2 \text{ (s. o.)}, x_2 = \frac{12}{4} = 3 \text{ und } x_3 = -\frac{6}{4} = -\frac{3}{2}.$$

Liegt ein Polynom 4. Grades vor, so muss dieser Schritt 2-mal durchgeführt werden. Dabei kann man meistens die Tatsache ausnutzen, dass, wenn die Nullstelle ganzzahlig ist, sie immer ein ganzzahliger Teiler des (letzten) absoluten Gliedes ist. Das heißt, man kann durch sinnvolles Raten eine Nullstelle x_N finden und dann mit

$(x - x_N)$ eine Polynomdivision durchführen. Im obigen Beispiel hätte man die erforderlichen „Rate-Rechnungen" durch Probieren mit

$x_N = \pm 1, \ \pm 2, \ \pm 3, \ \pm 6, \ \pm 9, \ \pm 18$ etwas eingeschränkt.

Liegt ein unvollständiges Polynom 3. Grades vor, das nur Terme x^3 und x^1 enthält, so kann man x vorklammern. Man erhält dann ein Produkt, dessen Lösung gleich Null ist. Damit „zerfällt" der Ausdruck in $x_1 = 0$ und in ein Polynom 2. Grades, auf das unter Umständen sofort die p-q-Formel angewandt werden kann. Hierzu wieder ein Beispiel: Gegeben sei: $4x^3 - 3x = 0$.

Dies kann sofort umgewandelt werden in: $x \cdot (4x^2 - 3) = 0$. Bei einem Produkt, dessen Wert Null ist, <u>muss</u> (mindestens) einer der Faktoren Null sein.

Also gilt sofort: $x_1 = 0$ oder $4x^2 - 3 = 0$. Das ergibt (hier sogar ohne p-q-Formel):

$$4x^2 = 3 \Leftrightarrow x^2 = \frac{3}{4} \text{ oder } x_{2/3} = \pm\sqrt{\frac{3}{4}} = \pm\frac{1}{2}\sqrt{3}.$$

Liegt ein unvollständiges Polynom 4. Grades vor, das nur Terme x^4, x^2 und x^0 enthält, so gelingt es, durch die Substitution $x^2 = z$ die Gleichung zu einer quadratischen für z umzuformen, die dann wieder mit der p-q-Formel für z gelöst werden kann. Die Rücksubstitution $x_{1/2} = \pm\sqrt{z}$ liefert dann die gesuchten Lösungen.

1c.)   Trigonometrische Beziehungen

In <u>rechtwinkligen</u> Dreiecken sind die Definitionen von Sinus, Cosinus und Tangens wichtig und sehr oft gefragt.

Es gilt: $\sin(x) = \dfrac{\text{Gegenkathete}}{\text{Hypothenuse}}$; $\cos(x) = \dfrac{\text{Ankathete}}{\text{Hypothenuse}}$; $\tan(x) = \dfrac{\text{Gegenkathete}}{\text{Ankathete}}$.

Dies soll nun an einem konkreten Beispiel erörtert werden:
Im untenstehenden rechtwinkligen Dreieck sei $a = 7{,}5\,\text{cm}$, $b = 4\,\text{cm}$ gegeben. Der rechte Winkel ist bei $\alpha = 90°$.

Wie groß sind die Seite c und die Winkel α und β ?

Da es sich um ein rechtwinkliges Dreieck handelt, kann zunächst der Satz des Pythagoras angewandt werden:

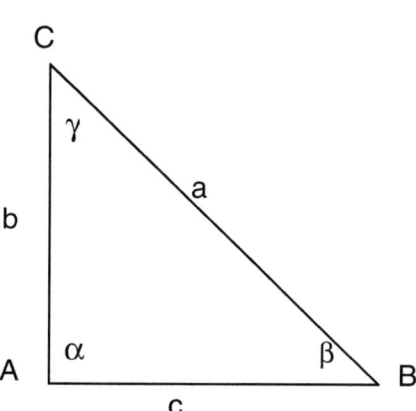

Im <u>rechtwinkligen</u> Dreieck gilt hier: $a^2 = b^2 + c^2$. Also kann c berechnet werden durch: $c = \sqrt{a^2 - b^2}$, indem zunächst nach c^2 freigestellt und dann die positive Wurzel, da es sich um eine Dreieckseite handelt, gezogen wird, also:

$$c = \sqrt{7,5^2 - 4^2} = \sqrt{40,25} \approx 6,34429 \, \text{cm}.$$

Nun können die Beziehungen von sin, cos und tan verwendet werden. Es ist z. B. $\sin(\beta) = \dfrac{b}{a} = \dfrac{4}{7,5} = \dfrac{8}{15} \approx 0,5333333$. Damit ergibt sich für $\beta = \arcsin(\beta) \approx 32,231°$.

(Auf dem Taschenrechner heißt $\arcsin(\beta)$ häufig $\sin^{-1}(\beta)$; diese Schreibweise ist aber missverständlich, denn nach den Regeln der Potenzrechnung ist $\sin^{-1}(\beta) = \dfrac{1}{\sin(\beta)}$).

Man könnte den Winkel γ nun mit der Winkelsumme oder mit der cos- oder mit der tan-Beziehung berechnen. Hier sollen alle drei Möglichkeiten dargestellt werden:

Es ist $\cos(\gamma) = \dfrac{b}{a} = \dfrac{8}{15}$. Damit ist $\gamma = \arccos\left(\dfrac{8}{15}\right) \approx 57,769°$.

Ebenso hätte man mit $\tan(\gamma) = \dfrac{c}{b} = \dfrac{\sqrt{40,25}}{4} \approx 1,5861$ arbeiten können.

Damit ergibt sich für $\gamma = \arctan\left(\dfrac{\sqrt{40,25}}{4}\right) \approx 57,769°$.

Die Winkelsumme ergibt tatsächlich: $90° + 32,231° + 57,769° = 180°$.

Wenn kein rechtwinkliges Dreieck vorliegt, finden häufig der sogenannte <u>sin-Satz</u> oder der <u>cos-Satz</u> Anwendung.

Es gilt (in diesem Dreieck) beim sin-Satz: $\dfrac{a}{\sin(\alpha)} = \dfrac{b}{\sin(\beta)} = \dfrac{c}{\sin(\gamma)}$.

Es gilt (in diesem Dreieck) beim cos-Satz: $a^2 = b^2 + c^2 - 2bc\cos(\alpha)$.

Dabei gelten in beiden Fällen die Bezeichnungen wie oben (und der Winkel $\alpha \neq 90°$; selbst wenn $\alpha = 90°$, gilt der cos-Satz; er geht dann in den Pythagoras über).

In beiden Anwendungen muss natürlich jeweils nach der fehlenden Größe um- bzw. freigestellt werden.

In der Analysis, aber auch in der Physik werden Winkel häufig oder fast immer im sogenannten **Bogenmaß** gemessen oder angegeben.
Ein Kreis mit Radius r hat den Umfang $U = 2 \cdot \pi \cdot r$. Wählt man als Radius r den Wert $r = 1$, so ist dessen Umfang $U = 2 \cdot \pi$. Zu diesem Umfang gehört also der („alte") Vollwinkel von $\alpha = 360°$. Damit hat man eine neue Möglichkeit, den Vollwinkel von 2π für den Winkel von $360°$ zu definieren. (Das Bogenmaß ist eine positive Zahl, wenn die Drehung gegen den Uhrzeigersinn erfolgt; im anderen Fall ist es eine negative Zahl.)
Zusätzlich gibt man dem neuen Winkel eine (künstliche) Einheit:
Man legt also fest, dass $\alpha = 360° = 2\pi$ rad sind oder umgekehrt

$$1° = \frac{\pi}{180} \text{ rad} \approx 0,0175 \text{ rad} \text{ bzw. } 1 \text{ rad} = \frac{180°}{\pi} \approx 57,3°$$

Das Bogenmaß kann auf dem Taschenrechner (meistens durch R) eingestellt werden; dies ist dann sehr wichtig, wenn Integrale berechnet werden müssen.

1d.) Umgang mit Logarithmen

Es ist: $10^2 = 100$ bzw. $10^3 = 1000$. Aber wenn z. B. $10^x = 500$ gesucht ist, dann kann man höchstens sagen: $2 < x < 3$. Will man aber den Wert von x genau wissen, dann muss eine neue Größe definiert werden: Diese lautet hier: $x = \log_{10}(500)$. Dies wird gelesen als der „Logarithmus zur Basis 10 von 500". Die 10 nennt man die Basis des Logarithmus. Da diese Basis 10 sehr wichtig ist und sehr häufig verwendet wird, lässt man sie auf dem Taschenrechner weg und führt ein:

$$x = \log_{10}(500) = \log(500) \approx 2,69897 .$$

Der Taschenrechner hat meistens eine eigene log-Taste dafür.

In der Analysis spielt sehr häufig die Zahl e eine ganz wichtige Rolle. Diese Zahl wurde zum ersten Mal von L. Euler (1760) dargestellt. Sie gibt an, wie man vorgehen muss, wenn sich eine Größe augenblicklich „verzinst". Deshalb wird sie bei allen natürlichen Wachstums- oder Zerfallsvorgängen benötigt. Es ist:

$$e = \lim_{n \to \infty} \left(1 + \frac{1}{n}\right)^n \approx 2,7,1828...... \text{ Diese Folge konvergiert sehr langsam. Eine „bessere"}$$

Darstellung, weil sie schneller konvergiert, liefert die unendliche Reihe:

$$e = 1 + 1 + \frac{1}{2!} + \frac{1}{3!} + \frac{1}{4!} + ... + \frac{1}{n!} + ... = \lim_{n \to \infty} \sum_{i=0}^{n} \frac{1}{i!} .$$

(Es bedeutet $i! = 1 \cdot 2 \cdot 3 \cdot ...... \cdot i$; per definitionem ist $0! = 1$);

($i!$ wird gelesen als „i-Fakultät")

Auch hier ergibt sich $e \approx 2,71828.... $.

In allen natürlichen Wachstums- oder Zerfallsvorgängen spielt daher die Funktion $y = e^x$ eine entscheidende Rolle. Ebenso benötigt man für Gleichungen der Art $e^x = a$ einen („neuen") Logarithmus zur Basis e. Also gilt bei diesem Beispiel $x = \log_e(a)$. Dieser Logarithmus ist so wichtig, dass er eine eigene Abkürzung erhält: $x = \log_e(a) = \ln(a)$. Man nennt ihn den „natürlichen" Logarithmus. Jeder Taschenrechner hat eine ln-Taste.

Das soll hier an einem Beispiel verdeutlicht werden: $e^x = 25 \Leftrightarrow x = \ln(25) \approx 3,21888$.

Manchmal ist gefragt: $e^{-x} = 7$. Das ist gleichbedeutend mit $\frac{1}{e^x} = 7 \Leftrightarrow e^x = \frac{1}{7}$.

Daraus ergibt sich $x = \ln(\frac{1}{7}) \approx -1,946$.

Heißt die Gleichung z. B. $x = \ln(e^2)$, dann ergibt sich: $x = 2 \cdot \ln(e) = 2 \cdot 1 = 2$.

Da die Rechnungen mit Logarithmen eng mit denen der Potenzrechnung verwandt sind, gelten folgende einfache Rechenregeln (zu jeder beliebigen Basis, die hier weg gelassen wurde):

$$\log(a \cdot b) = \log(a) + \log(b) \text{ und } \log\left(\frac{a}{b}\right) = \log(a) - \log(b) \text{ und } \log(a^b) = b \cdot \log(a) .$$

Ebenso ist immer $\log(1) = 0$, denn $a^0 = 1$ (wenn $a \neq 0$).

Der Umgang mit der Basis e hat außerdem Vorteile beim Differenzieren und Integrieren. Es ist, wenn $f(x) = e^x$ gegeben sei, sowohl die erste Ableitung als auch das Integral gegeben durch: $f`(x) = e^x$ und $\int e^x dx = e^x + C$.

1e.) <u>Ableitungsregeln</u>

In Folgenden werden alle Ableitungsregeln kurz (ohne Beweis) zusammengestellt.
Es seien die Funktionen f(x) und g(x) gegeben, dann ist

$(a \cdot f(x))` = a \cdot f`(x)$	Faktorregel
$(f(x) + g(x))` = f`(x) + g`(x)$	Summenregel
$(f(x) \cdot g(x))` = f`(x) \cdot g(x) + f(x) \cdot g`(x)$	Produktregel

$$\left(\frac{f(x)}{g(x)}\right)' = \frac{f`(x) \cdot g(x) - f(x) \cdot g`(x)}{(g(x))^2} \qquad \text{Quotientenregel}$$

$f`(z(x)) = f`(z) \cdot z`(x)$ Kettenregel (äußere mal innere Ableitung)

Wenn $f(x) = x^n$, dann ist $f`(x) = n \cdot x^{n-1}$.   Ableitung einer Potenzfunktion

Wenn $f(x) = \ln(x)$, dann ist $f`(x) = \dfrac{1}{x}$.

Wenn $f(x) = e^x$, dann ist $f`(x) = e^x$.

<u>Integrationsregeln</u>

Es seien die Funktionen f(x) und g(x) gegeben, dann ist:

$\int a \cdot f(x)dx = a \cdot \int f(x)dx$ Faktorregel

$\int (f(x) + g(x))dx = \int f(x)dx + \int g(x)dx$ Summenregel

$\int x^n dx = \dfrac{x^{n+1}}{n+1} + C$ mit $n \neq -1$ Integration einer Potenzfunktion

$\int \dfrac{1}{x} dx = \ln(x) + C$

$\int (f`(x) \cdot g(x))dx = f(x) \cdot g(x) - \int (f(x) \cdot g`(x))dx$ partielle Integration

$\int (f(g(u)) \cdot g`(u))du = \int f(x)dx$ Integration durch Substitution.

Es ist $\int f(x)dx$ zu ermitteln, so kann man durch eine geeignete Substitution $x = g(u)$ setzen. Dabei ist zu beachten, dass $\dfrac{dx}{du} = g`(u)$ ist oder $dx = g`(u)du$.

Dies wird in das gegebene Integral eingesetzt und dann nach u integriert.
Ein (anspruchsvolles) Beispiel soll dies hier verdeutlichen:

$I = \int \dfrac{x}{\sqrt{2x-3}}dx$ ist zu bestimmen. Es wird substituiert: $u = \sqrt{2x-3} \Leftrightarrow u^2 = 2x - 3$.

Daraus ergibt sich: $x(u) = \dfrac{u^2 + 3}{2}$. Dann ist: $x`(u) = \dfrac{dx}{du} = \dfrac{1}{2} \cdot 2u = u \Leftrightarrow dx = udu$.

Dies wird in das Integral eingesetzt:

$$I = \int \frac{u^2 + 3}{2u} \cdot udu = \frac{1}{2} \int (u^2 + 3)du = \frac{1}{2} \cdot \left(\frac{u^3}{3} + 3u\right) = \frac{1}{6} \cdot (2x-3)^{\frac{3}{2}} + \frac{3}{2}\sqrt{2x-3} + C.$$

Zur Auffindung der Substitution lassen sich leider keine allgemeingültige Regeln angeben. Das Verfahren erfordert daher einige Übung.

Funktionsgraphen zum Erkennen

1.)   Gegeben ist die Funktion mit der Vorschrift: $f(x) = x^3 - 6x^2 + 9x - 4$.

          Im unten wiedergegebenen Schaubild sind der Graph von f(x), die Ableitung f`(x) und eine andere Funktion g(x) dargestellt.

a.)   Welches sind die jeweiligen Graphen?
          Geben Sie jeweils 2 Gründe an, mit denen die Vorschriften zugeordnet werden können!

Graphen mit ungleichen Achsenmaßstäben

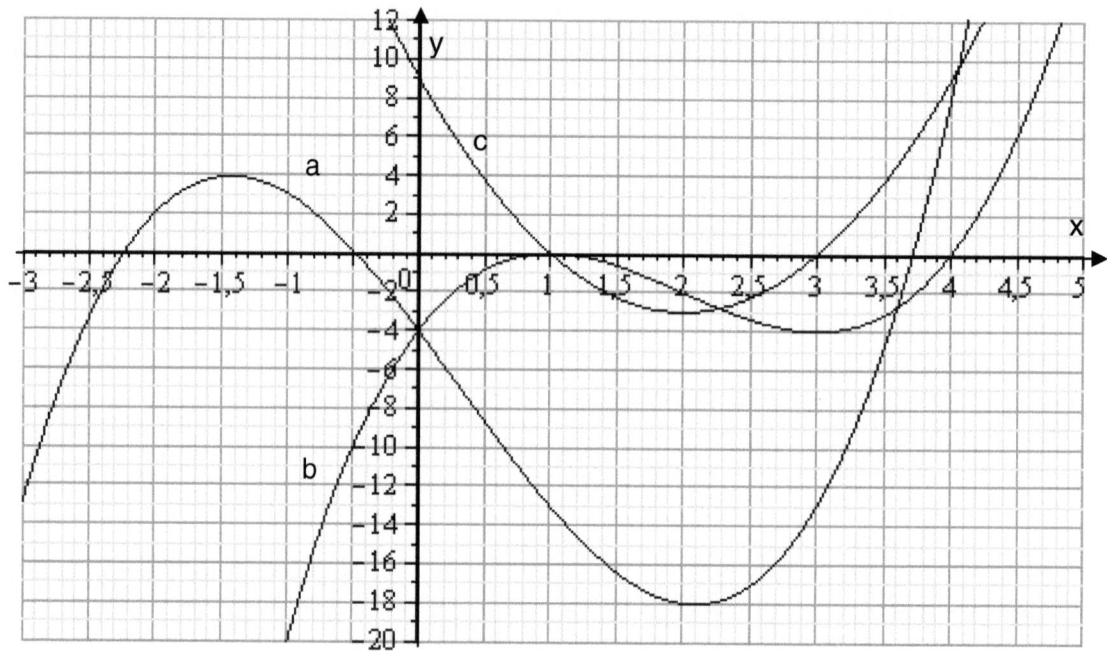

b.)   Wie lautet die zweite Ableitung?
          Wie sieht der Graph davon aus? Zeichnen Sie ihn ein!

c.)   Bestimmen Sie die Fläche A im 4. Quadranten, die der Graph von f(x) ganz und nur mit der x-Achse vollständig einschließt !

d.)   Wie groß ist die <u>kleinere</u> Fläche A_1, die der Graph der 1. Ableitung mit dem eigentlichen Graphen von f(x) im 1. und 4. Quadranten vollständig einschließt ?

Funktionsgraphen zum Erkennen (Lösung der Aufgabe Nr. 1):

a.) Die gegebene Funktion muss in Teil b dargestellt sein, weil der Graph durch $y = -4$ geht (wegen des direkt abzulesenden y-Achsenabschnitts) und z. B. eine der Nullstellen $x = 1$ ist (Probe durch Einsetzen). Es handelt sich hier um eine ganzrationale Funktion 3. Grades.

b.) Die erste Ableitung lautet: $f'(x) = 3x^2 - 12x + 9$. Das ist eine nach oben geöffnete Parabel 2. Grades mit dem y-Achsenabschnitt $y = 9$. Diese Parabel hat Nullstellen bei $x_1 = 1$ und $x_2 = 3$. Dort hat f(x) einen Hoch- bzw. einen Tiefpunkt. Also ist Teil c der Graph der ersten Ableitung und ist bereits eingezeichnet.
Der Graph von Teil a hat mit der gegebenen Vorschrift nur den y-Achsenabschnitt gemeinsam, ist aber eine andere Vorschrift.
Die zweite Ableitung lautet: $f''(x) = 6x - 12$. Der Graph hiervon ist eine Gerade mit der Steigung $m = 6$ und dem y-Achsenabschnitt $y = -12$.

c.) Die gesuchte Fläche wird durch Integration bestimmt. Es ist: $A = \int_1^4 f(x)dx$.

Es ergibt sich: $A = \int_1^4 (x^3 - 6x^2 + 9x - 4)dx = \left[\frac{x^4}{4} - 2x^3 + \frac{9}{2}x^2 - 4x \right]_1^4$. Daraus folgt:

$A = 64 - 128 + 72 - 16 - (\frac{1}{4} - 2 + \frac{9}{2} - 4) = -8 - (-\frac{5}{4}) = -\frac{27}{4}$.

Da die Fläche ganz unter der x-Achse liegt, muss der Betrag genommen werden. Also ergibt sich:

$$A = \frac{27}{4} \text{ F.E.} = 6{,}75 \text{ F.E.}$$

d.) Die gesuchte Fläche A_1 wird wieder durch Integration gefunden. Es ist:

$A_1 = \int_0^1 (f'(x) - f(x))dx = \int_0^1 (3x^2 - 12x + 9 - (x^3 - 6x^2 + 9x - 4))dx$. Daraus folgt:

$A_1 = \int_0^1 (-x^3 + 9x^2 - 21x + 13)dx = \left[-\frac{x^4}{4} + 3x^3 - \frac{21}{2}x^2 + 13x \right]_0^1 = -\frac{1}{4} + 3 - \frac{21}{2} + 13 - 0$.

Es ergibt sich schließlich:

$$A_1 = \frac{21}{4} \text{ F.E.} = 5{,}25 \text{ F.E.}$$

Funktionsgraphen zum Erkennen

2.) Gegeben ist die Funktion mit der Vorschrift: $f(x) = x^4 - 4 \cdot x^2 + 3$.

Im unten wiedergegebenen Schaubild sind der Graph von f(x), die erste Ableitung $f'(x)$, die zweite Ableitung $f''(x)$, eine Stammfunktion F(x) und eine andere Funktion g(x) dargestellt.

a.) Welches sind die jeweiligen Graphen?
Geben Sie jeweils 2 Gründe an, mit denen die Vorschriften zugeordnet werden können!

Graphen mit ungleichen Achsenmaßstäben

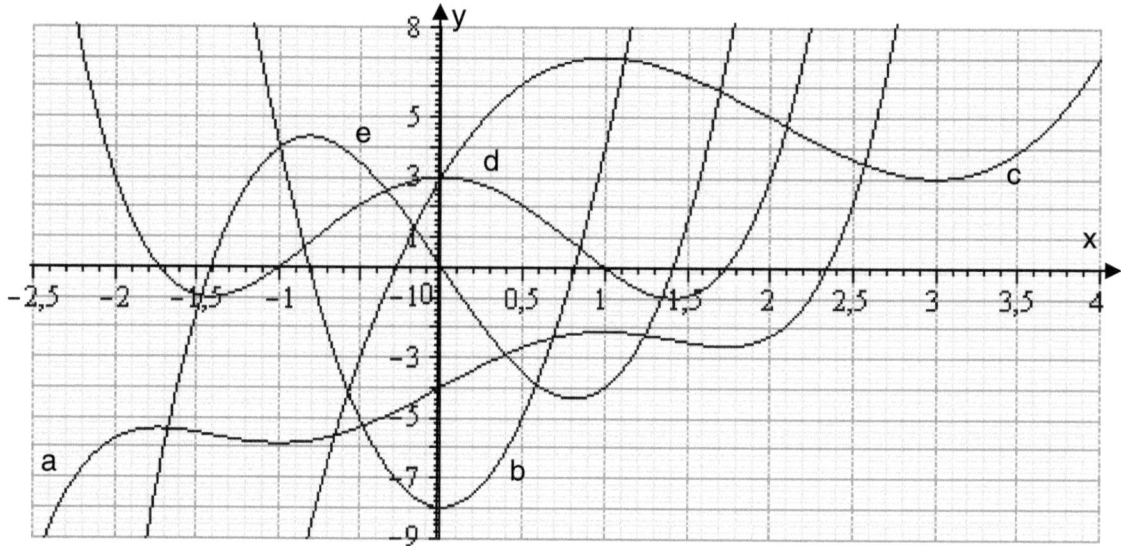

b.) Welche Vorschrift hat die dritte Ableitung?
Zeichnen Sie deren Graphen in das Schaubild ein!

c.) Führen Sie eine vollständige Kurvendiskussion von f(x) durch !
(Definitionsbereich ID, Verhalten im Unendlichen, Nullstellen, Extrem- und Wendepunkte)

d.) Wie groß ist die Fläche A_1, die der Graph von f(x) im ersten und zweiten Quadranten ganz mit der x-Achse einschließt?

e.) Wie lautet die Gleichung t(x) der Wendetangente im ersten Quadranten von f(x) ?
Berechnen Sie die Fläche A_2, welche t(x) mit f(x) im ersten Quadranten ganz umschließt!

Funktionsgraphen zum Erkennen (Lösung der Aufgabe Nr. 2):

a.) Die gegebene Vorschrift lautet: $f(x) = x^4 - 4 \cdot x^2 + 3$. Das ist eine zur y-Achse symmetrische Funktion 4. Grades, da sie nur gerade Exponenten enthält ($3 = 3 \cdot x^0 = 3 \cdot 1$). Außerdem geht sie durch $y_0 = 3$ (y-Achsenabschnitt). Damit muss Graph d der Graph von f(x) sein.

Die erste Ableitung muss eine Funktion 3. Grades sein, deren Nullstellen an den Extrempunkten von f(x) liegen.

Es ist $f'(x) = 4x^3 - 8x$. Also ist Graph e der Graph von $f'(x)$.

Die zweite Ableitung lautet: $f''(x) = 12x^2 - 8$. Das ist eine nach oben geöffnete Parabel (2. Grades) mit dem y-Achsenabschnitt $y_0 = -8$ und den Nullstellen

$x_{1/2} = \pm \sqrt{\dfrac{2}{3}} \approx \pm 0{,}816$. Damit ist Graph b der Graph der zweiten Ableitung von f(x).

Die Stammfunktion von f(x) lautet: $F(x) = \dfrac{x^5}{5} - \dfrac{4}{3} x^3 + 3x + C$.

Wegen des additiven Gliedes C gibt es beliebig viele Stammfunktionen zur gegebenen Funktion f(x). Hier z. B. lautet $C = -4$. Außerdem ist F(x) eine Funktion 5. Grades, die horizontale Tangenten hat, wenn ihre Ableitung $F'(x) = f(x)$ eine Nullstelle hat. Ebenso hat F(x) an den Stellen jeweils einen Wendepunkt, wenn f(x) einen Extrempunkt hat.

Damit ist Graph a der Graph von F(x).

Der Graph von c ist ein Graph, der in keinem Zusammenhang zu f(x) steht. Er hat zwar den y-Achsenabschnitt von $y_0 = 3$ und eine waagerechte Tangente bei $x = 1$, aber auch bei $x = 3$. Das lässt den Schluss zu, dass kein Zusammenhang vorliegt.

b.) Die dritte Ableitung lautet: $f'''(x) = 24x$. Das ist eine Ursprungsgerade mit der Steigung $m = 24$.

c.) <u>Kurvendiskussion:</u>
Der Def.-Bereich ist $\mathbb{D} = \mathfrak{R}$, da f(x) ganzrational ist. Wenn $x \to \pm\infty$, dann geht $f(x) \to +\infty$ wegen des positiven Vorzeichens von der höchsten Potenz (hier x^4).

Die Nullstellen erhält man durch Nullsetzen der Vorschrift von f(x): $0 = x^4 - 4x^2 + 3$. Diese Gleichung kann durch die Substitution $x^2 = z$ gelöst werden. Es ergibt sich: $0 = z^2 - 4z + 3$. Die p-q-Formel liefert sofort: $z_{1/2} = 2 \pm \sqrt{4 - 3} = 2 \pm \sqrt{1} = 2 \pm 1$.

Damit ist $z_1 = 1$ und $z_2 = 3$.

Die Nullstellen lauten also: $N_1[1 \mid 0]$ oder $N_2[-1 \mid 0]$, $N_3[-\sqrt{3} \mid 0]$ oder $N_4[\sqrt{3} \mid 0]$.

Die Extrempunkte werden durch Nullsetzen der ersten Ableitung (notw. Bedingung) gefunden: $0 = 4x^3 - 8x = x \cdot (4x^2 - 8)$.

Daraus folgt sofort: $x_{E1} = 0$ oder $x_{E2/3} = \pm\sqrt{2}$.

Mit Hilfe der zweiten Ableitung wird entschieden: $f''(0) = -8 < 0$ oder $f''(\pm\sqrt{2}) = 24 - 8 = 16 > 0$.

Damit gibt es einen Hochpunkt HP bei $HP[0 \mid 3]$ und zwei Tiefpunkte TP bei $TP_{1/2}[\pm\sqrt{2} \mid -1]$.

Die Wendepunkte werden durch Nullsetzen der zweiten Ableitung (notw. Bedingung) gefunden: $0 = 12x^2 - 8 \Leftrightarrow x_{W1/2} = \pm\sqrt{\frac{2}{3}} = \pm\frac{1}{3}\sqrt{6} \approx \pm 0{,}8165$.

Da $f'''(x_{W1/2}) \neq 0$, gibt es also zwei Wendepunkte WP bei

$$WP_{1/2}\left[\pm\frac{1}{3}\sqrt{6} \mid \frac{7}{9}\right] \approx WP_{1/2}[\pm 0{,}8165 \mid 0{,}7778].$$

Alle gefundenen Ergebnisse bestätigen außerdem zusätzlich die oben genannte Achsensymmetrie zur y-Achse.

d.) Die gesuchte Fläche A_1 wird durch Integration gefunden. Es ist:

$$A_1 = 2\cdot\left[F(x)\right]_0^1 = 2\cdot\left[\frac{x^5}{5} - \frac{4}{3}x^3 + 3x - 4\right]_0^1 \; ; \quad \text{der Faktor 2 kommt dazu, wegen der}$$

Achsensymmetrie. F(x) wurde bereits oben berechnet. Also ergibt sich:

$$A_1 = 2\cdot\left(\frac{1}{5} - \frac{4}{3} + 3 - 4 - (0 - 4)\right) = 2\cdot\frac{28}{15}\ \text{F.E.} = \frac{56}{15}\ \text{F.E.} \approx 3{,}7333\ \text{F.E.}$$

e.) Der in Frage kommende WP hat die Koordinaten $WP\left[\frac{1}{3}\sqrt{6} \mid \frac{7}{9}\right]$ (s. o.). Die Gleichung der Wendetangente lautet: $t(x) = m\cdot x + b$. Es ist

$$m = f'\left(\frac{1}{3}\sqrt{6}\right) = 4\cdot\left(\frac{1}{3}\sqrt{6}\right)^3 - 8\cdot\frac{1}{3}\sqrt{6} = -\frac{16}{9}\cdot\sqrt{6}.$$

Also gilt: $t(x) = -\frac{16}{9}\sqrt{6}\cdot x + b$. (vorläufiges Ergebnis)

Da Kurvenpunkt gleich Tangentenpunkt ist, gilt: $\frac{7}{9} = -\frac{16}{9}\sqrt{6}\cdot\frac{1}{3}\sqrt{6} + b$.

Somit ist $b = \frac{13}{3}$.

Damit lautet (endgültig) die Gleichung der Wendetangente: $t(x) = -\frac{16}{9}\sqrt{6}\cdot x + \frac{13}{3}$.

Die gesuchte Fläche A_2 berechnet sich wie folgt: $A_2 = \int\limits_0^{\frac{1}{3}\sqrt{6}} (t(x) - f(x))\,dx$.

$$A_2 = \int\limits_0^{\frac{1}{3}\sqrt{6}} \left(-\frac{16}{9}\sqrt{6}\cdot x + \frac{13}{3} - (x^4 - 4x^2 + 3)\right)dx = \int\limits_0^{\frac{1}{3}\sqrt{6}} \left(-x^4 + 4x^2 - \frac{16}{9}\sqrt{6}\cdot x + \frac{4}{3}\right)dx.$$

$$A_2 = \left[-\frac{x^5}{5} + \frac{4}{3}x^3 - \frac{8}{9}\sqrt{6}\cdot x^2 + \frac{4}{3}x\right]_0^{\frac{1}{3}\sqrt{6}} = -\frac{4}{135}\sqrt{6} + \frac{24}{81}\sqrt{6} - \frac{48}{81}\sqrt{6} + \frac{4}{9}\sqrt{6} = \frac{16}{135}\sqrt{6}$$

Es ergibt sich also für die Fläche A_2 der Wert von

$$A_2 = \frac{16}{135}\cdot\sqrt{6}\ \text{F.E.} \approx 0{,}2903\ \text{F.E.}$$

Funktionsgraphen zum Erkennen

3.)   Gegeben ist die Funktion mit der Vorschrift: $f(x) = 4x \cdot e^{2x+2}$.

Im unten wiedergegebenen Schaubild sind der Graph von f(x), die erste Ableitung f`(x), eine Stammfunktion F(x) und eine andere Funktion g(x) dargestellt.

a.)   Welches sind die jeweiligen Graphen?
Geben Sie jeweils 2 Gründe an, mit denen die einzelnen Vorschriften zugeordnet werden können!

Graphen mit ungleichen Achsenmaßstäben

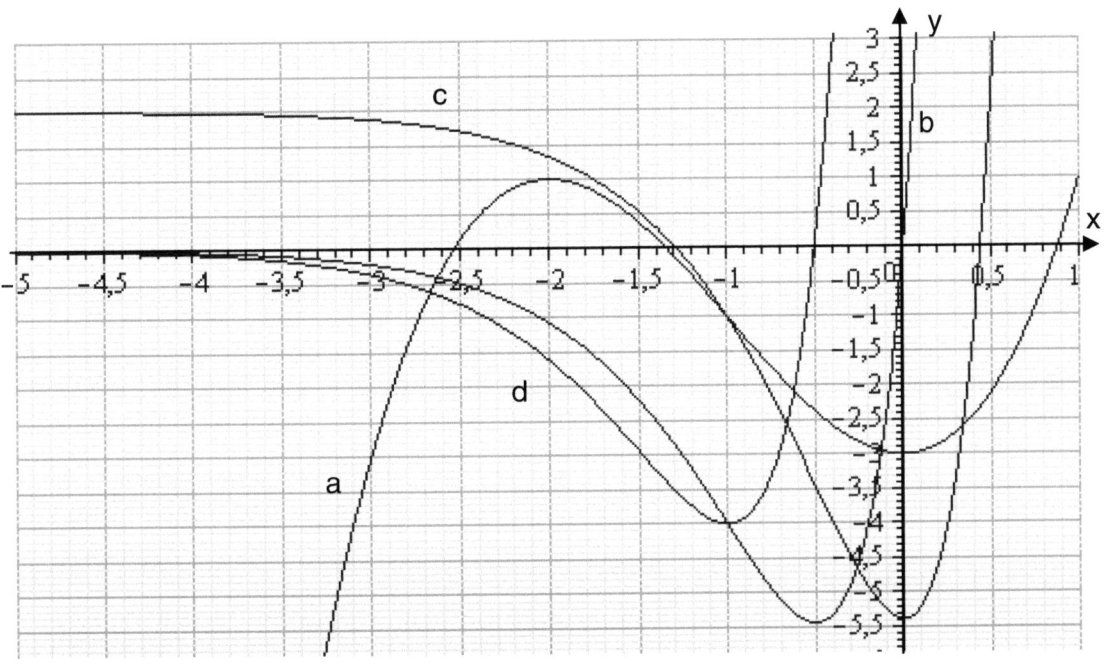

b.)   Wie lautet die erste und die zweite Ableitung von f(x) ?

c.)   Bestätigen Sie, dass eine Stammfunktion von f(x) lautet: $F(x) = e^{2x+2} \cdot (2x-1) + 2$.
Warum gibt es nicht genau eine Stammfunktion, sondern sehr viele ?
Welches Verhalten zeigt die hier wieder gegebene Stammfunktion, wenn $x \to -\infty$ geht ?

d.)   Führen Sie eine vollständige Kurvendiskussion von f(x) durch !
(ID, Verhalten im Unendlichen, ersten drei Ableitungen, Nullstellen, Extrem- und Wendepunkte)

e.)   Hat die im 3. Quadranten liegende Fläche A_1, begrenzt vom Graphen und der x-Achse, einen endlichen Flächeninhalt ? Wenn ja, wie groß ist dieser ?

f.)   Wie lautet die Gleichung t(x) der Wendetangente ? Berechnen Sie die Fläche A_2, welche t(x) mit f(x) im dritten Quadranten (mit der y-Achse) ganz umschließt!

18

Funktionsgraphen zum Erkennen, (Lösung der Aufgabe Nr. 3):

a.)   Die gegebene Funktion lautet: $f(x) = 4x \cdot e^{2x+2}$. Das ist eine e-Funktion, die durch den Ursprung verläuft (wegen des x-Gliedes vor der e-Vorschrift).
Wenn $x \to -\infty$, geht $f(x) \to 0$ im 3. Quadranten (ebenfalls wegen der e-Vorschrift).
Also muss Graph b der Graph von f(x) sein.
Die erste Ableitung hat immer dann eine Nullstelle, wenn f(x) eine horizontale Tangente hat. Da die erste Ableitung immer noch eine e-Funktion mit gleichem Verhalten für $x \to -\infty$ ist, muss Graph d die erste Ableitung darstellen. Der Graph a ist eine ganzrationale Funktion 3. Grades ohne Zusammenhang mit f(x). Also muss Graph c der Graph der Stammfunktion von f(x) sein (siehe auch c.).

b.)   Die erste Ableitung wird gebildet mit Hilfe der Produkt- und der Kettenregel:
$f'(x) = 4\left(e^{2x+2} + 2xe^{2x+2}\right) = 4e^{2x+2} \cdot (2x+1)$. Genauso die zweite Ableitung:
$f''(x) = 4\left(2e^{2x+2}(2x+1) + 2e^{2x+2}\right) = 4e^{2x+2} \cdot (4x+2+2) = 16e^{2x+2} \cdot (x+1)$.

c.)   Wenn die Stammfunktion abgeleitet wird, muss sich die (Ausgangs-) Funktion f(x) ergeben. Also:
Aus $F(x) = e^{2x+2} \cdot (2x-1) + 2$ ergibt sich:
$F'(x) = 2e^{2x+2} \cdot (2x-1) + e^{2x+2} \cdot 2 = e^{2x+2} \cdot (4x-2+2) = 4x \cdot e^{2x+2} = f(x)$,   q.e.d.
Beim Ableiten verschwindet die additive Konstante $C = 2$. Daher gibt es beliebig viele Stammfunktionen.
Wenn $x \to -\infty$ geht, dann geht (dieses) $F(x) \to 2$, da wegen der e-Funktion die damit verbundenen Terme gegen Null gehen und nur die 2 unabhängig davon übrig bleibt.

d.)   <u>Kurvendiskussion:</u>
Der Def.-Bereich ist $\mathbb{D} = \Re$, da f(x) sich aus einem Produkt einer e-Funktion und x zusammensetzt. Wenn $x \to +\infty$, dann geht $f(x) \to +\infty$ wegen der e-Funktion und des positiven Vorzeichens von x. Wenn $x \to -\infty$, dann geht $f(x) \to 0$, da die e-Funktion „schneller" gegen Null geht als der Faktor $x \to -\infty$.
Die Nullstellen erhält man durch Nullsetzen der Vorschrift von f(x): $0 = 4x \cdot e^{2x+2}$. Die e-Funktion ist immer $\neq 0$, also liegt eine einzige Nullstelle N vor bei $N[0 \mid 0]$.
<u>Extrempunkte:</u>
Die Extrempunkte werden durch Nullsetzen der ersten Ableitung (notw. Bedingung) gefunden. Es ist: $0 = 4e^{2x+2} \cdot (2x+1) \Leftrightarrow 2x+1 = 0 \Leftrightarrow x_E = -\dfrac{1}{2}$.

Es ergibt sich, wenn x_E in die zweite Ableitung eingesetzt wird:
$f''(-\dfrac{1}{2}) = 4 \cdot (1+1) \cdot e^3 > 0$.

Also hat f(x) einen Tiefpunkt TP bei $TP\left[-\dfrac{1}{2} \mid -2e\right] \approx TP\left[-\dfrac{1}{2} \mid -5{,}437\right]$.

<u>Wendepunkte:</u>
Die Wendepunkte werden durch Nullsetzen der zweiten Ableitung (notw. Bedingung) gefunden: $0 = 16e^{2x+2} \cdot (x+1) \Leftrightarrow x_w = -1$.

Mit Hilfe der dritten Ableitung wird entschieden: $f'''(-1) = 16 \cdot e^0 \cdot 1 \neq 0$.

Also hat f(x) einen Wendepunkt WP bei $WP[-1 \mid -4]$.

Die Graphen von f(x) und t(x)
ungleiche Achsenmaßstäbe

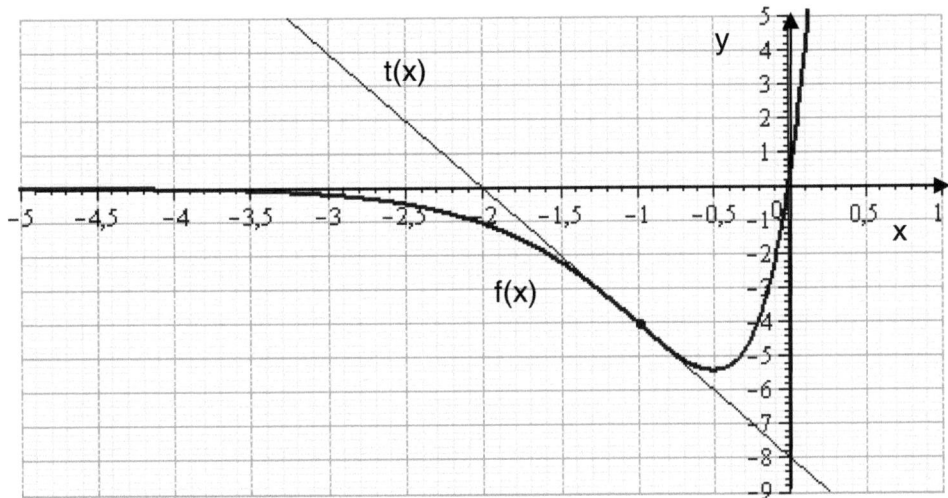

e.)
$$A_1 = \int_{-\infty}^{0} f(x)dx = \left[e^{2x+2} \cdot (2x-1) + 2\right]_{-\infty}^{0} = e^2 \cdot (-1) + 2 - (\lim_{z \to -\infty}\left(e^{2z+2} \cdot (2z-1)\right) + 2) = -e^2$$

Da die Fläche unter der x-Achse liegt, muss der Betrag genommen werden. Also ist

$$A_1 = e^2 \text{ F.E.} \approx 7{,}89 \text{ F.E. (endlicher Flächeninhalt)}$$

f.) Die Gleichung der Wendetangenten lautet allgemein: $t(x) = m \cdot x + b$.

Es ist $m = f\grave{}(-1) = 4 \cdot (-2+1) \cdot e^0 = -4$.

Also heißt $t(x) = -4x + b$. (vorläufiges Ergebnis)

Da Kurvenpunkt gleich Tangentenpunkt ist, gilt $-4 = -4 \cdot (-1) + b$.

Damit ergibt sich für $b = -8$.

Die (endgültige) Gleichung der Wendetangente lautet also: $t(x) = -4x - 8$.

Die von Graph von f(x) und t(x) im dritten Quadranten (von der y-Achse begrenzte) vollständig eingeschlossene Fläche A_2 berechnet sich zu

$$A_2 = \int_{-1}^{0} (f(x) - t(x))dx = \int_{-1}^{0} (4xe^{2x+2} - (-4x-8))dx.$$

(Stammfunktion F(x) s. o.)

Es ergibt sich: $A_2 = \left[(2x-1) \cdot e^{2x+2} + 2x^2 + 8x\right]_{-1}^{0} = -e^2 - ((-2-1) \cdot e^0 + 2 - 8)$.

Also: $A_2 = -e^2 + 3 - 2 + 8 = 9 - e^2$.

Die von f(x) und Tangente t(x) im dritten Quadranten vollständig eingeschlossene Fläche hat den Flächeninhalt A_2 von

$$A_2 = 9 - e^2 \text{ F.E.} \approx 1{,}611 \text{ F.E.}$$

20

Funktionsgraphen zum Erkennen

4.)   Gegeben ist die Funktion mit der Vorschrift: $f(x) = -6x^4 + 8x^3$.

Im unten wiedergegebenen Schaubild sind der Graph von f(x), die erste Ableitung f`(x), eine Stammfunktion F(x) von f(x) und eine andere Funktion g(x) dargestellt.

a.)   Welches sind die jeweiligen Graphen?
Geben Sie jeweils 2 Gründe an, mit denen die einzelnen Vorschriften zugeordnet werden können!

Graphen mit ungleichen Achsenmaßstäben

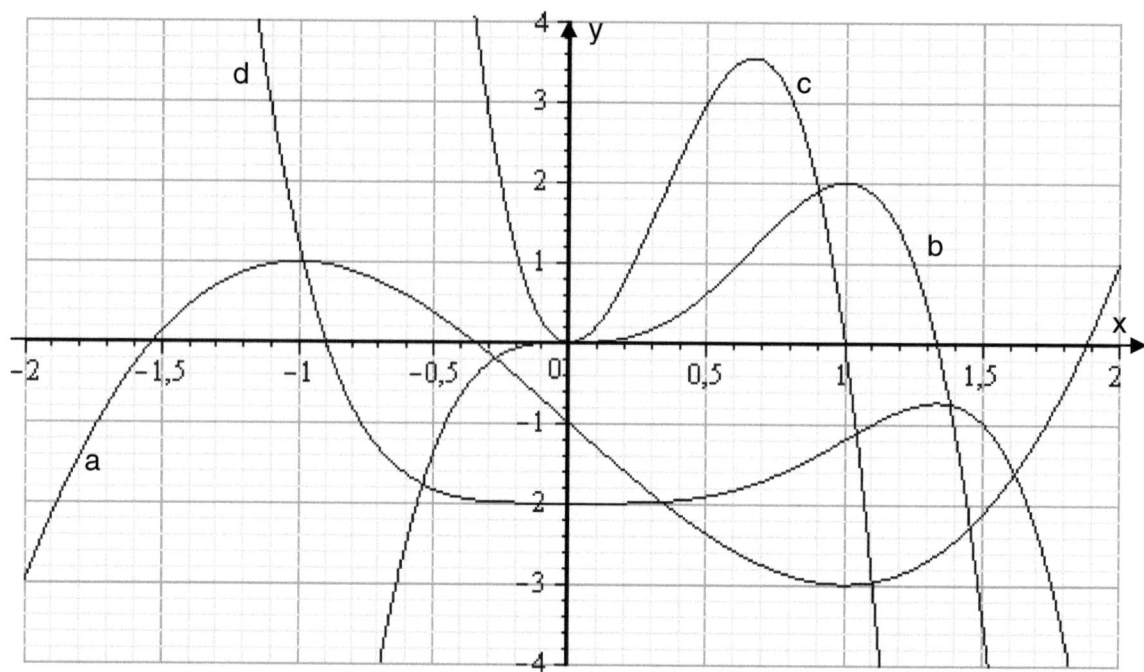

b.)   Wie lautet die erste und die zweite Ableitung von f(x) ?

c.)   Bestimmen Sie eine Stammfunktion F(x) von f(x)
Warum gibt es nicht genau eine Stammfunktion, sondern sehr viele ?

d.)   Führen Sie eine vollständige Kurvendiskussion von f(x) durch !
(Definitionsbereich ID, Verhalten im Unendlichen, Nullstellen, Extrem- und Wendepunkte)

e.)   Wie groß ist die Fläche A, die der Graph von f(x) im ersten Quadranten mit der x-Achse (vollständig) einschließt ?

f.)   Bestätigen Sie durch Einsetzen, dass die Wendetangente t(x) den Graphen von f(x) an der Stelle $x = -\dfrac{2}{3}$ schneidet und mit dem Graphen von f(x) die gleiche Fläche A umschließt wie der Graph von f(x) im ersten Quadranten mit der x-Achse!

Funktionsgraphen zum Erkennen, (Lösung der Aufgabe Nr. 4):

a.) Die gegebene Funktionsvorschrift lautet: $f(x) = -6x^4 + 8x^3$.

Das ist eine ganzrationale Funktion 4. Grades, die durch den Ursprung geht und deren weitere Nullstelle lautet: $x_N = \frac{8}{6} = \frac{4}{3} \approx 1,333$. Damit ist Graph b der Graph von f(x).

Die erste Ableitung hat immer dann eine Nullstelle, wenn f(x) eine horizontale Tangente hat. Das ist der Fall bei $x_1 = 0$ und bei $x_2 = 1$. Also ist der Graph c der Graph der ersten Ableitung von f(x).

Die Stammfunktion muss eine horizontale Tangente haben, wenn f(x) eine Nullstelle hat. Das ist bei $x_{N1} = 0$ und bei $x_{N2} = \frac{8}{6} = \frac{4}{3} \approx 1,333$ der Fall.

Also ist der Graph d der Graph von der Stammfunktion F(x).

Der Graph a hat zwar eine horizontale Tangente bei $x_1 = 1$, aber auch bei $x_2 = -1$. Es gibt aber keinen Zusammenhang mit f(x).

b.) Es gilt:

$f`(x) = -24x^3 + 24x^2$ und

$f``(x) = -72x^2 + 48x$.

c.) Es ist:

$F(x) = -\frac{6}{5}x^5 + 2x^4 + C$.

Wegen der aditiven Konstante C gibt es beliebig viele Stammfunktionen, denn beim Ableiten von F(x) fällt C weg. Im dargestellten Fall hat C den Wert von $C = -2$.

d.) Kurvendiskussion

Der Def.-Bereich ist $\mathbb{D} = \mathfrak{R}$, da f(x) eine ganzrationale Funktion 4. Grades ist.

Wenn $x \to \pm\infty$, dann geht $f(x) \to -\infty$.

Das bewirkt das Minuszeichen vor der immer positiven Potenz von x^4.

Durch Nullsetzen der Funktionsgleichung findet man die Nullstellen:

$0 = -6x^4 + 8x^3 \Leftrightarrow x^3 \cdot (-6x + 8) \Leftrightarrow x_{N1} = 0 \vee 6x_{N2} = 8$.

Damit gibt es zwei Nullstellen N mit $N_1 [0 \mid 0]$ und $N_2 \left[\frac{4}{3} \mid 0\right]$.

Extrempunkte:

Die Extrempunkte werden durch Nullsetzen der ersten Ableitung (notw. Bedingung) gefunden: $0 = -24x^3 + 24x^2 \Leftrightarrow x^2 \cdot (-24x + 24) \Leftrightarrow x_{E1} = 0 \vee x_{E2} = 1$.

Mit Hilfe der zweiten Ableitung wird entschieden:

$f``(1) = -72x^2 + 48x = -72 + 48 = -24 < 0$.

Also liegt ein Hochpunkt HP vor bei $HP[1 \mid 2]$.

Da $f``(0) = 0$, kann noch nichts entschieden werden, aber es liegt der Verdacht auf einen Sattelpunkt (Wendepunkt mit horizontaler Tangente) vor.

Wendepunkte:

Die Wendepunkte werden durch Nullsetzen der zweiten Ableitung (notw. Bedingung) gefunden:

$$0 = -72x^2 + 48x \Leftrightarrow 0 = x \cdot (-72x + 48) \Leftrightarrow x_{W1} = 0 \vee 72x = 48 \Leftrightarrow x_{W2} = \frac{2}{3}.$$

Die Entscheidung liefert die dritte Ableitung. Sie lautet: $f'''(x) = -144x + 48$.

Es ist $f'''(0) = 48 \neq 0$ und $f'''(\frac{2}{3}) = -48 \neq 0$.

Damit gibt es einen Sattelpunkt SP bei $SP[0\,|\,0]$ und einen Wendepunkt WP bei $WP\left[\frac{2}{3}\,|\,\frac{32}{27}\right] \approx WP[0,6667\,|\,1,18519]$.

Graphen von f(x) und t(x)
ungleiche Achsenmaßstäbe

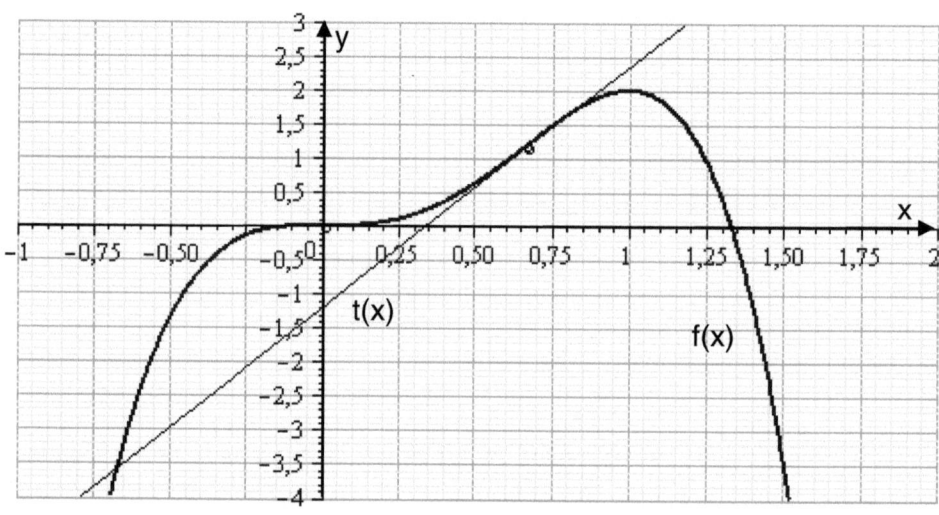

e.) Die eingeschlossene Fläche A im ersten Quadranten zwischen Graph von f(x) und x-Achse findet man durch Integration: $A = \int_0^{\frac{4}{3}} f(x)dx$.

Die Nullstellen liefern die jeweiligen Grenzen. Es ist:

$$A = \int_0^{\frac{4}{3}} (-6x^4 + 8x^3)dx = \left[-\frac{6}{5}x^5 + 2x^4\right]_0^{\frac{4}{3}} = -\frac{6144}{1215} + \frac{512}{81} - 0 = \frac{512}{405} \text{ F.E.} \approx 1,2642 \text{ F.E.}$$

f.) Die Gleichung der Wendetangente lautet allgemein: $t(x) = m \cdot x + b$. Es ist:

$$m = f'(\frac{2}{3}) = -24 \cdot \left(\frac{2}{3}\right)^3 + 24 \cdot \left(\frac{2}{3}\right)^2 = -\frac{192}{27} + \frac{96}{9} = \frac{32}{9}.$$

Also lautet: $t(x) = \frac{32}{9} \cdot x + b$. (vorläufiges Ergebnis)

Da Kurvenpunkt gleich Tangentenpunkt ist, gilt: $\frac{32}{27} = \frac{32}{9} \cdot \frac{2}{3} + b$. Damit ergibt sich

für $b = \frac{32}{27} - \frac{64}{27} = -\frac{32}{27}$. Damit lautet die (endgültige) Gleichung der Wendetangente:

23

$$t(x) = \frac{32}{9} \cdot x - \frac{32}{27}.$$

Durch Einsetzen wird überprüft: $f(-\frac{2}{3}) = -\frac{32}{9}$.

Ebenso ist $t(-\frac{2}{3}) = -\frac{32}{9}$.

Der zweite Schnittpunkt von t(x) mit f(x) liegt also dort bei $x = -\frac{2}{3}$.

Die gesuchte Fläche A_2 ergibt sich damit zu:

$$A_2 = \int_{-\frac{2}{3}}^{\frac{2}{3}} (f(x) - t(x))dx = \int_{-\frac{2}{3}}^{\frac{2}{3}} (-6x^4 + 8x^3 - (\frac{32}{9}x - \frac{32}{27}))dx.$$

Es ist $A_2 = \int_{-\frac{2}{3}}^{\frac{2}{3}} -6x^4 + 8x^3 - \frac{32}{9}x + \frac{32}{27})dx = \left[-\frac{6}{5}x^5 + 2x^4 - \frac{16}{9}x^2 + \frac{32}{27}x \right]_{-\frac{2}{3}}^{\frac{2}{3}}.$

Das ergibt:

$$A_2 = -\frac{192}{1215} + \frac{32}{81} - \frac{64}{27} + \frac{64}{81} - (\frac{192}{1215} + \frac{32}{81} - \frac{64}{27} - \frac{64}{81}) = -\frac{128}{405} + \frac{128}{81} = \frac{512}{405}.$$

$$A_2 = \frac{512}{405} \text{ F.E.} \approx 1{,}2642 \text{ F.E.}$$

Damit ist gezeigt, dass $A_2 = A$.
Die beiden betrachteten Flächen sind also gleichgroß.

Funktionsgraphen zum Erkennen

5.)   Gegeben ist die Funktion mit der Vorschrift: $f(x) = 3x^4 + 8x^3 + 6x^2 - 1$.
Im unten wiedergegebenen Schaubild sind der Graph von f(x), die erste Ableitung
$f'(x)$, eine Stammfunktion F(x) und eine andere Funktion g(x) dargestellt.

a.)   Welches sind die jeweiligen Graphen ?
Geben Sie jeweils 2 Gründe an, mit denen die einzelnen Vorschriften zugeordnet
werden können!

Graphen mit ungleichen Achsenmaßstäben

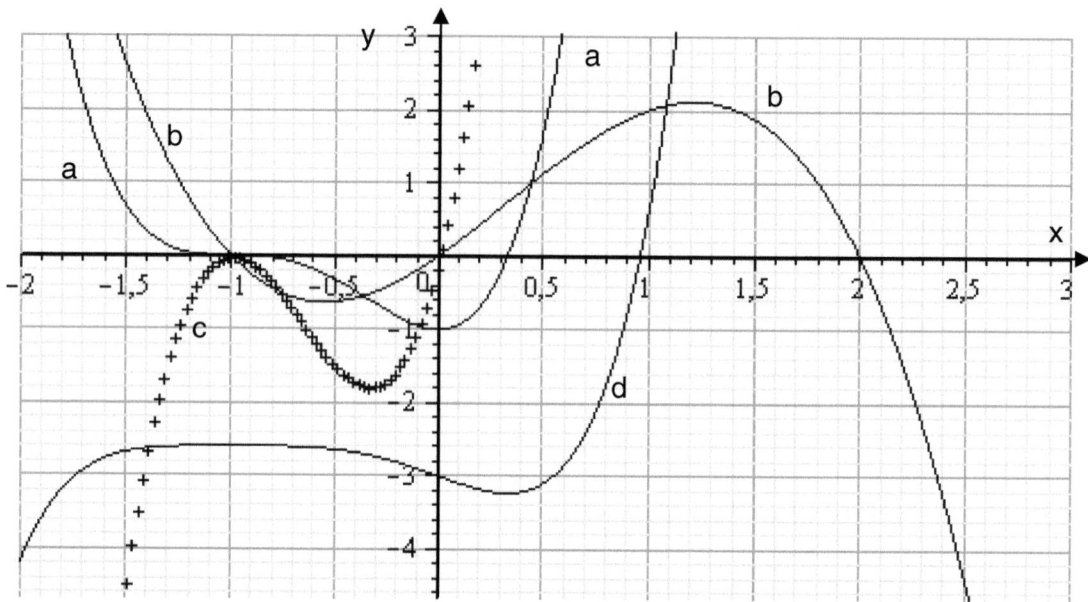

b.)   Wie lautet die erste und die zweite Ableitung von f(x) ?
Zeichnen Sie einige (wesentliche) Punkte (Nullstellen, Extrempunkt) von $f''(x)$ in
das Schaubild mit ein !

c.)   Bestimmen Sie eine Stammfunktion F(x) von f(x) !
Warum gibt es nicht genau eine Stammfunktion, sondern sehr viele ?

d.)   Geben Sie von f(x) den Definitionsbereich ID, das Verhalten im Unendlichen und
Extrem- und Wendepunkte an !

e.)   Bestimmen Sie den Wert der Fläche A, die die gegebene Funktion im 3. und 4.
Quadranten mit der x-Achse einschließt !

Funktionsgraphen zum Erkennen, (Lösung der Aufgabe Nr. 5):

a.)   Die gegebene Funktionsvorschrift lautet: $f(x) = 3x^4 + 8x^3 + 6x^2 - 1$. Das ist eine ganzrationale Funktion 4. Grades mit dem y-Achsenabschnitt $y_0 = -1$. Außerdem hat $f(x)$ eine Nullstelle bei $x_N = -1$. Probe durch Einsetzen: $f(1) = 3 - 8 + 6 - 1 = 0$.

Also ist Graph a der Graph von $f(x)$.

Die erste Ableitung muss eine Funktion 3. Grades sein, die immer dann eine Nullstelle hat, wenn $f(x)$ eine horizontale Tangente hat. Dafür könnten noch Graph b und c in Frage kommen. Aber Graph c hat eine weitere Nullstelle bei $x = 2$. Damit scheidet der Graph c für die erste Ableitungskurve aus.

Die Stammfunktion $F(x)$ hat immer dann eine horizontale Tangente, wenn $f(x)$ eine Nullstelle hat. Das ist der Fall bei $x_N = -1$ und bei $x_2 = \frac{1}{3} \approx 0,333$.

Zweimalige Polynomdivision durch $(x - (-1))$ ergibt:

$(3x^4 + 8x^3 + 6x^2 - 1) : (x + 1) = 3x^3 + 5x^2 + x - 1$

$(3x^3 + 5x^2 + x - 1) : (x + 1) = 3x^2 + 2x - 1$ und

Auflösen der quadratischen Gleichung $3x^2 + 2x - 1 = 0$ liefert:

$$x_{1/2} = -\frac{1}{3} \pm \sqrt{\frac{1}{9} + \frac{3}{9}} = -\frac{1}{3} \pm \frac{2}{3}.$$

Das ergibt als zusätzlichen neuen Wert $x_2 = \frac{1}{3} \approx 0,333$!

Damit ist Graph d der Graph der Stammfunktion $F(x)$.

Der Graph c hat also zu $f(x)$ keine Beziehung!

b.)   Es ist: $f'(x) = 12x^3 + 24x^2 + 12x$ und $f''(x) = 36x^2 + 48x + 12$.

Es ist $f''(x)$ eine nach oben geöffnete Parabel 2. Grades mit den Nullstellen

$x_{N1} = -1$ und $x_{N2} = -\frac{1}{3} \approx -0,33$.

Der Scheitel wird durch $f'''(x) = 72x + 48 = 0 \Leftrightarrow x_S = -\frac{2}{3} \approx -0,666$ gefunden.

Es ist $f''(-\frac{2}{3}) = 36 \cdot \frac{4}{9} - 48 \cdot \frac{2}{3} + 12 = -4$. Also hat die zweite Ableitung (nach oben geöffnete Parabel) die Nullstellen $N_1[-1 \,|\, 0]$ und $N_2\left[-\frac{1}{3} \,|\, 0\right]$ und die Parabel den Scheitel bei $S\left[-\frac{2}{3} \,|\, -4\right]$.

c.)   Eine Stammfunktion $F(x)$ von $f(x)$ lautet: $F(x) = \frac{3}{5}x^5 + 2x^4 + 2x^3 - x + C$.

Es gibt beliebig viele Stammfunktionen wegen der Konstante C, die beim Ableiten Null wird und damit wegfällt. Beim dargestellten Beispiel hat C den Wert von $C = -3$.

d.)   Der Def.-Bereich ist $\mathbb{D} = \mathfrak{R}$, da $f(x)$ eine ganzrationale Funktion 4. Grades ist. Wenn $x \to \pm\infty$, dann $f(x) \to \infty$ wegen der immer positiven höchsten Potenz von x^4.

<u>Extrempunkte:</u> Die Extrempunkte werden durch Nullsetzen der ersten Ableitung (notw. Bedingung) gefunden: $0 = 12x^3 + 24x^2 + 12x \Leftrightarrow 0 = x \cdot (12x^2 + 24x + 12)$.

Daraus ergibt sich sofort:

$x_{E1} = 0$.

Aus $12x^2 + 24x + 12 = 0 \Leftrightarrow x^2 + 2x + 1 = 0 \Leftrightarrow (x+1)^2 = 0$ ergibt sich (ohne p-q-Formel): $x_{E2} = -1$. Mit Hilfe der zweiten Ableitung wird entschieden: $f``(x) = 36x^2 + 48x + 12$, dass $f``(0) = 12 > 0$ und $f``(-1) = 0$. Damit liegt auf jeden Fall ein Tiefpunkt TP vor bei $TP[0 \mid -1]$. Bei $f``(-1) = 0$ kann noch nichts entschieden werden. Es liegt aber der Verdacht auf Sattelpunkt vor.

Die <u>Wendepunkte</u> werden durch Nullsetzen der zweiten Ableitung (notw. Bedingung) gefunden: $0 = 36x^2 + 48x + 12$. Nach Division durch 36 ergibt sich: $x^2 + \frac{4}{3}x + \frac{1}{3} = 0$.

Die p-q-Formel liefert $x_{W1/2} = -\frac{2}{3} \pm \sqrt{\frac{4}{9} - \frac{3}{9}} = -\frac{2}{3} \pm \sqrt{\frac{1}{9}} = -\frac{2}{3} \pm \frac{1}{3}$,

also $x_{W1} = -1$ und $x_{W2} = -\frac{1}{3}$.

Mit Hilfe der dritten Ableitung $f```(x) = 72x + 48$ ergeben sich die Werte $f```(-1) = -24 \neq 0$ und $f```(-\frac{1}{3}) = 24 \neq 0$.

Es liegen also vor (tatsächlich) ein Sattelpunkt SP bei $SP[-1 \mid 0]$ und ein Wendepunkt WP bei $WP\left[-\frac{1}{3} \mid -\frac{16}{27}\right] \approx WP[-0,33333 \mid -0,593]$.

Graph von f(x)
ungleiche Achsenmaßstäbe

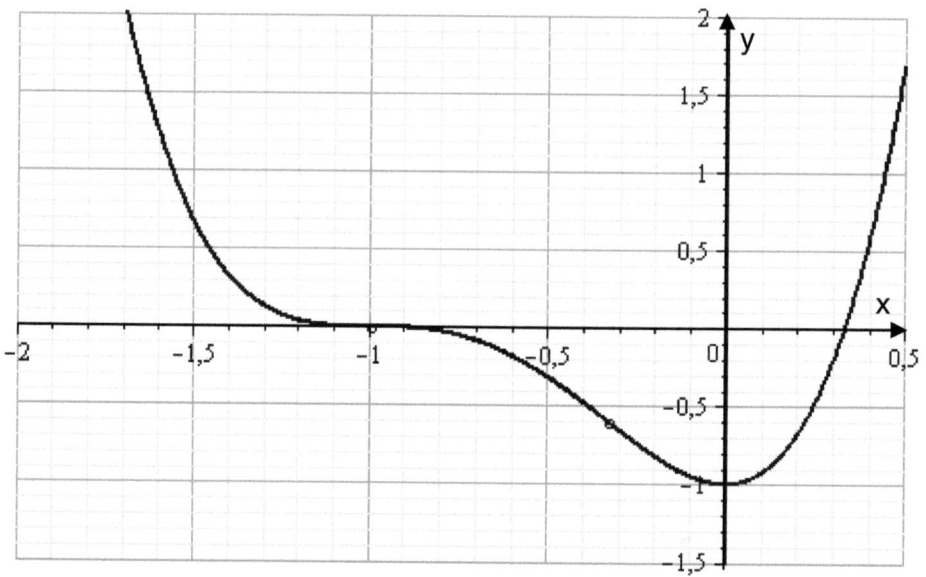

e.)   Die gesuchte Fläche A liegt unter der x-Achse: $A = -\int\limits_{-1}^{\frac{1}{3}} (3x^4 + 8x^3 + 6x^2 - 1)dx$,

daher das Minuszeichen vor dem Integral. Es ergibt sich:

$A = -\left[\frac{3}{5}x^5 + 2x^4 + 2x^3 - x\right]_{-1}^{\frac{1}{3}}$.   Damit ist:

$A = -(\frac{1}{405} + \frac{2}{81} + \frac{2}{27} - \frac{1}{3} - (-\frac{3}{5} + 2 - 2 + 1)) = \frac{94}{405} + \frac{2}{5} = \frac{256}{405}$ F.E. $\approx 0,6321$ F.E.

Funktionsgraphen zum Erkennen

6.) Gegeben ist die Funktion mit der Vorschrift: $f(x) = (x^2 - 2x) \cdot e^{-\frac{1}{2}x}$.

a.) Begründen Sie, dass Graph b der Graph von f(x) ist ! Geben Sie mindestens zwei stichhaltige Begründungen an !

Graphen mit ungleichen Achsenmaßstäben

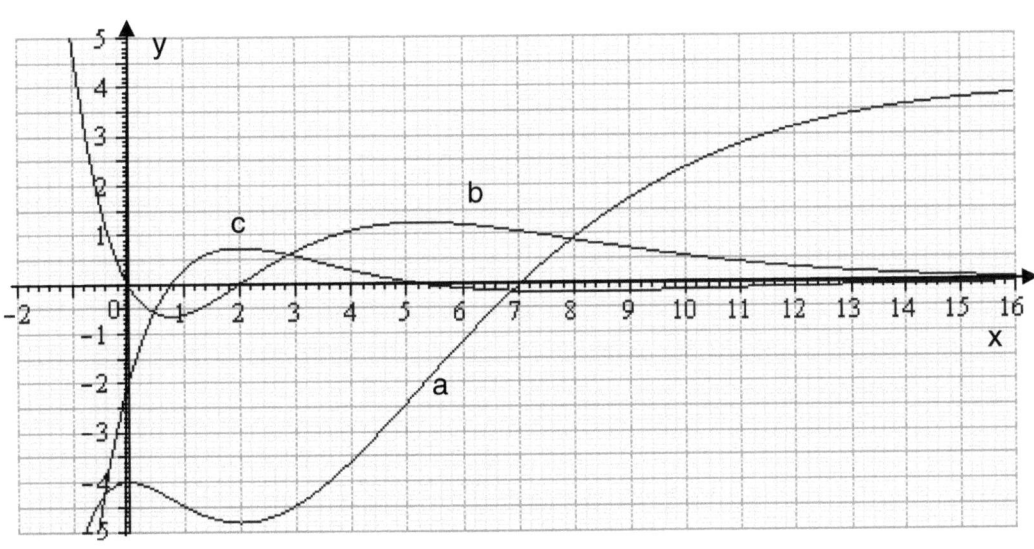

b.) Bestätigen Sie, dass von f(x) eine Stammfunktion F(x) lautet:

$F(x) = -2e^{-\frac{1}{2}x}(x^2 + 2x + 4) + C$.

Welcher Graph „passt" zu der angegebenen Stammfunktion ?
Welchen Wert hat die Konstante C ? (2 Begründungen!)

c.) Wie lautet die erste und zweite Ableitung von f(x) ? Welcher Graph „passt" hier in diesem Schaubild zu den Ableitungen ? (2 Begründungen!)

d.) Führen Sie eine vollständige Kurvendiskussion von f(x) durch !
(Definitionsbereich ID, Verhalten im Unendlichen, Nullstellen, Extrem- und Wendepunkte)

e.) Hat die im ersten Quadranten liegende Fläche des Graphen von f(x) (begrenzt durch die x-Achse), die ins Unendliche reicht, eine endliche Fläche A ? Wenn ja, wie groß ist diese Fläche A ?

f.) Wie lautet die Gleichung der Wendetangente an den WP mit dem kleineren x-Wert?

Funktionsgraphen zum Erkennen, (Lösung der Aufgabe Nr. 6):

a.) Die gegebene Vorschrift lautet: $f(x) = (x^2 - 2x) \cdot e^{-\frac{1}{2}x}$. Das folgt aus der Berechnung

ihrer Nullstellen.: $0 = x(x-2) \cdot e^{-\frac{1}{2}x}$.

Das heißt, $f(x)$ geht durch den Ursprung und hat bei $x = 2$ eine weitere Nullstelle.
Sie nähert sich außerdem asymptotisch der x-Achse an, wenn $x \to \infty$ geht.

b.) Die Bestätigung, dass $F(x)$ eine Stammfunktion ist, erfolgt durch Ableiten. Es ist:

$F(x) = -2e^{-\frac{1}{2}x}(x^2 + 2x + 4) + C$. Damit ergibt sich mit Produkt- und Kettenregel:

$$F'(x) = -2 \cdot \left(-\frac{1}{2}e^{-\frac{1}{2}x} \cdot (x^2 + 2x + 4) + e^{-\frac{1}{2}x} \cdot (2x+2) \right) = -2e^{-\frac{1}{2}x} \cdot \left(-\frac{1}{2}x^2 - x - 2 + 2x + 2 \right)$$

$$F'(x) = -2e^{-\frac{1}{2}x} \cdot \left(-\frac{1}{2}x^2 + x \right) = e^{-\frac{1}{2}x} \cdot (x^2 - 2x) = f(x) \qquad \text{q.e.d.}$$

Die Stammfunktion hat eine waagerechte Tangente wenn $f(x) = 0 \Leftrightarrow (x^2 - 2x) = 0$,
weil $f(x)$ die Ableitung von $F(x)$ ist. Das ergibt: $x_1 = 0$ oder $x_2 = 2$. Das ist genau der
Fall beim Graphen a. Die Konstante C hat hier den Wert von $C = 4$.
Die Kurve nähert sich hier also asymptotisch dem Wert $C = 4$.

c.) Die Ableitungen werden wieder mit Produkt- und Kettenregel gebildet. Es ist:

$$f'(x) = (2x-2)e^{-\frac{1}{2}x} + (x^2 - 2x)e^{-\frac{1}{2}x} \cdot (-\frac{1}{2}) = e^{-\frac{1}{2}x} \cdot (2x - 2 - \frac{1}{2}x^2 + x). \text{ Das ergibt:}$$

$$f'(x) = e^{-\frac{1}{2}x} \cdot (-\frac{1}{2}x^2 + 3x - 2). \text{ Genauso verfährt man mit der zweiten Ableitung:}$$

$$f''(x) = -\frac{1}{2}e^{-\frac{1}{2}x} \cdot (-\frac{1}{2}x^2 + 3x - 2) + e^{-\frac{1}{2}x} \cdot (-x+3) = e^{-\frac{1}{2}x} \cdot (\frac{1}{4}x^2 - \frac{3}{2}x + 1 - x + 3)$$

Das ergibt: $f''(x) = e^{-\frac{1}{2}x} \cdot (\frac{1}{4}x^2 - \frac{5}{2}x + 4) = \frac{1}{4}e^{-\frac{1}{2}x} \cdot (x^2 - 10x + 16)$.

Um zu entscheiden, welcher der Graphen die erste bezw. die zweite Ableitung darstellt, müssen deren Nullstellen gefunden werden. Denn, wenn $f(x)$ einen Extrempunkt hat, nimmt die Ableitung an dieser Stelle den Wert Null an.

Es ist: $f'(x) = e^{-\frac{1}{2}x} \cdot (-\frac{1}{2}x^2 + 3x - 2) = 0$. Das ergibt: $x^2 - 6x + 4 = 0$ oder

$x_{1/2} = 3 \pm \sqrt{9-4} = 3 \pm \sqrt{5}$ also $x_1 = 3 - \sqrt{5} \approx 0{,}764$ und $x_2 = 3 + \sqrt{5} \approx 5{,}236$.

Das trifft genau für Graph b zu.

Sicherheitshalber wird auch die zweite Ableitung untersucht. Aus $x^2 - 10x + 16 = 0$
ergibt sich: $x_{1/2} = 5 \pm \sqrt{25-16} = 5 \pm \sqrt{9} = 5 \pm 3$.

Also ist $x_1 = 2$ und $x_2 = 8$. Das passt zu den Extrempunkten von $f'(x)$.

d.) <u>Kurvendiskussion</u>

Der Def.-Bereich ist $\mathbb{D} = \Re$, da die ganzrationale Funktion und die e-Funktion für alle
$x \in \Re$ definiert sind. Wenn $x \to +\infty$, geht $f(x) \to 0$, wegen der e-Funktion mit
negativem x-Wert. Wenn $x \to -\infty$, geht $f(x) \to +\infty$ (sehr stark), wegen der
ganzrationalen und der e-Funktion. Die <u>Extrempunkte</u> werden durch Nullsetzen der

ersten Ableitung gefunden: $0 = e^{-\frac{1}{2}x} \cdot (-\frac{1}{2}x^2 + 3x - 2) \Leftrightarrow x^2 - 6x + 4 = 0$.

Die e-Funktion ist immer $\neq 0$.

Die p-q-Formel liefert: $x_{E1/2} = 3 \pm \sqrt{9-4} = 3 \pm \sqrt{5}$. Die zweite Ableitung entscheidet, welche Art von Extremum vorliegt. Es ist $f''(3+\sqrt{5}) \approx -0{,}163 < 0$ und $f''(3-\sqrt{5}) \approx 1{,}526 > 0$.

Damit liegt ein Tiefpunkt TP vor bei $\mathrm{TP}\left[3-\sqrt{5}\,|\,-0{,}644\right] \approx \mathrm{TP}\left[0{,}764\,|\,-0{,}644\right]$ und ein Hochpunkt HP bei $\mathrm{HP}\left[3+\sqrt{5}\,|\,1{,}236\right] \approx \mathrm{HP}\left[5{,}236\,|\,1{,}236\right]$.

Die Wendepunkte werden durch Nullsetzen der zweiten Ableitung gefunden:

$0 = \dfrac{1}{4} e^{-\frac{1}{2}x} \cdot (x^2 - 10x + 16)$. Die p-q-Formel liefert die Werte:

$x_{W1/2} = 5 \pm \sqrt{25-16} = 5 \pm 3$. Also ist $x_{W1} = 2$ und $x_{W2} = 8$.

Werden diese Werte in die dritte Ableitung $f'''(x) = -\dfrac{1}{8} \cdot (x^2 - 14x + 36) \cdot e^{-\frac{1}{2}x}$ eingesetzt, so ergeben sich jedes Mal Werte $\neq$ Null. Damit liegen zwei Wendepunkte WP vor bei $\mathrm{WP}_1[2\,|\,0]$ und $\mathrm{WP}_2\left[8\,|\,48 \cdot e^{-4}\right] \approx \mathrm{WP}[8\,|\,0{,}879]$

Graph von f(x) und t(x)

unglei
che
Achse
nmaßs
täbe

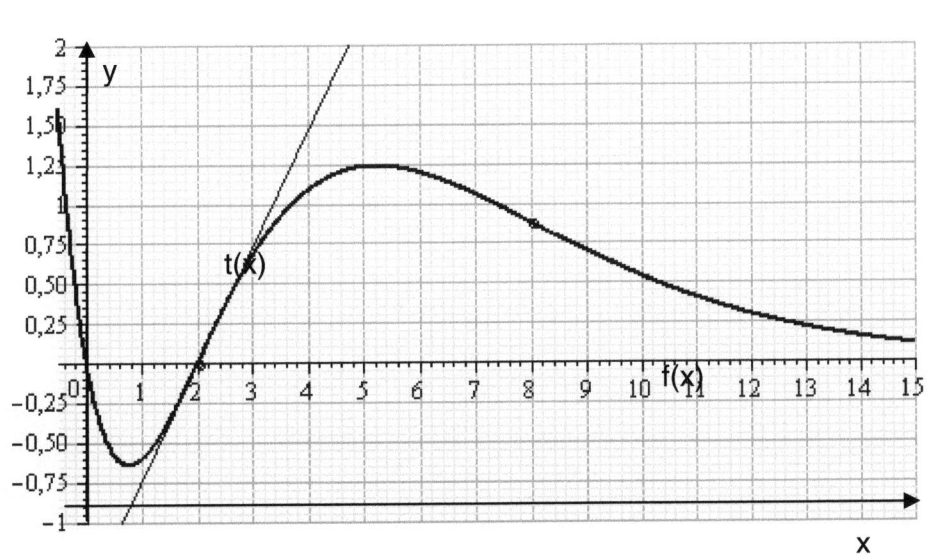

e.)   Die gesuchte Fläche ergibt sich durch Integration: $A = \displaystyle\int_{2}^{\infty} (e^{-\frac{1}{2}x} \cdot (x^2 + 2x))\,dx$. Es ist:

$$A = \left[-2e^{-\frac{1}{2}x} \cdot (x^2 + 2x + 4) \right]_{2}^{\infty} = 0 - (-2e^{-1} \cdot (4+4+4)) = 24e^{-1} \text{ F.E.} \approx 8{,}83 \text{ F.E.}$$

Damit ist gezeigt, dass A einen endlichen Flächeninhalt mit dem obigen Wert hat.

f.)   Die Wendetangente ist eine Gerade mit der Gleichung $t(x) = f'(2) \cdot x + b$.

Es ist $f'(2) = -\dfrac{1}{2} \cdot (4 - 12 + 4) \cdot e^{-1} = \dfrac{2}{e}$.

Da Kurvenpunkt gleich Tangentenpunkt ist, gilt $t(2) = f(2) = 0$.

Also ist $0 = \dfrac{2}{e} \cdot 2 + b \Leftrightarrow b = -\dfrac{4}{e}$. Damit lautet die (endgültige) Gleichung der gesuchten Wendetangente: $t(x) = \dfrac{2}{e} \cdot x - \dfrac{4}{e} \approx 0{,}74x - 1{,}47$.

Untersuchung ganzrationaler Funktionen 2. Grades

1.) Der Graph einer ganzrationalen Funktion 2. Grades geht durch die Punkte $P(-4\,|\,18)$, $R(8\,|\,6)$ und $Q(2\,|\,-6)$.

a.) Zeigen Sie, dass die Funktionsvorschrift lautet: $f(x) = \dfrac{1}{2} \cdot x^2 - 3 \cdot x - 2$!

b.) Welche Eigenschaften kann man auf „den ersten Blick" (ohne Rechnung) direkt erkennen (Verhalten im Unendlichen, Symmetrieeigenschaften, y-Achsenabschnitt)?

c.) Führen Sie eine vollständige Kurvendiskussion durch!
(Bilden der ersten 3 Ableitungen, Bestimmung der Schnittpunkte mit den Koordinatenachsen, Untersuchung auf Hoch-, Tief, und Wendepunkte, Graph im Intervall $-2 \leq x \leq 8$).

d.) Bestimmen Sie den Wert des Flächeninhaltes A_1, den der Graph im 4. Quadranten mit der x-Achse einschließt!

e.) Stellen Sie die Gleichung der Normalen auf, die man an den Kurvengraphen an der Stelle $x_0 = 0$ anlegen kann! Bestimmen Sie die Fläche A_2, welche von der Normalen und dem Kurvengraphen eingeschlossen wird!

Untersuchung ganzrationaler Funktionen 2.Grades, (Lösung der Aufgabe 1):

a.)   Die allgemeine Gleichung einer ganzrationalen Funktion 2. Grades lautet:
$f(x) = ax^2 + bx + c$.

f(x) ist also bekannt, wenn a, b und c bekannt sind.

Einsetzen der Bedingungen aus der Aufgabenstellung in die allg. Gleichung liefert:

$f(-4) = 18 = 16a - 4b + c$	(1) Punkt P ist gegeben.
$f(8) = 6 = 64a + 8b + c$	(2) Punkt R ist gegeben.
$f(2) = -6 = 4a + 2b + c$	(3) Punkt Q ist gegeben. Zunächst kann c aus den 3 Gl. eliminiert werden. Dies geschieht am besten durch Subtraktion der Gleichungen:
$12 = -48a - 12b$	(4) erhalten aus : (1) – (2)
$12 = 60a + 6b$	(5) erhalten aus : (2) – (3). Gl. (4) kann leicht durch 2 dividiert werden. Man erhält:
$6 = -24a - 6b$	(4a)
$12 = 60a + 6b$	(5) Addiert man (4a) und (5), so fällt b weg:
$18 = 36a$	(6) Daraus kann sofort a bestimmt werden.
$a = \dfrac{18}{36} = \dfrac{1}{2}$	Den Wert von a kann man z. B. in (4a) einsetzen; man erhält:
$6 = -12 - 6b$ oder $6b = -18$,	also
$b = -3$.	
	Die Werte von a und b werden z. B. in (1) eingesetzt. Man erhält:
$18 = \dfrac{16}{2} + 12 + c$.	daraus ergibt sich:
$c = 10 - 12 = -2$.	

Damit lautet die Vorschrift: $f(x) = \dfrac{1}{2}x^2 - 3x - 2$,   q.e.d.

b.)   <u>Verhalten im Unendlichen:</u> Für $x \to \pm\infty$ geht $f(x) \to +\infty$, da x^2 alle anderen Terme überwiegt und wegen des Quadrates immer positiv ist.

<u>Symmetrieeigenschaften:</u> Für f(x) liegt weder eine einfache Achsensymmetrie zur y-Achse vor noch ist sie punktsymmetrisch zum Ursprung, da sowohl gerade wie ungerade Exponenten vorhanden sind.

<u>y-Achsenabschnitt:</u> Der y-Achsenabschnitt lautet: $y_0 = f(0) = -2$.

c.)   <u>Ableitungen:</u>
$f'(x) = x - 3$

$f''(x) = 1$

$f'''(x) = 0$

<u>Nullstellen:</u> $0 = \dfrac{1}{2}x^2 - 3x - 2$. Die Gleichung muss mit 2 multipliziert werden. Es ergibt sich: $x^2 - 6x - 4 = 0$; nun kann die p-q-Formel angewandt werden. Es ergibt sich:

$x_{N1/2} = 3 \pm \sqrt{9 + 4} = 3 \pm \sqrt{13}$, also:

$x_{N1} = 3 + \sqrt{13} \approx 6,61$ und $x_{N2} = 3 - \sqrt{13} \approx -0,61$.

Es gibt also die 2 Nullstellen N mit $N\left[3 \pm \sqrt{13} \mid 0\right] \approx N_1\left[-0,61 \mid 0\right]$ und $N_2\left[6,61 \mid 0\right]$.

Extrempunkte: Die erste Ableitung muss Null gesetzt und die Gleichung dann nach x freigestellt werden. Also: $0 = x - 3$. Daraus folgt sofort:

$x_e = 3$.

Das ist die notwendige Bedingung für die Existenz eines Extrempunktes. Die hinreichende Bedingung liefert: $f''(3) = 1 > 0$. Also liegt bei $x = 3$ ein Tiefpunkt TP

vor. Der Punkt hat die Koordinaten: $TP\left[3 \mid -\dfrac{13}{2}\right]$

Wendepunkte kann es nicht geben, da für Wendepunkte, wegen $f''(x) = 1 \neq 0$, die notw. Bed. nicht erfüllbar ist.

Graph mit Tangente und Normale an der Stelle $x = 0$:
(ungleiche Achsenmaßstäbe)

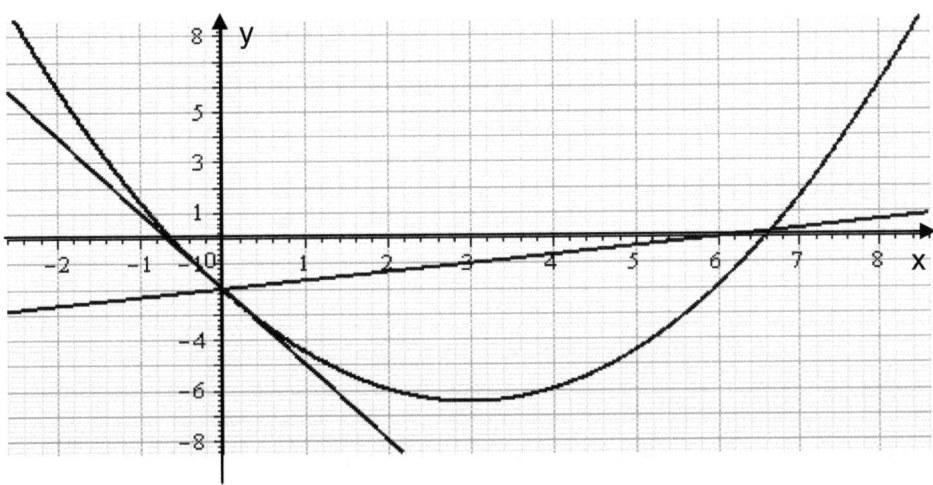

d.) Berechnung der Fläche A_1:

Als obere Grenze muss die gefundene Nullstelle verwendet werden.
Es müssen außerdem Betragstriche verwendet werden, da die Fläche unter der x-Achse liegt und deshalb ohne Betragstriche negativ würde.

$$A_1 = \int\limits_0^{3+\sqrt{13}} |\, f(x)\mathrm{d}x\,| = \int\limits_0^{3+\sqrt{13}} |\,\frac{1}{2}x^2 - 3x - 2\,|\,\mathrm{d}x$$

$$A_1 = \left[\,|\,\frac{x^3}{6} - \frac{3}{2}x^2 - 2x\,|\,\right]_0^{3+\sqrt{13}} = \left[\,|\,x \cdot (\frac{x^2}{6} - \frac{3}{2}x - 2)\,|\,\right]_0^{3+\sqrt{13}} ,$$

(Die Brüche werden auf den Nenner 6 gebracht.):

$$A_1 = |\,(3+\sqrt{13}) \cdot \left(\frac{(3+\sqrt{13})^2}{6} - \frac{9}{6}(3+\sqrt{13}) - \frac{12}{6}\right) - 0\,|$$

$$A_1 = |\,(3+\sqrt{13}) \cdot \left(\frac{9 + 6\sqrt{13} + 13 - 27 - 9\sqrt{13} - 12}{6}\right)| = |\,(3+\sqrt{13}) \cdot \left(\frac{-17 - 3\sqrt{13}}{6}\right)|$$

$$A_1 = \left| \frac{-51 - 9\sqrt{13} - 17\sqrt{13} - 39}{6} \right| = \left| \frac{-90 - 26\sqrt{13}}{6} \right| = \left| -15 - \frac{13}{3}\sqrt{13} \right|;$$

also ergibt sich:

$$A_1 = 15 + \frac{13}{3}\sqrt{13} \text{ F.E.} \approx 30{,}623 \text{F.E.}$$

e.) Die allgemeine Form der Normalengleichung an der Stelle x_p lautet:

$$n(x) = -\frac{1}{f'(x_p)} \cdot x + b.$$

Der Wert von b ist bereits bekannt, da die Normale an der Stelle $x_p = 0$ an den Graphen gelegt werden soll.

Also ist $b = f(0) = -2$. Jetzt muss nur noch $f'(0)$ gebildet werden:

$f'(0) = -3$ (s. Ableitungen oben). Also ist: $-\dfrac{1}{f'(0)} = \dfrac{1}{3}$.

Daher ergibt sich für die Normalengleichung: $n(x) = \dfrac{1}{3}x - 2$.

Um die gesuchte Fläche zwischen der Normalen und dem Graphen von f(x) zu bestimmen, muss der Schnittpunkt zwischen dem Graphen und der Normalen gefunden werden.

Durch Gleichsetzen erhält man: $\dfrac{1}{3}x - 2 = \dfrac{1}{2}x^2 - 3x - 2$.

Das ergibt: $\dfrac{1}{2}x^2 - \dfrac{10}{3}x = 0 = x \cdot \left(\dfrac{1}{2}x - \dfrac{10}{3} \right)$.

Die erste Lsg. ist trivial; sie muss 0 sein, da die Normale ja bei $x = 0$ angelegt wird.

Die zweite Lösung lautet somit: $\dfrac{1}{2}x - \dfrac{10}{3} = 0 \Leftrightarrow x = \dfrac{20}{3}$.

Dies stellt die zweite Grenze der Integration dar:

$$A_2 = \int_0^{\frac{20}{3}} (n(x) - f(x))dx \text{ oder}$$

$$A_2 = \int_0^{\frac{20}{3}} \left(\frac{1}{3}x - 2 - \left(\frac{1}{2}x^2 - 3x - 2 \right) \right)dx = \int_0^{\frac{20}{3}} \left(-\frac{1}{2}x^2 + \frac{10}{3}x \right)dx = \left[-\frac{1}{6}x^3 + \frac{5}{3}x^2 \right]_0^{\frac{20}{3}}$$

$$A_2 = -\frac{8000}{162} + \frac{2000}{27} - 0 = -\frac{4000}{81} + \frac{6000}{81}. \text{ Also ergibt sich für die gesuchte Fläche:}$$

$$A_2 = \frac{2000}{81} \text{ F.E.} \approx 24{,}69 \text{F.E.}$$

Untersuchung ganzrationaler Funktionen 2.Grades

2.) Der Graph einer ganzrationalen Funktion 2. Grades geht durch die Punkte $P(1|2)$, $Q(2|5)$ und $R(\frac{5}{2}|8)$.

a.) Zeigen Sie, dass die Funktionsvorschrift lautet: $f(x) = 2 \cdot x^2 - 3 \cdot x + 3$!

b.) Welche Eigenschaften kann man auf „den ersten Blick" (ohne Rechnung) direkt erkennen (Verhalten im Unendlichen, Symmetrieeigenschaften, y-Achsenabschnitt)?

c.) Führen Sie eine vollständige Kurvendiskussion durch!
(Bilden der ersten 3 Ableitungen, Bestimmung der Schnittpunkte mit den Koordinatenachsen, Untersuchung auf Hoch-, Tief, und Wendepunkte, Graph im Intervall $-1 \le x \le 3$).

d.) Zeigen Sie, dass die Gleichung $t(x)$ der Tangente, die man an der Stelle $x = 0$ an den Graphen von $f(x)$ anlegen kann, lautet: $t(x) = -3 \cdot x + 3$!

e.) Die Tangente $t(x)$ schließt mit einer Parallelen zur y-Achse durch ihre Nullstelle im ersten Quadranten mit dem Graphen von $f(x)$ eine Fläche A ein.
Bestimmen Sie den Wert dieses Flächeninhaltes von A !

f.) Stellen Sie die Gleichung der Normalen $n(x)$ an der Stelle $x = 0$ an den Graphen von $f(x)$ auf, und bestimmen Sie den Wert des Flächeninhaltes B, der durch diese Normale $n(x)$ mit dem Graphen von $f(x)$ im ersten Quadranten eingeschlossen wird!

g.) Legen Sie an einer beliebigen Stelle $x_0 = t$ eine Tangente $t(x)$ an den Graphen von $f(x)$ und bilden dort ebenfalls die zugehörige Normale!
Zeigen Sie, dass die Gleichung dieser Normalen lautet:

$$n(x) = \frac{-1}{4 \cdot t - 3} \cdot x + \frac{8 \cdot t^3 - 18 \cdot t^2 + 22 \cdot t - 9}{4 \cdot t - 3} \quad !$$

Machen Sie mit dieser Gleichung die Probe und zeigen Sie, dass $n(t)$ tatsächlich ein Punkt auf der Kurve von $f(x)$ ist!

Untersuchung ganzrationaler Funktionen 2. Grades, (Lösung Aufgabe 2.):

a.) Die allgemeine Gleichung einer ganzrationalen Funktion 2. Grades lautet: $f(x) = ax^2 + bx + c$. Die Aussagen des Aufgabentextes werden nun der Reihe nach verwendet. Es werden also die jeweiligen x- und y- Werte eingesetzt. Es ergibt sich:

$$f(1) = 2 = a + b + c \qquad \text{(1)}$$

$$f(2) = 5 = 4a + 2b + c \qquad \text{(2)}$$

$$f(\frac{5}{2}) = 8 = \frac{25}{4}a + \frac{5}{2}b + c \qquad \text{(3) Subtraktion von (2) – (1) liefert:}$$

$$3 = 3a + b \qquad \text{(4) Subtraktion von (3) – (2) liefert:}$$

$$3 = \frac{9}{4}a + \frac{1}{2}b \qquad \text{(5) Multiplikation von (5) mit 2 ergibt:}$$

$$6 = \frac{18}{4}a + b \qquad \text{(6) Subtraktion von (6) - (4) liefert:}$$

$$3 = \frac{3}{2}a \qquad \text{Daraus ergibt sich als Lösung für a :}$$

$$a = \frac{6}{3} = 2. \qquad \text{Die kann z B. eingesetzt werden in (4).}$$

$$b = 3 - 3 \cdot 2 = -3. \qquad \text{a und b werden eingesetzt z. B. in (1). Es ergibt sich:}$$

$$c = 2 - a - b = 2 - 2 + 3 = 3.$$

Damit lautet die Funktionsvorschrift: $f(x) = 2x^2 - 3x + 3$, q.e.d.

b.) Es handelt sich um eine nach oben geöffnete Parabel , d.h. wenn $x \to \pm\infty$, dann geht $f(x) \to +\infty$ wegen des Quadrates bei x. Es liegen keine Symmetrien zur y-Achse und keine Punktsymmetrie zum Ursprung vor, da sowohl geradzahlige als auch ungeradzahlige Exponenten vorliegen. Der y-Achsenabschnitt lautet: $y_0 = f(0) = +3$.

c.) Ableitungen:

$$f'(x) = 4x - 3$$
$$f''(x) = 4$$
$$f'''(x) = 0$$

Nullstellen: Es muss f(x) gleich Null gesetzt werden: $0 = 2x^2 - 3x + 3$. Um die p-q-Formel anwenden zu können, muss durch 2 dividiert werden: $0 = x^2 - \frac{3}{2}x + \frac{3}{2}$.

Damit ergeben sich als mögliche Lösungen: $x_{N1/2} = \frac{3}{4} \pm \sqrt{\frac{9}{16} - \frac{24}{16}} \notin \Re$, wegen des negativen Radikanden; d.h. der Graph hat keine Nullstellen!

Extrempunkte: Die erste Ableitung wird Null gesetzt; es ergibt sich: $4x - 3 = 0$. Daraus folgt: $x_E = \frac{3}{4} > 0$ als notwendige Bedingung; die hinreichende ist wegen $f''(x) = 4 > 0$ ebenfalls erfüllt. Es liegt also ein Tiefpunkt TP vor bei $TP\left[\frac{3}{4} \mid \frac{15}{8}\right]$.

Wendepunkte: Es kann keine Wendepunkte geben, da die notwendige Bedingung wegen $f``(x) = 4$ nicht erfüllbar ist. Also: Es gibt keine Wendepunkte.

Graph mit Tangente und Normale an der Stelle $x = 0$
(ungleiche Achsenmaßstäbe)

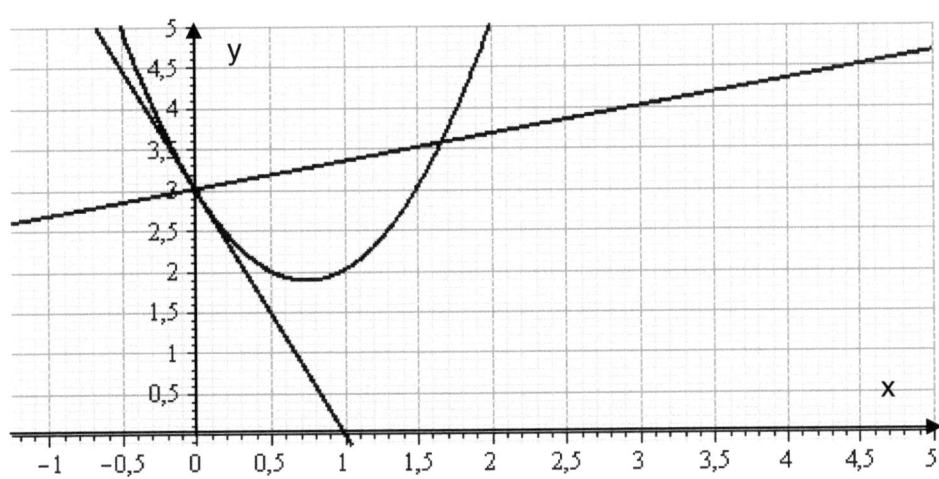

d.) Die Gleichung der Tangente lautet allgemein: $t(x) = f`(x_p) \cdot x + b$.

Da $f(0) = 3$ und $f`(0) = -3$ ist, ergibt sich sofort: $3 = -3 \cdot 0 + b$; also $b = 3$; also

$$t(x) = -3x + 3, \quad \text{q.e.d..}$$

e.) Die Tangente hat als Nullstelle den Wert $x = 1$. Damit ergibt sich der gesuchte Flächeninhalt A zu:

$$A = \int_0^1 (f(x) - t(x))dx = \int_0^1 (2x^2 - 3x + 3 - (-3x + 3))dx = \int_0^1 2x^2 dx = \left[\frac{2}{3}x^3\right]_0^1, \text{ also:}$$

$$A = \frac{2}{3}\text{F.E.}$$

f.) Für die Gleichung der Normalen gilt: $m_2 = -\dfrac{1}{m_1} = \dfrac{1}{3}$, also ist $n(x) = \dfrac{1}{3}x + 3$.

Um die abgeschnittene Fläche B zu bestimmen, muss der 2. Schnittpunkt der Normalen mit $f(x)$ gefunden werden; dies geschieht durch Gleichsetzen: $\dfrac{1}{3}x + 3 = 2x^2 - 3x + 3$ oder $0 = x \cdot (2x - \dfrac{10}{3})$. Daraus folgt: $x_1 = 0$ (Bestätigung der Aufgabenstellung) oder:

$2x - \dfrac{10}{3} = 0$, also $x_s = \dfrac{5}{3} \approx 1,667$. Damit erhält man für die Fläche B :

$$B = \int_0^{\frac{5}{3}} (n(x) - f(x))dx = \int_0^{\frac{5}{3}} (\frac{1}{3}x + 3 - (2x^2 - 3x + 3))dx = \int_0^{\frac{5}{3}} (-2x^2 + \frac{10}{3}x)dx$$

$$B = \left[-\frac{2}{3}x^3 + \frac{5}{3}x^2 \right]_0^{\frac{5}{3}} = -\frac{2}{3} \cdot \frac{125}{27} + \frac{5}{3} \cdot \frac{25}{9} - 0 = -\frac{250}{81} + \frac{125}{27}.$$

Damit beträgt die Fläche B zwischen der Normalen und dem Graph von f(x):

$$B = \frac{125}{81} \text{ F.E.} \approx 1,543 \text{ F.E.}$$

g.) Die Gleichung der Tangente lautet: $t_a(t) = f'(t) \cdot x + b_a$.

Es ist $f'(t) = 4t - 3$ (siehe Ableitungen oben).

Damit ist $t_a(x) = (4t - 3) \cdot x + b_a$. Damit lautet $n(x) = -\dfrac{1}{4t - 3} \cdot x + b$.

Es ist $n(t) = f(t) = 2t^2 - 3t + 3 = -\dfrac{1}{4t - 3} \cdot t + b$.

Damit ergibt sich für den Wert von b der Normalen:

$$b = \frac{t}{4t - 3} + 2t^2 - 3t + 3 = \frac{t + (2t^2 - 3t + 3) \cdot (4t - 3)}{4t - 3} = \frac{8t^3 - 18t^2 + 22t - 9}{4t - 3}, \text{ also}$$

$$n(x) = -\frac{1}{4t - 3} \cdot x + \frac{8t^3 - 18t^2 + 22t - 9}{4t - 3}, \quad \text{q.e.d.}$$

Probe:

Wenn z. B. t=0 ist, dann ist $n_0(x) = \dfrac{1}{3}x + 3$; das ist in der Tat die obige

Normalengleichung, die für $x = 0$ den y-Achsenabschnitt $y_0 = 3$ (s. o.) liefert.

Untersuchung ganzrationaler Funktionen 2. Grades

3.)   Gegeben ist eine Funktion mit der Vorschrift: $f(x) = -\dfrac{1}{2} \cdot (x+1)^2 + 3$.

a.)   Welche Eigenschaften kann man auf „den ersten Blick" (ohne Rechnung) direkt erkennen, (Def. Bereich, Verhalten im Unendlichen, Symmetrieeigenschaften)?

b.)   Führen Sie eine vollständige Kurvendiskussion durch!
        (Bilden der ersten 3 Ableitungen, Bestimmung der Schnittpunkte mit den Koordinatenachsen, Untersuchung auf Hoch-, Tief, und Wendepunkte, Graph im Intervall ($-6 \leq x \leq 6$).

c.)   Legen Sie vom Punkt $P[1 | 9]$ aus Tangenten $t_i(x)$ an den Graphen von $f(x)$, bestimmen Sie die Gleichungen der Tangenten $t_i(x)$ und geben Sie die Koordinaten der Berührpunkte B_i mit dem Graphen von $f(x)$ an!
        (Kontrollergebnisse: $t_1(x) = 2x + 7$; $t_2(x) = -6x + 15$)

d.)   Berechnen Sie die Fläche A, welche im ersten, zweiten und vierten Quadranten von den beiden Tangenten und dem Graphen von $f(x)$ vollständig eingeschlossen wird !

e.)   Zeigen Sie, dass es eine Achse gibt, zu der der Graph von $f(x)$ achsensymmetrisch ist. Geben Sie die Gleichung dieser Achse an !

Untersuchung ganzrationaler Funktionen 2. Grades; (Lösungen der Aufgabe Nr.3):

a.) Der Def.-Bereich ist ℝ, da keinerlei Einschränkungen für alle $x \in \mathbb{R}$ vorliegen.

Das Verhalten im Unendlichen ist wegen des negativen Vorzeichens vor x^2 festgelegt wie folgt:

Wenn $x \rightarrow +\infty$, dann geht $f(x) \rightarrow -\infty$, und umgekehrt:

Wenn $x \rightarrow -\infty$, dann geht $f(x) \rightarrow -\infty$.

Es liegen keine einfachen Symmetrien vor, da im ausmultiplizierten Fall des Binoms

$f(x) = -\dfrac{1}{2}x^2 - x + \dfrac{5}{2}$ sowohl geradzahlige wie ungeradzahlige Exponenten

vorkommen.

Es handelt sich um eine nach unten geöffnete und verschobene Parabel 2. Grades.

b.) Kurvendiskussion:

Die ersten drei Ableitungen lauten:

$f`(x) = -x - 1$

$f``(x) = -1$

$f```(x) = 0$

Nullstellen: $0 = -\dfrac{1}{2}x^2 - x + \dfrac{5}{2}$.

Wegen der p-q-Formel muss mit -2 multipliziert werden. Es ergibt sich:

$x^2 + 2x - 5 = 0$ hat als Lösung: $x_{N1/2} = -1 \pm \sqrt{1+5} = -1 \pm \sqrt{6}$.

Damit gibt es also 2 Nullstellen:

$N_1 \left[-1 + \sqrt{6} \mid 0 \right] \approx N_1 \left[1,4495 \mid 0 \right]$ und $N_2 \left[-1 - \sqrt{6} \mid 0 \right] \approx N_2 \left[-3,4495 \mid 0 \right]$.

y-Achsenabschnitt : $y_0 = \dfrac{5}{2}$; kann direkt abgelesen werden, wenn $x = 0$ eingesetzt

wird.

Extrempunkte : Hierzu wird die erste Ableitung gleich Null gesetzt (notw. Bedingung).

Es ist: $0 = -x - 1 \Leftrightarrow x_E = -1$.

Damit ergibt sich: $x_E = -1$.

Dies wird in die 2. Ableitung (hinr. Bed.) eingesetzt: $f``(-1) = -1$.

Damit liegt ein Hochpunkt HP vor bei $HP \left[-1 \mid 3 \right]$.

Wendepunkte: Die notwendige Bed. für Wendepunkte schreibt vor, dass die 2. Ableitung gleich Null sein muss.

Dies ist nicht möglich (s. o.).

Also hat die Kurve (Parabel 2. Grades) keine Wendepunkte.

Graph an die Parabel mit den Tangenten vom Punkt $P[1 \mid 9]$ aus
(ungleiche Achsenmaßstäbe)

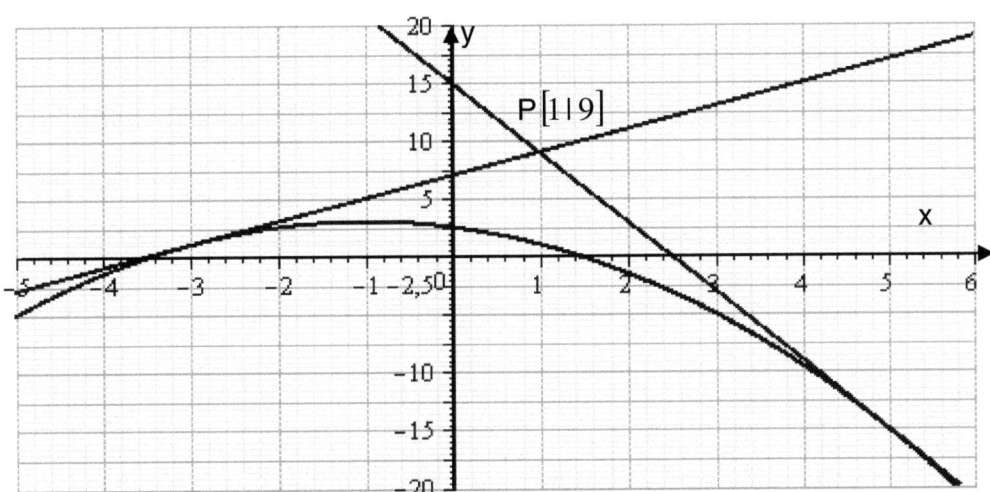

c.) Tangente vom gegebenen Punkt $P[1 \mid 9]$ aus:

Die allgemeine Gleichung der Tangente lautet: $t(x) = mx + b$. Es muss also gelten: Die Ableitung der Funktion ist gleich der Steigung der gesuchten Tangente. Außerdem ist der jeweilige Berührpunkt der Tangente gleich Kurvenpunkt. Also ergibt sich:

$$f'(x) = -x - 1 = \frac{y - 9}{x - 1} = \frac{f(x) - 9}{x - 1} = \frac{-\frac{1}{2}(x + 1)^2 + 3 - 9}{x - 1} \quad \text{oder}$$

$$(-x - 1) \cdot (x - 1) = -\frac{1}{2}(x + 1)^2 - 6 \Leftrightarrow -x^2 + 1 = -\frac{1}{2}x^2 - x - \frac{1}{2} - 6 \Leftrightarrow \frac{1}{2}x^2 - x - \frac{15}{2} = 0.$$

Wegen der p-q-Formel muss mit 2 multipliziert werden. Das ergibt:
$x^2 - 2x - 15 = 0$.

Die Lösungen lauten: $x_{1/2} = 1 \pm \sqrt{1 + 15} = 1 \pm \sqrt{16} = 1 \pm 4$.

Es gibt also 2 Tangenten vom Punkt P aus mit :

$$m_1 = \frac{f(5) - 9}{5 - 1} = \frac{-15 - 9}{4} = -6 \quad \text{und} \quad m_2 = \frac{f(-3) - 9}{-3 - 1} = \frac{-2 + 3 - 9}{-4} = 2.$$

Damit lauten die Gleichungen der Tangenten:
$$t_1(x) = -6x + b_1 \quad \text{und} \quad t_2(x) = 2x + b_2 .$$

Die Werte für b_1 und b_2 erhält man, indem in die jeweilige Tangentengleichung die Koordinaten des Punktes P eingesetzt werden:
$9 = -6 \cdot 1 + b_1 \Leftrightarrow b_1 = 15$.
Genauso: $9 = 2 \cdot 1 + b_2 \Leftrightarrow b_2 = 7$.
Damit ist gezeigt, dass die Tangentengleichungen lauten:
$$t_1(x) = -6x + 15 \quad \text{und} \quad t_2(x) = 2x + 7, \quad \text{q.e.d.}$$

Die jeweiligen Berührpunkte erhält man, indem die jeweilige Tangentengleichung mit der gegebenen Funktionsvorschrift gleichsetzt wird: $-6x+15=-\frac{1}{2}x^2-x+\frac{5}{2}$.

Das liefert: $-\frac{1}{2}x^2+5x-\frac{25}{2}=0 \Leftrightarrow x^2-10x+25=0 \Leftrightarrow (x-5)^2=0$.

Die Lösung lautet also: $x_1=5$.

Genauso: $2x+7=-\frac{1}{2}x^2-x+\frac{5}{2} \Leftrightarrow -\frac{1}{2}x^2-3x-\frac{9}{2}=0$.

Das ergibt: $x^2+6x+9=0 \Leftrightarrow (x+3)^2=0$. Die Lösung lautet hier also: $x_2=-3$.

(Die Lösungen hätte man in beiden Fällen auch mit der p-q-Formel erhalten können.)

Die Koordinaten der jeweiligen Berührpunkte B_i erhält man durch Einsetzen der Werte von x_1, bzw. x_2 in die Kurvenvorschrift $f(x)$ oder in die jeweilige Tangentengleichung $t_i(x)$.

Es ergibt sich: $B_1[5 \mid -15]$ und $B_2[-3 \mid 1]$.

d.) <u>Flächenberechnung</u> Die gesuchte Fläche A muss in zwei Schritten berechnet werden: $A=A_1+A_2$. (Die Begrenzungstangente ist jeweils unterschiedlich.)

Es ist $A_1=\int_{-3}^{1}(2x+7-(-\frac{1}{2}x^2-x+\frac{5}{2}))dx$ und

$A_2=\int_{1}^{5}(-6x+15-(-\frac{1}{2}x^2-x+\frac{5}{2}))dx$,

weil die beiden Tangenten unterschiedliche Vorschriften haben.
Es ergibt sich:

$A_1=\int_{-3}^{1}(\frac{1}{2}x^2+3x+\frac{9}{2})dx=\left[\frac{x^3}{6}+\frac{3}{2}x^2+\frac{9}{2}x\right]_{-3}^{1}=\frac{1}{6}+\frac{3}{2}+\frac{9}{2}-(-\frac{27}{6}+\frac{27}{2}-\frac{27}{2})=\frac{32}{3}$.

Ebenso ergibt sich:

$A_2=\int_{1}^{5}(\frac{1}{2}x^2-5x+\frac{25}{2})dx=\left[\frac{x^3}{6}-\frac{5}{2}x^2+\frac{25}{2}x\right]_{1}^{5}=\frac{125}{6}-\frac{125}{2}+\frac{125}{2}-(\frac{1}{6}-\frac{5}{2}+\frac{25}{2})=\frac{32}{3}$.

Beide Teilflächen sind also gleich groß.
Die Gesamtfläche A hat daher den Flächeninhalt von

$$A=A_1+A_2=\frac{64}{3}\text{ F.E.} \approx 21{,}3333\text{ F.E.}$$

e.) Wenn Achsensymmetrie zu einer anderen Achse $x=x_0$ als der y-Achse ($x=0$) vorliegen soll, dann muss gelten: $f(x_0-h)=f(x_0+h)$.

Da es sich um eine nach unten geöffnete Parabel 2. Grades handelt mit Scheitel bei $x=-1$, wird geprüft, ob gilt: $-\frac{1}{2}\cdot(-1+1-h)^2+3 \overset{?}{=} -\frac{1}{2}\cdot(-1+1+h)^2+3$.

Es ist $-\frac{1}{2}\cdot(-h)^2+3 \overset{?}{=} -\frac{1}{2}\cdot h^2+3$.

Also, es ist in der Tat: $-\frac{1}{2}h^2+3=-\frac{1}{2}h^2+3$.

Damit ist gezeigt, dass f(x) achsensymmetrisch ist zur Achse mit der Gleichung $x_0=-1$.

Untersuchung ganzrationaler Funktionen 3. Grades

1.) Der Graph einer ganzrationalen Funktion 3. Grades berührt bei $x = 3$ die x-Achse und verläuft durch die Punkte $P(0|9)$ und $Q(-1|0)$.

a.) Zeigen Sie, dass die Funktionsvorschrift lautet: $f(x) = x^3 - 5 \cdot x^2 + 3 \cdot x + 9$!

b.) Welche Eigenschaften kann man auf „den ersten Blick" (ohne Rechnung) direkt erkennen, (Verhalten im Unendlichen, Symmetrieeigenschaften, y-Achsenabschnitt) ?

c.) Führen Sie eine vollständige Kurvendiskussion durch!
(Bilden der ersten 3 Ableitungen, Bestimmung der Schnittpunkte mit den Koordinatenachsen, Untersuchung auf Hoch-, Tief, und Wende<u>punkte</u>, Graph im Intervall $-2 \leq x \leq 4$).

d.) Bestimmen Sie die Gleichung $t(x)$ der Wendetangente!

e.) Zeigen Sie, dass die Parabel 2. Grades, deren Graph durch die oben genannten Punkte verläuft, die Gleichung $g(x) = -3 \cdot x^2 + 6 \cdot x + 9$ haben muss !

f.) Wie groß ist der Flächeninhalt der Fläche A_1, die im 1. Quadranten von $f(x)$, der x-Achse und der y-Achse eingeschlossen wird?

g.) Wie groß ist der Flächeninhalt der Fläche A_2, die von $f(x)$ und $g(x)$ im ersten Quadranten eingeschlossen wird?

Variante:

e.) Gegeben ist nun noch die Parabel $g(x)$ mit der Gleichung: $g(x) = -3 \cdot x^2 + 6 \cdot x + 9$.
Untersuchen Sie $g(x)$ auf Extrempunkte hin und zeigen Sie, dass $g(x)$ die gleichen Schnittpunkte mit den Koordinatenachsen hat wie $f(x)$!

f.) An welcher Stelle (x-Wert) ist die vertikale Entfernung $E(x)$ zwischen den Punkten der Parabel $g(x)$ und der Funktion $f(x)$ im ersten Quadranten maximal?
Wie groß ist diese maximale Entfernung E?

g.) Berechnen Sie den Flächeninhalt A_2, den die Graphen von $g(x)$ mit $f(x)$ im ersten und zweiten Quadranten vollständig einschließen!

Untersuchung ganzrationaler Funktionen 3.Grades; (Lösungen der Aufgabe 1.):

a.) **Aufstellen der Funktionsvorschrift**

Um die Funktionsgleichung zu finden, benötigt man hier allgemein die Vorschrift einer ganzrationalen Funktion 3. Grades und deren erster Ableitung. Es ist:

$$f(x) = a \cdot x^3 + b \cdot x^2 + c \cdot x + d, \qquad \text{mit } a,b,c,d \in \Re \qquad \text{und}$$

$$f`(x) = 3 \cdot a \cdot x^2 + 2 \cdot b \cdot x + c \qquad \text{Nun werden die Textangaben eingesetzt:}$$

$f(3) = 0 = 27 \cdot a + 9 \cdot b + 3 \cdot c + d$ (1) $[3 \mid 0]$ ist Kurvenpunkt oder Nullstelle

$f`(3) = 0 = 27 \cdot a + 6 \cdot b + c$ (2)   berührt bei $x = 3$ die x-Achse

$f(-1) = 0 = -a + b - c + d$ (3) $Q[-1 \mid 0]$ ist Kurvenpunkt oder Nullstelle

$f(0) = 9 = d$ (4) $P[0 \mid 9]$ ist Kurvenpunkt

$d = 9$ kann in den anderen Gleichungen durch

Einsetzen unmittelbar verwertet werden. Es ergibt sich:

$-9 = 27 \cdot a + 9 \cdot b + 3 \cdot c$ (1a)   Diese Gleichung kann durch 3 dividiert werden. Es ergibt sich:

$-3 = 9 \cdot a + 3 \cdot b + c$ (1b)

$0 = 27 \cdot a + 6 \cdot b + c$ (2)

$-9 = -a + b - c$ (3a)

$0 = 27 \cdot a + 6 \cdot b + c$ (2)

$\underline{-3 = 9 \cdot a + 3 \cdot b + c}$ (1b)   Subtraktion von Gl. (2) – (1b) ergibt:

$3 = 18 \cdot a + 3 \cdot b$ (5)

$-9 = -a + b - c$ (3a)

$\underline{0 = 27 \cdot a + 6 \cdot b + c}$ (2)   Addition von Gl. (3a) + (2) ergibt:

$-9 = 26 \cdot a + 7 \cdot b$ (6)   Multiplikation von (5) mit $\dfrac{7}{3}$ liefert:

$\underline{7 = 42 \cdot a + 7 \cdot b}$ (5a)   Subtraktion von (6) – (5a) ergibt:

$-16 = -16 \cdot a$ (7)   Gl. (7) wird durch (-16) dividiert:

$a = 1$ als erstes Ergebnis. Dies wird eingesetzt z. B. in Gl. (5). Es ergibt sich:

$3 = 18 + 3 \cdot b$ oder

$3 \cdot b = -15$ und damit ist:

$b = -5$ Die Werte von a und b werden eingesetzt z. B. in Gl. (3a). Es ergibt sich:

$-9 = -1 - 5 - c$ oder:

$c = 3$

Damit ist gezeigt, dass die Funktionsvorschrift lautet:

$$f(x) = x^3 - 5 \cdot x^2 + 3 \cdot x + 9, \qquad \text{q.e.d.}$$

b.) **Eigenschaften „auf den ersten Blick":**

Auf den ersten Blick kann man erkennen:

Definitionsbereich ist $\Re$, da es sich um eine ganzrationale Funktion 3. Grades handelt. Es gibt für die x-Werte keinerlei Einschränkung.

y-Achsenabschnitt ist $f(0) = y_0 = 9$

Es liegt keine Punktsymmetrie zum Ursprung und kein Achsensymmetrie zur y-Achse vor, da sowohl gerade als auch ungerade Exponenten für x vorliegen.

Wegen x^3 in der Vorschrift und wenn $x \to +\infty$, verläuft der Graph von $f(x) \to \infty$ und wenn $x \to -\infty$, geht $f(x) \to -\infty$.

c.) Kurvendiskussion

Bildung der ersten drei Ableitungen:
$$f'(x) = 3 \cdot x^2 - 10 \cdot x + 3$$
$$f''(x) = 6 \cdot x - 10$$
$$f'''(x) = 6$$

Schnittpunkte mit den Koordinatenachsen:
Der y-Achsenabschnitt ist schon bekannt: $y_0 = 9$, also $\quad S\,[0\,|\,9]$

Nullstellen: Bekannt sind $N_1[-1\,|\,0]$ und $N_2[3\,|\,0]$; da der Graph die x-Achse in N_3 berührt, liegt dort eine sogenannte doppelte Nullstelle vor.
Eine ganzrationale Funktion 3. Grades kann aber nur 3 Nullstellen (wegen des Grades 3) haben, also kann keine weitere Nullstelle mehr vorliegen.

Extrempunkte:
Hierzu muss die erste Ableitung gleich Null gesetzt werden. Es ergibt sich:
$$3 \cdot x_e^2 - 10 \cdot x_e + 3 = 0.$$
Nach Division durch 3 kann die p-q-Formel angewandt werden:
$$x_e^2 - \frac{10}{3} \cdot x_e + 1 = 0$$
$$x_{e1/2} = \frac{5}{3} \pm \sqrt{\frac{25}{9} - 1} = \frac{5}{3} \pm \sqrt{\frac{25}{9} - \frac{9}{9}} = \frac{5}{3} \pm \sqrt{\frac{16}{9}} = \frac{5}{3} \pm \frac{4}{3}; \qquad \text{also:}$$

$$x_{e1} = \frac{9}{3} = 3 \qquad \text{und}$$

$$x_{e2} = \frac{1}{3} \approx 0{,}333 .$$

Zur Überprüfung auf Hoch- oder Tiefpunkte benötigt man die 2. Ableitung.
Es ist :
$f''(x_{e1}) = 18 - 10 = 8 > 0$; also liegt bei $x_{e1} = 3$ ein Tiefpunkt TP vor, mit TP $[3\,|\,0]$

$f''(x_{e2}) = 6 \cdot \frac{1}{3} - 10 = -8 < 0$; also liegt bei $x_{e2} = \frac{1}{3}$ ein Hochpunkt HP vor mit den

Koordinaten HP $\left[\frac{1}{3}\,|\,\frac{256}{27}\right] \approx$ HP$[0{,}333\,|\,9{,}482]$.

Wendepunkte:
Hierzu wird die zweite Ableitung gleich Null gesetzt. Es ergibt sich:
$6 \cdot x_w - 10 = 0 \qquad\qquad$ oder:
$$x_w = \frac{10}{6} = \frac{5}{3} \approx 1{,}667$$
Die hinreichende Bedingung für Wendepunkte ist erfüllt, da $f'''(x) = 6 \neq 0$ für alle x-Werte.

46

Also liegt ein Wendepunkt WP vor, mit WP $\left[\dfrac{5}{3} \mid \dfrac{128}{27}\right] \approx$ WP[1,67 | 4,741].

Graphen von f(x), t(x) und g(x)
(ungleiche Achsmaßstäbe)

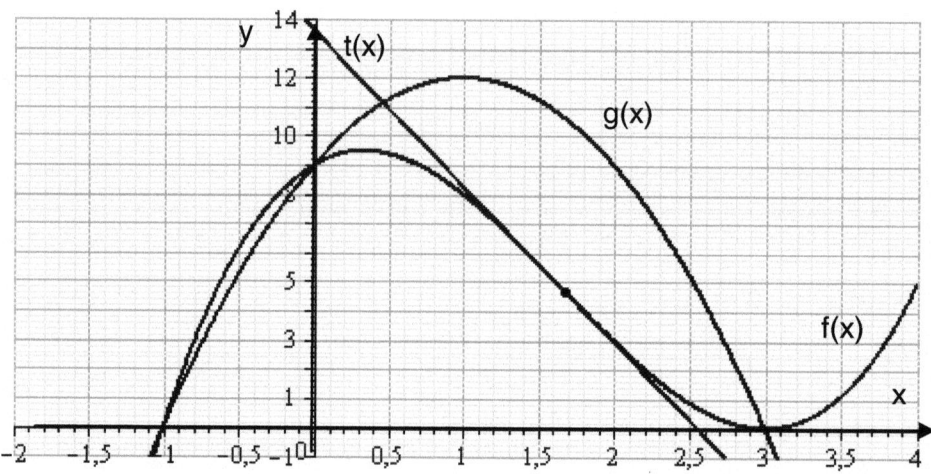

d.) Bestimmung der Gleichung der Wendetangenten t(x):
Die Gleichung der Tangente t(x) findet man wie folgt:
Die Gleichung der Tangente t(x) Es ist $t(x) = m \cdot x + b$.
Die Steigung im WP ist gleich der Steigung m der Tangente am WP. Also gilt:

$$m = f'(x_w) = 3 \cdot \left(\frac{5}{3}\right)^2 - 10 \cdot \frac{5}{3} + 3 = \frac{25}{3} - \frac{50}{3} + 3 = -\frac{25}{3} + \frac{9}{3} = -\frac{16}{3}$$

Außerdem ist bereits bekannt: WP $\left[\dfrac{5}{3} \mid \dfrac{128}{27}\right]$, also:

$\dfrac{128}{27} = -\dfrac{16}{3} \cdot \dfrac{5}{3} + b$; aufgelöst nach b ergibt sich: $b = \dfrac{128}{27} + \dfrac{240}{27} = \dfrac{368}{27}$

Damit lautet die Gleichung der Wendetangente:

$$t(x) = -\frac{16}{3} \cdot x + \frac{368}{27} \approx -5{,}33 \cdot x + 13{,}63$$

e.) Für die Aufstellung der gesuchten Parabel g(x) geht man genauso vor wie oben:
$g(x) = a \cdot x^2 + b \cdot x + c$.   Man setzt die Punkte ein und erhält:

$9 = c$	(1).	Das Ergebnis wird sofort verwertet :
$0 = 9 \cdot a + 3 \cdot b + 9$	(2)	
$0 = a - b + 9$	(3)	

Division von Gl.(2) durch 3 liefert:

$0 = 3 \cdot a + b + 3$	(2a)	
$\underline{0 = a - b + 9}$	(3)	Addition von (2a) und (3) ergibt:
$0 = 4 \cdot a + 12$	(4)	Freistellen von Gl. (4) nach a liefert:
$a = -3$		Ergebnis wird eingesetzt, z. B. in (3) :
$0 = -3 - b + 9$		Freistellen nach b liefert:
$b = 6$		

47

Damit ist gezeigt, dass die Gleichung der gesuchten Parabel lautet:

$$g(x) = -3 \cdot x^2 + 6 \cdot x + 9, \qquad q.e.d.$$

f.) Flächenbestimmung zwischen f(x) der x- und y-Achse im ersten Quadranten:

$$A_1 = \int_0^3 f(x)dx = \int_0^3 (x^3 - 5 \cdot x^2 + 3 \cdot x + 9)dx = \left[\frac{x^4}{4} - \frac{5}{3} \cdot x^3 + \frac{3}{2} \cdot x^2 + 9 \cdot x \right]_0^3$$

$$A_1 = \frac{81}{4} - 45 + \frac{27}{2} + 27 - 0 = \frac{135}{4} - 18 = \frac{63}{4}$$

$$A_1 = \frac{63}{4} \text{ F.E.} = 15,75 \text{ F.E.}$$

g.) Die Parabel g(x) geht durch die gegebenen Punkte, die mit denen von f(x) übereinstimmen. Damit kann die gesuchte Fläche A_2 im ersten Quadranten zwischen Parabel g(x) und Graphen von f(x) durch Subtraktion wie folgt ermittelt werden.:

$$A_2 = \int_0^3 (g(x) - f(x))dx = \int_0^3 (-3 \cdot x^2 + 6 \cdot x + 9 - (x^3 - 5 \cdot x^2 + 3 \cdot x + 9))dx \ .$$

$$A_2 = \int_0^3 (-x^3 + 2 \cdot x^2 + 3 \cdot x)dx = \left[-\frac{x^4}{4} + \frac{2}{3} \cdot x^3 + \frac{3}{2} \cdot x^2 \right]_0^3 = -\frac{81}{4} + \frac{54}{3} + \frac{27}{2} - 0 \ .$$

$$A_2 = -\frac{243}{12} + \frac{216}{12} + \frac{162}{12} = \frac{135}{12} = \frac{45}{4} \ .$$

$$A_2 = \frac{45}{4} \text{ F.E.} = 11,25 \text{ F.E.}$$

Lösungen der Variante:

e.) Um die Extrempunkte von g(x) zu finden, muss die erste Ableitung von g(x) gebildet und gleich Null gesetzt werden:

$g`(x) = -6 \cdot x + 6 = 0 \ ;$ daraus ergibt sich durch Division mit (-6) :

$x_e = 1$ Die zweite Ableitung ist:

$g``(x) = -6 < 0 \forall x \ ;$ also liegt ein Hochpunkt vor: HP $[1 | 12]$.

Dass es ein HP sein muss, war eigentlich wegen des $(-x^2)$-Terms schon aus der Vorschrift abzulesen (nach unten geöffnete Parabel),

Der Schnittpunkt mit der y-Achse lautet $y_0 = 9$; kann auch unmittelbar aus der Vorschrift abgelesen werden.

Die Schnittpunkte von g(x) mit der x-Achse findet man, indem g(x) gleich Null gesetzt wird. Also ergibt sich:

$-3 \cdot x^2 + 6 \cdot x + 9 = 0 \ .$ Division durch (-3) liefert:

$x^2 - 2 \cdot x - 3 = 0 \ .$ Die p-q-Formel ergibt:

$x_{n1/2} = 1 \pm \sqrt{1+3} = 1 \pm \sqrt{4} = 1 \pm 2 \ ,$ also ist:

$x_{n1} = 3 \ ,$ und

$x_{n2} = -1 \ .$

Damit ist gezeigt, dass g(x) die gleichen Schnittpunkte mit den Koordinatenachsen hat wie f(x).

f.) Die vertikale Entfernung E zwischen den Punkten von g(x) und f(x) berechnet sich:

$E(x) = g(x) - f(x) = -3 \cdot x^2 + 6 \cdot x + 9 - (x^3 - 5 \cdot x^2 + 3 \cdot x + 9) \ ;$ also ist:

$E(x) = -x^3 + 2 \cdot x^2 + 3 \cdot x \ .$ Es wird die erste Ableitung gleich Null gesetzt:

$E`(x) = -3 \cdot x^2 + 4 \cdot x + 3 = 0$ Division durch (-3) ergibt:

$x^2 - \dfrac{4}{3} \cdot x - 1 = 0$.   Mit der p-q-Formel ergibt sich:

$$x_{1/2} = \frac{2}{3} \pm \sqrt{\frac{4}{9} + 1} = \frac{2}{3} \pm \sqrt{\frac{13}{9}} = \frac{2}{3} \pm \frac{1}{3} \cdot \sqrt{13}.$$

Es kommt wegen des 1. Quadranten, da $x \geq 0$ sein muss, nur die folgende Lösung in Frage :

$$x_1 = \frac{2}{3} + \frac{1}{3} \cdot \sqrt{13} \approx 1{,}869.$$ mit:

$E(x_1) \approx 6{,}0645 \text{L.E.}$,   als maximale vertikale Entfernung im 1. Quadranten.

Es muss noch mit Hilfe der zweiten Ableitung auf Maximum hin überprüft werden:

$E``(x) = -6x + 4$. Das ergibt $E``(x_1) = -6 \cdot (\frac{2}{3} + \frac{1}{3}\sqrt{13}) + 4 \approx -7{,}211 < 0$.

Damit ist gezeigt, dass für $x_1 = \dfrac{2}{3} + \dfrac{1}{3} \cdot \sqrt{13}$ die Entfernung E zwischen beiden Graphen maximal ist.

g.)   Berechnung der gesuchten Fläche A_2:

A$_2$ findet man durch zweimalige Integration: (Es handelt sich um 2 Flächen.)

$$A_2 = \int_{-1}^{0} (f(x) - g(x))dx + \int_{0}^{3} (g(x) - f(x))dx$$

$$A_2 = \int_{-1}^{0} (x^3 - 2 \cdot x^2 - 3 \cdot x)dx + \int_{0}^{3} (-x^3 + 2 \cdot x^2 + 3 \cdot x)dx$$

$$A_2 = \left[\frac{x^4}{4} - \frac{2}{3} \cdot x^3 - \frac{3}{2} \cdot x^2\right]_{-1}^{0} + \left[-\frac{x^4}{4} + \frac{2}{3} \cdot x^3 + \frac{3}{2} \cdot x^2\right]_{0}^{3}$$

$$A_2 = 0 - (\frac{1}{4} + \frac{2}{3} - \frac{3}{2}) - \frac{81}{4} + 18 + \frac{27}{2} - 0 = \frac{7}{12} + \frac{45}{4} \; ;$$ also:

$$A_2 = \frac{71}{6} \text{ F.E.} \approx 11{,}833 \text{F.E.}$$

Untersuchung ganzrationaler Funktionen 3. Grades

2.) Der Graph einer ganzrationalen Funktion 3. Grades mit $f(x) = a \cdot x^3 + b \cdot x^2 + c \cdot x$ hat <u>nur</u> noch eine <u>weitere</u> Nullstelle. Es liegt bei $x_e = 1$ ein Hochpunkt und bei $x_w = 2$ ein Wendepunkt vor. Der Graph von f(x) schließt mit der x-Achse eine Fläche mit dem Inhalt von $A = 9 F.E.$ ein.

a.) Zeigen Sie, dass die Vorschrift lautet: $f(x) = \dfrac{4}{3} \cdot x^3 - 8 \cdot x^2 + 12 \cdot x$!

b.) Führen Sie eine vollständige Kurvendiskussion durch!
(Def.-Bereich, Achsenschnittpunkte, Verhalten im Unendlichen, Extrem- und <u>Wendepunkte</u>, Graph im Intervall $-1 \le x \le 4$)

c.) Zeigen Sie, dass die Gleichung der Wendetangente lautet: $t(x) = -4 \cdot x + \dfrac{32}{3}$!

d.) Bestimmen Sie den Flächeninhalt A, den die Wendetangente im ersten Quadranten mit dem Graphen und der y-Achse einschließt!

Untersuchung ganzrationaler Funktionen 3. Grades; (Lösungen der Aufgabe Nr. 2):

a.) Die allgemeine Vorschrift der <u>gegebenen</u> ganzrationalen Funktion 3. Grades lautet: $f(x) = ax^3 + bx^2 + cx$. Man benötigt außerdem die erste und zweite Ableitung: $f`(x) = 3ax^2 + 2bx + c$ und $f``(x) = 6ax + 2b$.

Die im Aufgabentext gemachten Angaben werden nun dort eingesetzt:

$f`(1) = 0 = 3a + 2b + c$ (1)   „<u>Hoch</u>punkt"

$f``(2) = 0 = 12a + 2b$ (2)   „<u>Wende</u>punkt)

$b = -6a$ und $b^2 = 36a^2$ (2a)   (2) nach b freigestellt u. quadriert

$ax^3 + bx^2 + cx = 0 = x \cdot (ax^2 + bx + c)$ (3);   eine Nullstelle liegt also bei x = 0.

$x^2 + \dfrac{b}{a}x + \dfrac{c}{a} = 0$ (3a) um die andere Nullstelle zu finden

$x_{n1/2} = -\dfrac{b}{2a} \pm \sqrt{\dfrac{b^2}{4a^2} - \dfrac{4ac}{4a^2}}$ (3b) ergibt sich nach der p-q-Formel

$\dfrac{b^2 - 4ac}{4a^2} = 0$ $x_n = -\dfrac{b}{2a}$ (3c) „nur noch eine weitere Nullstelle"

$b^2 = 4ac = 36a^2$ oder $c = 9a$ (3d) folgt aus (3c) und (2a)

$9 = \displaystyle\int_{0}^{-\frac{b}{2a}} (ax^3 + bx^2 + cx)dx$ (4) „Fläche des Graphen mit der x-Achse"

$9 = \left[\dfrac{ax^4}{4} + \dfrac{bx^3}{3} + \dfrac{cx^2}{2} \right]_{0}^{-\frac{b}{2a}} = \dfrac{ab^4}{64a^4} - \dfrac{b^4}{24a^3} + \dfrac{cb^2}{8a^2} - 0$ Lsg. des Integrals aus (4)

$9 = \dfrac{16a^2c^2}{64a^3} - \dfrac{16a^2c^2}{24a^3} + \dfrac{c \cdot 4ac}{8a^2} = \dfrac{c^2}{4a} - \dfrac{2c^2}{3a} + \dfrac{c^2}{2a} = \dfrac{c^2}{12a}$ mit (3d), eingesetzt

                         (Ergebnis wurde berechnet.)

$9a = \dfrac{1}{12} \cdot c^2 = \dfrac{1}{12} \cdot 81a^2$ (3d) wurde eingesetzt, ($a \neq 0$)

$a = \dfrac{12}{9} = \dfrac{4}{3}$ Lösung von (3d), nach a freigestellt

$c = 9 \cdot \dfrac{4}{3} = 12$ a wurde in 3(d) eingesetzt

$b = -6 \cdot \dfrac{4}{3} = -8$ a wurde in (2a) eingesetzt

Damit lautet die gesuchte Funktionsvorschrift: $f(x) = \dfrac{4}{3}x^3 - 8x^2 + 12x$.   q.e.d. .

b.) <u>Kurvendiskussion:</u>

Der Def.-Bereich ist: $D = \Re$, da ganzrational.

Wenn $x \to +\infty$, dann geht $f(x) \to +\infty$. Wenn $x \to -\infty$, dann geht $f(x) \to -\infty$, da x^3 (für große x) alle anderen Terme „überragt".

Der y-Achsenabschnitt lautet: $f(0) = 0 = y_0$.

Da sowohl geradzahlige wie ungeradzahlige Exponenten vorkommen, liegt keine Achsensymmetrie zur y-Achse und keine Punktsymmetrie zum Ursprung vor.

<u>Nullstellen:</u> $0 = x \cdot (\frac{4}{3} x^2 - 8x + 12)$. Es ist $x_{n1} = 0$ oder es ergibt sich mit der p-q-Formel: $x^2 - 6x + 9 = 0$ oder $x_{n2/3} = 3 \pm \sqrt{9-9} = 3$, was außerdem eine Bestätigung der Rechnung Gl. (3c) ist (s. o.).

Es gibt also nur noch eine weitere Nullstelle mit : $x_{n2} = -\frac{-6}{2 \cdot 1} = 3$.

<u>Ableitungen:</u> Es ist:

$f`(x) = 4x^2 - 16x + 12$

$f``(x) = 8x - 16$

$f```(x) = 8$

<u>Extrempunkte:</u> Die notwendige Bedingung liefert: $4x^2 - 16x + 12 = 0$ oder $x^2 - 4x + 3 = 0$.

Daraus folgt mit der p-q-Formel: $x_{E1/2} = 2 \pm \sqrt{4-3} = 2 \pm 1$,

also: $x_{E1} = 3$ und $x_{E2} = 1$.

Die hinreichende Bedingung ergibt sich aus der zweiten Ableitung:

$f``(1) = 8 - 16 = -8 < 0$; also liegt ein HP vor mit $HP\left[1 \mid \frac{16}{3}\right] \approx HP[1 \mid 5,333]$.

Ebenso ergibt sich $f``(3) = 24 - 16 = 8 > 0$; also liegt ein TP vor mit $TP[3 \mid 0]$, was eine Bestätigung der Aufgabenstellung ist (außerdem doppelte Nullstelle).

<u>Wendepunkte:</u> Aus der zweiten Ableitung ergibt sich sofort: $0 = 8x - 16$ oder $x_W = 2$. Die dritte Ableitung ist für alle x-Werte $8 \neq 0$.

Also liegt ein Wendepunkt WP vor mit $WP\left[2 \mid \frac{8}{3}\right] \approx WP[2 \mid 2,667]$, wiederum eine Bestätigung der Aufgabenstellung.

Graph mit Wendetangente
(ungleiche Achsenmaßstäbe)

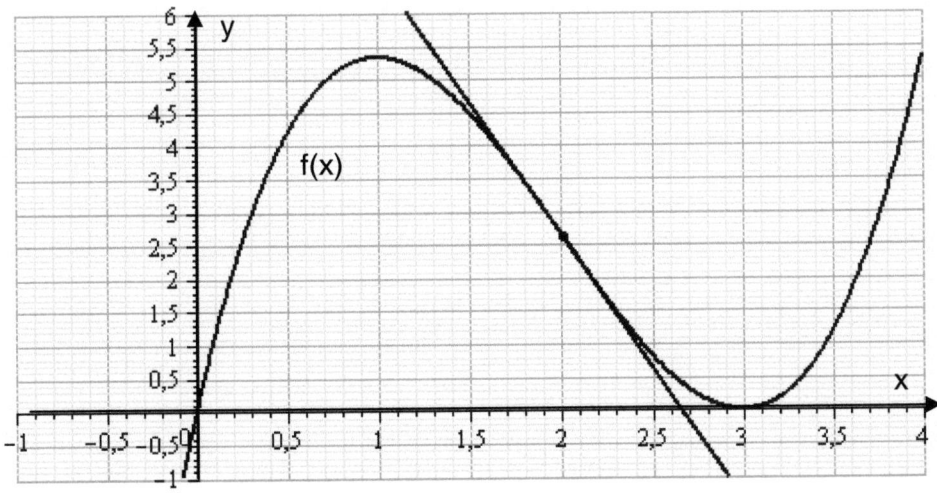

c.) Die Gleichung der Wendetangente lautet: $t(x) = f`(x_w) \cdot x + b$.

Es ist: $f`(2) = 4 \cdot 4 - 16 \cdot 2 + 12 = -4$.

Also gilt: $t(x) = -4x + b$. (vorläufiges Ergebnis)

Da Kurvenpunkt gleich Tangentenpunkt ist, gilt: $\dfrac{8}{3} = -4 \cdot 2 + b$.

Daraus folgt: $b = 8 + \dfrac{8}{3} = \dfrac{32}{3}$.

Damit lautet die (endgültige) Gleichung der Wendetangente:

$$t(x) = -4x + \frac{32}{3}.$$

d.) Die gesuchte Fläche A berechnet sich wie folgt:
(Fläche im ersten Quadranten von beiden Graphen mit der <u>y-Achse</u> !)

$$A = \int_0^2 (t(x) - f(x))dx \text{ oder}$$

$$A = \int_0^2 (-4x + \frac{32}{3} - (\frac{4}{3}x^3 - 8x^2 + 12x))dx \text{ ; das ergibt:}$$

$$A = \int_0^2 (-\frac{4}{3}x^3 + 8x^2 - 16x + \frac{32}{3})dx = \left[-\frac{x^4}{3} + \frac{8}{3}x^3 - 8x^2 + \frac{32}{3}x \right]_0^2,$$

$$A = -\frac{16}{3} + \frac{64}{3} - 32 + \frac{64}{3} - 0 = \frac{16}{3} \text{ F.E.} \approx 5{,}333 \text{ F.E.}$$

Untersuchung ganzrationaler Funktionen 3. Grades

3.) Der Graph einer ganzrationalen Funktion 3. Grades geht durch den Punkt $P(4\,|\,2)$, hat dort die Steigung 9 und verläuft durch den Wendepunkt $W(2\,|\,0)$.

a.) Zeigen Sie, dass die Vorschrift lautet: $f(x) = x^3 - 6 \cdot x^2 + 9 \cdot x - 2$!

b.) Führen Sie eine vollständige Kurvendiskussion durch !
(Def.-Bereich, Verhalten im Unendlichen, Schnittpunkte mit den Koordinatenachsen, Bildung der ersten drei Ableitungen, Extrem- und Wendepunkte, Graph im Intervall $0 \le x \le 4$)

c.) Zeigen Sie, dass Punktsymmetrie zum oben genannten Wendepunkt W vorliegt!

d.) Stellen Sie die Gleichung der Wendetangenten $t(x)$ auf und berechnen Sie die Fläche A_1, die der Kurvengraph mit der Wendetangenten und der y-Achse vollständig einschließt !

e.) Welche Fläche A_2 schließt der Graph im ersten Quadranten mit der x-Achse ein?

Untersuchung ganzrationaler Funktionen 3. Grades; (Lösung der Aufgabe Nr. 3):

a.) Die allgemeine Vorschrift einer ganzrationalen Funktion 3. Grades lautet: $f(x) = ax^3 + bx^2 + cx + d$. Man benötigt außerdem die erste und zweite Ableitung:

$f`(x) = 3ax^2 + 2bx + c$ und:

$f``(x) = 6ax + 2b$.

Die im Aufgabentext gemachten Angaben werden nun dort eingesetzt:

$f``(2) = 0 = 12a + 2b$	(1)	„Wendepunkt"
$f(2) = 0 = 8a + 4b + 2c + d$	(2)	„Wendepunkt" $W[2 \mid 0]$ ist gegeben.
$f(4) = 2 = 64a + 16b + 4c + d$	(3)	„Punkt $P[4 \mid 2]$" ist gegeben.
$f`(4) = 9 = 48a + 8b + c$	(4)	hat „dort die Steigung 9"
$2 = 56a + 12b + 2c$	(5)	aus (3) – (2)
$1 = 28a + 6b + c$	(5a)	aus (5) dividiert durch 2
$8 = 20a + 2b$	(6)	(4) – (5a)
$8 = 8a$	(7)	(6) – (1)
$a = 1$	(7a)	(7) dividiert durch 8
$2b = 8 - 20 = -12$	(6a)	(7a) in (6)
$b = -6$	(6b)	(6a) freigestellt nach b
$c = 1 - 28 + 36 = 9$	(5b)	a und b eingesetzt u. nach c aufgelöst
$d = -8 + 24 - 18 = -2$	(2a)	a, b und c eingesetzt u. nach d aufgelöst

Damit ist gezeigt, dass die Vorschrift lauten muss: $f(x) = x^3 - 6x^2 + 9x - 2$.   q.e.d.

b.) Kurvendiskussion

Der Def.-Bereich ist $\mathbb{D} = \mathbb{R}$, da f(x) ganzrational.

<u>Verhalten im Unendlichen:</u> Wenn $x \to \pm\infty$ geht, dann geht ebenfalls $f(x) \to \pm\infty$. Das liegt an der höchsten Potenz 3 von x, die letztendlich alle anderen Terme überragt.

<u>Schnittpunkte mit den Koordinatenachsen:</u> Der y-Achsenabschnitt beträgt: $y_0 = -2$.

Er kann direkt aus der Vorschrift für $f(0) = -2$ abgelesen werden.

<u>Nullstellen:</u> Hierzu wird die Vorschrift gleich Null gesetzt: $x^3 - 6x^2 + 9x - 2 = 0$. Durch die Polynomdivision mit $(x - 2)$, da $x = 2$ laut Aufgabenstellung eine Nullstelle ist, ergibt sich: $(x^3 - 6x^2 + 9x - 2) : (x - 2) = x^2 - 4x + 1 = 0$.

Die p-q-Formel liefert die weiteren Werte: $x_{N2/3} = 2 \pm \sqrt{4-1} = 2 \pm \sqrt{3}$. Also ist $x_{N2} = 2 - \sqrt{3} \approx 0,2678$ und $x_{N3} = 2 + \sqrt{3} \approx 3,732$.

Es gibt also die 3 Nullstellen $N_1(0 \mid 2)$, $N_2(0,2678 \mid 0)$ und $N_3(3,732 \mid 0)$.

<u>Ableitungen</u>

$f`(x) = 3x^2 - 12x + 9$

$f``(x) = 6x - 12$

$f```(x) = 6$

<u>Extrempunkte:</u> Für die notwendige Bedingung wird die erste Ableitung gleich Null gesetzt: $0 = 3x^2 - 12x - 9$.

Wegen der p-q-Formel muss zunächst durch 3 dividiert werden: $x^2 - 4x + 3 = 0$.

Es ergibt sich: $x_{E1/2} = 2 \pm \sqrt{4-3} = 2 \pm \sqrt{1} = 2 \pm 1$.

Die zweite Ableitung (hinr. Bed.) liefert: $f``(1) = 6 - 12 = -6 < 0$.

Also liegt an der Stelle $x_{E1} = 1$ ein Hochpunkt HP vor, mit $HP(1 | 2)$.

Außerdem ist $f``(3) = 18 - 12 = 6 > 0$.

Also liegt an der Stelle $x_{E2} = 3$ ein Tiefpunkt TP vor, mit $TP(3 | -2)$.

Wendepunkte: eine ganzrationale Funktion 3. Grades kann nur einen Wendepunkt WP haben. Dieser ist aus der Aufgabenstellung bereits gegeben. Ein Bestätigung soll hier noch einmal erfolgen: $f``(x) = 0 = 6x - 12$ (als notw. Bed.) liefert sofort $x_W = 2$.

Die hinr. Bed. für Wendepunkte WP ist ebenfalls erfüllt, da $f```(2) = 6 \neq 0$ ist.

Also liegt ein Wendepunkt WP vor, mit $WP(2 | 0)$.

Graph mit Wendetangente
(ungleiche Achsenmaßstäbe)

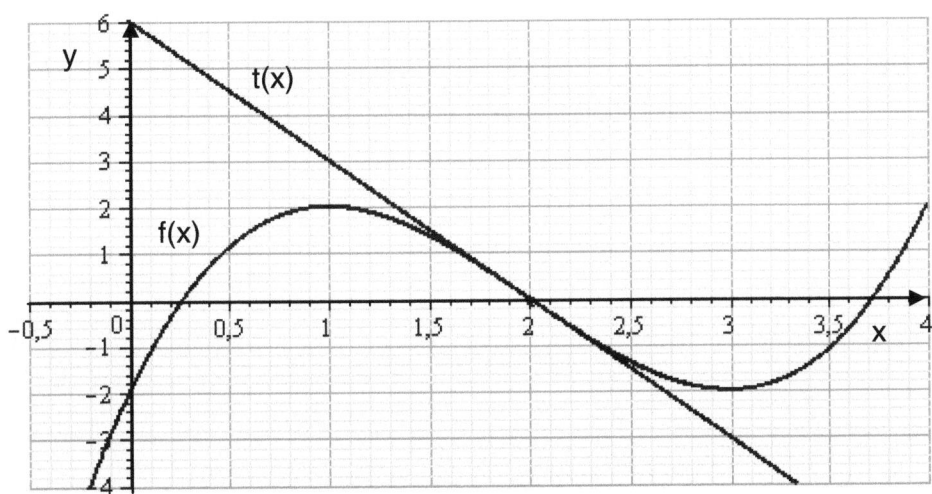

c.) Punktsymmetrie: Jede ganzrationale Funktion 3. Grades ist punktsymmetrisch zu ihrem Wendepunkt WP . Der Nachweis braucht also eigentlich gar nicht mehr geführt zu werden. Grundsätzlich gilt: Eine Funktion ist punktsymmetrisch zu einem Punkt $P(x_0 | y_0)$, wenn gilt $f(x_0 - h) - y_0 = y_0 - f(x_0 + h)$ für alle $h \in D$.

Dies kann hier leicht gezeigt werden, denn es ist: $3h - h^3 = 3h - h^3$. Das ist eine wahre Aussage, nachdem $x_0 = 3 \pm h$ und $y_0 = 0$ eingesetzt wurden.

Also ist die Funktion f(x) punktsymmetrisch zum genannten Wendepunkt $WP(2 | 0)$.

d.) Die Gleichung der Wendetangente lautet allgemein: $t(x) = mx + b$. Es ist $m = f`(2) = 3 \cdot 4 - 12 \cdot 2 + 9 = -3$.

Also gilt $t(x) = -3x + b$. (vorläufiges Ergebnis)

Da Kurvenpunkt gleich Tangentenpunkt ist, gilt: $0 = -3 \cdot 2 + b$.

Damit ist $b = 6$ oder $t(x) = -3x + 6$.

Die gesuchte Fläche A_1 zwischen Wendetangente y-Achse und Graph berechnet sich wie folgt: $A_1 = \int\limits_0^2 (t(x) - f(x))dx$.

Also gilt: $A_1 = \int\limits_0^2 \left(-3x + 6 - (x^3 - 6x^2 + 9x - 2)\right)dx = \int\limits_0^2 \left(-x^3 + 6x^2 - 12x + 8\right)dx$ oder

$$A_1 = \left[-\frac{x^4}{4} + 2x^3 - 6x^2 + 8x\right]_0^2 = -4 + 16 - 24 + 16 - 0 = 4 \text{ F.E.}$$

Damit ist gezeigt, dass die gesuchte Fläche $A_4 = 4$ F.E. beträgt.

e.) Die Fläche A_2 erhält man durch das folgende Integral: $A_2 = \int\limits_{2-\sqrt{3}}^{2} f(x)dx$

$$A_2 = \int\limits_{2-\sqrt{3}}^{2} (x^3 - 6x^2 + 9x - 2)dx = \left[\frac{x^4}{4} - 2x^3 + \frac{9x^2}{2} - 2x\right]_{2-\sqrt{3}}^{2}$$

$$A_2 = 4 - 16 + 18 - 4 - \left(\frac{(2-\sqrt{3})^4}{4} - 2\cdot(2-\sqrt{3})^3 + \frac{9\cdot(2-\sqrt{3})^2}{2} - 2\cdot(2-\sqrt{3})\right)$$

Nach längerer Rechnung ergibt sich:

$$A_2 = 2 - \frac{97}{4} + 14\sqrt{3} + 52 - 30\sqrt{3} - \frac{63}{2} + 18\sqrt{3} + 4 - 2\sqrt{3}$$

Es ergibt sich schließlich als Endergebnis:

$$A_2 = \frac{9}{4} \text{ F.E.}.$$

Untersuchung ganzrationaler Funktionen 3. Grades

4.) Der Graph einer ganzrationalen Funktion 3. Grades geht durch den Ursprung und hat bei $x_N = 5$ eine Nullstelle. Er schließt dort im ersten Quadranten mit der x-Achse eine Fläche von $A_1 = \dfrac{1375}{12}$ F.E. $\approx 114{,}583$ F.E. ein. Außerdem geht er durch den Punkt P(1|16).

a.) Zeigen Sie, dass die Funktionsvorschrift lautet: $f(x) = -x^3 + 2x^2 + 15x$!

b.) Führen Sie eine vollständige Kurvendiskussion durch !
(Def.-Bereich, Verhalten im Unendlichen, Schnittpunkte mit den Koordinatenachsen, Bildung der ersten drei Ableitungen, Extrem- und Wendepunkte, Graph im Intervall $-4 \le x \le 6$).

c.) Berechnen Sie die Gesamt-Fläche A, die der Graph im 1. und 3. Quadranten vollständig mit der x-Achse einschließt!

d.) Vom Ursprung aus wird nun im ersten Quadranten eine Strecke bis zu einem (beliebigen) Graphenpunkt gezogen. Mit der zugehörigen y-Koordinate und der x-Achse (x-Koordinate) entsteht so ein Dreieck. Wie muss die (zugehörige) x-Koordinate gewählt werden, damit dieses Dreieck einen maximalen Flächeninhalt A_2 erhält? Wie groß ist dieser Flächeninhalt A_2 ?

58

Untersuchung ganzrationaler Funktionen 3. Grades; (Lösungen der Aufgabe Nr. 4):

a.) Die allgemeine Vorschrift einer ganzrationalen Funktion 3. Grades lautet: $f(x) = ax^3 + bx^2 + cx + d$.

Die im Aufgabentext gegebenen Angaben werden nun dort eingesetzt:

$f(0) = 0 = d$	(1) wird sofort weiterverwertet.
$f(5) = 0 = 125a + 25b + 5c$	(2) kann sofort durch 5 dividiert werden:
$0 = 25a + 5b + c$	(2a)
$f(1) = 16 = a + b + c$	(3) $P[1 \mid 16]$ ist gegeben.

$$\int_0^5 (ax^3 + bx^2 + cx)\,dx = \frac{1375}{12}$$

(4) Fläche im 1. Quadranten. Das Integral ergibt:

$$\left[\frac{a}{4}x^4 + \frac{b}{3}x^3 + \frac{c}{2}x^2\right]_0^5 = \frac{1375}{12}$$

(4a) Die Grenzen eingesetzt; es ergibt sich:

$$\frac{625}{4}a + \frac{125}{3}b + \frac{25}{2}c - 0 = \frac{1375}{12}$$

(4b). Diese Gleichung wird mit 12 multipliziert:

$1875a + 500b + 150c = 1375$	(4c) dividiert durch 25; es ergibt sich:
$75a + 20b + 6c = 55$	(4d). Es wird (3) multipliziert mit 6 u. subtrahiert:
$6a + 6b + 6c = 96$	(3a) also:
$69a + 14b = -41$	(5) genauso ergibt (2a)-(3):
$24a + 4b = -16$	(6) multipliziert mit $\frac{14}{4}$ ergibt :
$84a + 14b = -56$	(6a); nun kann (5)-(6a) gebildet werden:
$-15a = 15$	(7) Damit ist:
$a = -1$	(8). Dies wird eingesetzt z. B. in (6) :
$4b = -16 - 24a = -16 + 24 = 8$	Daraus folgt:
$b = 2$	(9) (8) und (9) werden eingesetzt in (3):
$c = 16 - a - b = 16 + 1 - 2 = 15$	

Damit lautet die Vorschrift: $f(x) = -x^3 + 2x^2 + 15x$.   q.e.d.

b.) <u>Definitionsbereich:</u> $\mathbb{D}=\mathbb{R}$, da ganzrational

<u>Verhalten im Unendlichen:</u> Wenn $x \to +\infty$, dann geht $f(x) \to -\infty$; wenn $x \to -\infty$, dann geht $f(x) \to +\infty$.

Die größte vorkommende Potenz ist x^3, sie überwiegt schließlich immer die anderen Terme.

<u>Nullstellen:</u> Hierzu muss $f(x) = 0$ gesetzt werden: $0 = -x^3 + 2x^2 + 15x$.

Hier kann sofort x vorgeklammert werden: $0 = x \cdot (-x^2 + 2x + 15)$.

Daraus folgt sofort $x_{N1} = 0$; (siehe auch Aufgabentext).

Mit der p-q-Formel folgt aus $0 = x^2 - 2x - 15$:

$x_{N2/3} = 1 \pm \sqrt{1 + 15} = 1 \pm 4$. Also $x_{N2} = 5$ (s. auch Aufgabentext) und $x_{N3} = -3$. Es gibt also die 3 Nullstellen $N_1[0 \mid 0]$ und $N_2[-3 \mid 0]$ und $N_3[5 \mid 0]$.

<u>Ableitungen:</u>
Es ist:
$f'(x) = -3x^2 + 4x + 15$.

$f``(x) = -6x + 4$.

$f```(x) = -6$.

<u>Extrempunkte:</u> Hierzu muss die erste Ableitung gleich Null gesetzt werden, also:

$0 = -3x^2 + 4x + 15$. Division durch (-3) liefert: $x^2 - \frac{4}{3}x - 5 = 0$.

Mit der p-q-Formel ergibt sich: $x_{E1/2} = \frac{2}{3} \pm \sqrt{\frac{4}{9} + \frac{45}{9}} = \frac{2}{3} \pm \frac{7}{3}$.

Also liefert die notwendige Bedingung für die Existenz eines Hoch- oder Tiefpunktes:

$x_{E1} = \frac{9}{3} = 3$ oder $x_{E2} = -\frac{5}{3}$.

Die hinreichende Bedingung liefert: $f``(3) = -18 + 4 = -14 < 0$;

also liegt ein Hochpunkt HP vor bei $HP[3 \,|\, 36]$.

Genauso ist $f``(-\frac{5}{3}) = 14 > 0$, also liegt ein Tiefpunkt TP vor bei

$TP\left[-\frac{5}{3} \,|\, -\frac{400}{27}\right] \approx TP[-1{,}667 \,|\, -14{,}815]$.

<u>Wendepunkte:</u> Hierzu muss die zweite Ableitung gleich Null gesetzt werden:

$-6x + 4 = 0$; daraus ergibt sich $x_W = \frac{2}{3}$.

Die hinreichende Bedingung mit $f```(\frac{2}{3}) = -6 \neq 0$ ist ebenfalls erfüllt, also liegt ein

Wendepunkt WP vor bei $WP\left[\frac{2}{3} \,|\, \frac{286}{27}\right] \approx WP[0{,}667 \,|\, 10{,}593]$.

Graph, zusätzlich mit der Flächenkurve des zu optimierenden Dreieckes
(ungleiche Achsenmaßstäbe)

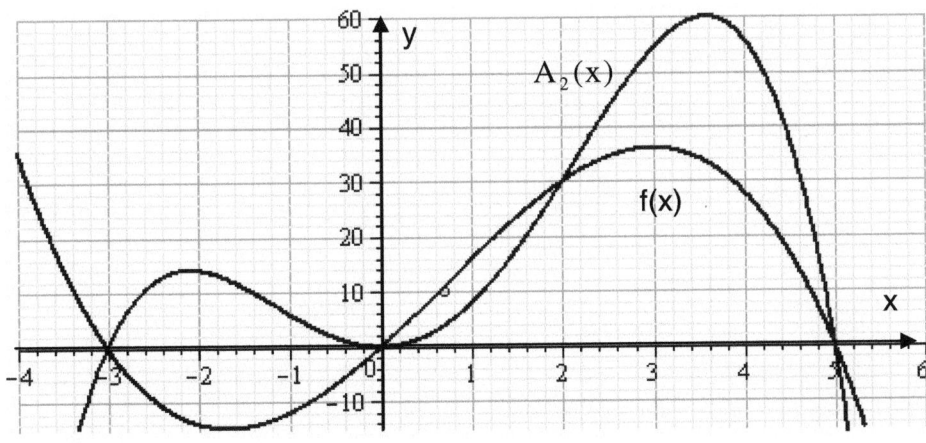

c.) <u>Flächenberechnung:</u> Es muss nur noch die Fläche zwischen den beiden weiteren Nullstellen berechnet werden. Man beachte, dass die gesuchte Fläche unter der x-Achse liegt, daher das Minuszeichen vor dem Integral.

Es ist:

$$A_0 = -\int_{-3}^{0} (-x^3 + 2x^2 + 15x)dx = -\left[-\frac{1}{4}x^4 + \frac{2}{3}x^3 + \frac{15}{2}x^2 \right]_{-3}^{0} .$$

$$A_0 = 0 + (-\frac{81}{4} - \frac{54}{3} + \frac{135}{2}) = \frac{117}{4} = 29,25 \text{F.E} ;$$

damit beträgt die <u>Gesamtfläche</u> A: $A = A_0 + A_1$. Es ergibt sich:

$$A = A_0 + A_1 = \frac{117}{4} + \frac{1375}{12} = \frac{863}{6} \text{ F.E.} \approx 143,833\text{F.E.}$$

d.)   <u>Optimierung der Dreiecksfläche:</u>   Die Dreiecksfläche berechnet sich aus:
$$A_2 = \frac{1}{2} \cdot g \cdot h = \frac{1}{2} x \cdot f(x) = \frac{1}{2} \cdot (-x^4 + 2x^3 + 15x^2) .$$

Davon muss die erste Ableitung gebildet und gleich Null gesetzt werden.

Also: $A_2`(x) = \frac{1}{2} \cdot (-4x^3 + 6x^2 + 30x) = 0$.

Hier kann die Null als triviale Lösung ausgenommen werden.

Um die p-q-Formel einzusetzen, muss noch durch (−4) dividiert werden:

$$x^2 - \frac{3}{2}x - \frac{15}{2} = 0 ,$$

Es folgt: $x_{1/2} = \frac{3}{4} \pm \sqrt{\frac{9}{16} + \frac{120}{16}}$ oder:

$$x_{1/2} = \frac{3}{4} \pm \frac{1}{4} \cdot \sqrt{129} ; \text{ damit ist } x_1 = \frac{3}{4} + \frac{1}{4} \cdot \sqrt{129} \approx 3,590$$

und $x_2 = \frac{3}{4} - \frac{1}{4} \cdot \sqrt{129} \approx -2,090 ;$

x_2 scheidet aus, da es nicht im betrachteten Def.-Bereich liegt.

Die hinreichende Bedingung lautet: $A_2``(x) = \frac{1}{2} \cdot (-12x^2 + 12x + 30)$, also ist:

$$A_2``(3,59) \approx \frac{1}{2} \cdot (-12 \cdot 12,884 + 12 \cdot 3,59 + 30) \approx -40,768 < 0 ;$$ also liegt tatsächlich ein

rel. Maximum vor.

Die max. mögliche Dreiecksfläche beträgt: $A_2(x_1) \approx 59,88$ F.E. .

Untersuchung ganzrationaler Funktionen 4.Grades

1.) Der Graph einer ganzrationalen Funktion 4. Grades geht durch die Punkte $P(-1\,|-14)$, $Q(1\,|\,2)$ und hat einen Sattelpunkt im Ursprung.

a.) Zeigen Sie, dass die Funktionsvorschrift lautet: $f(x) = -6 \cdot x^4 + 8 \cdot x^3$!

b.) Welche Eigenschaften kann man auf „den ersten Blick" (ohne Rechnung) direkt erkennen (Verhalten im Unendlichen, Symmetrieeigenschaften, y-Achsenabschnitt)?

c.) Führen Sie eine vollständige Kurvendiskussion durch!
(Bilden der ersten 3 Ableitungen, Bestimmung der Schnittpunkte mit den Koordinatenachsen, Untersuchung auf Hoch-, Tief, und Wende<u>punkte</u>, Graph im Intervall $-1 \leq x \leq 2$).

d.) Stellen Sie die Gleichung der Wendetangente auf. Bestätigen Sie durch Einsetzen, dass die Wendetangente den Graphen bei $x_1 = -\dfrac{2}{3}$ erneut schneidet!

Zeigen Sie nun, dass die Fläche A_1, welche der Graph im 1. Quadranten mit der x-Achse einschließt, genauso groß ist wie die Fläche A_2, welche von der Wendetangente mit dem Graphen eingeschlossen wird!

(Kontrollergebnis für die Wendetangente: $t(x) = \dfrac{32}{9} \cdot x - \dfrac{32}{27}$).

Untersuchung ganzrationaler Funktionen 4.Grades Lösungen der Aufgabe Nr.1

a.)   Zur Lösung benötigt man die allgemeine Vorschrift ganzrationaler Funktionen 4.Grades und deren Ableitungen. Es ist $f(x) = ax^4 + bx^3 + cx^2 + dx + e$ und

$f'(x) = 4ax^3 + 3bx^2 + 2cx + d$ und $f''(x) = 12ax^2 + 6bx + 2c$.

Nun werden die Aussagen aus der Aufgabenstellung eingesetzt. Es ergibt sich:

$f(0) = 0 = e$	(1)	„im Ursprung", wird sofort verwertet.
$f'(0) = 0 = d$	(2)	„Sattel"- Punkt, wird sofort verwertet.
$f''(0) = 0 = c$	(3)	„Sattel"- Punkt, wird sofort verwertet.
$f(-1) = -14 = a - b$	(4)	„geht durch Punkt P".
$f(1) = 2 = a + b$	(5)	„geht durch Punkt Q". (4) + (5) ergibt
$-12 = 2a :$	(6)	wird nach a freigestellt
$a = -6$	(6a)	wird z. Beisp. in (5) eingesetzt
$b = 2 - (-a) = 2 + 6 = 8$		Damit ist gezeigt, dass Vorschrift lauten muss:

$$f(x) = -6x^4 + 8x^3, \text{ q.e.d.}$$

b.)   <u>Verhalten im Unendlichen</u>: Wenn $x \to \pm\infty$ geht, dann geht $f(x) \to -\infty$, da das negative Vorzeichen bei x^4 steht und diese Potenz für große x- Werte alle anderen überwiegt.

Es liegen keine einfachen Symmetrien vor, da sowohl geradzahlige wie ungeradzahlige Exponenten in der Vorschrift enthalten sind.

Der y-Achsenabschnitt ist Null, da die Funktion durch den Ursprung verläuft.

c.)   <u>Ableitungen</u>: Es ist.

$$f'(x) = -24x^3 + 24x^2$$
$$f''(x) = -72x^2 + 48x$$
$$f'''(x) = -144x + 48$$

<u>Nullstellen</u>: Es muss die Vorschrift gleich Null gesetzt werden: Es ergibt sich:

$0 = x^3 \cdot (-6x + 8)$. Daraus folgt: $x_{N1} = 0$ oder $-6x_{N2} + 8 = 0 \Leftrightarrow x_{N2} = \frac{8}{6} = \frac{4}{3}$.

Also, es gibt also 2 Nullstellen, mit $N_1(0 \mid 0)$ und $N_2\left(\frac{4}{3} \mid 0\right) \approx N_2(1,333 \mid 0)$.

<u>Extrempunkte</u>: Hierzu wird zunächst die erste Ableitung gleich Null gesetzt. Es ist:

$0 = x^2 \cdot (-24x + 24)$. Daraus folgt: $x_{E1} = 0$ oder $-24x_{E2} = 24 \Leftrightarrow x_{E2} = 1$.

Diese Werte müssen nun in die 2.Ableitung eingesetzt werden. Es ergibt sich: $f''(0) = 0$, damit kann noch keine Entscheidung getroffen werden. Aber der Verdacht auf Sattelpunkt liegt nahe. Es ist außerdem $f''(1) = -72 + 48 = -24 < 0$. Also liegt an der Stelle $x_{E2} = 1$ ein Hochpunkt HP vor mit $HP(1 \mid 2)$.

<u>Wendepunkte</u>: Die zweite Ableitung wird Null gesetzt. Es ergibt sich:

$0 = x \cdot (-72x + 48)$. Daraus folgt $x_{W1} = 0$ oder $x_{W2} = \frac{48}{72} = \frac{2}{3}$. Diese Werte, in die 3.

Ableitung eingesetzt, liefern: $f'''(0) = 48 \neq 0$ und $f'''(\frac{2}{3}) = -96 + 48 = -48 \neq 0$.

Damit liegen 2 Wendepunkte WP, von denen der eine sogar ein Sattelpunkt SP ist, vor, mit $SP[0\,|\,0]$ und $WP\left(\dfrac{2}{3}\,|\,\dfrac{32}{27}\right) \approx WP[0{,}666\,|\,1{,}1852]$.

<u>Graph der Funktion mit Wendetangente</u>
(ungleiche Achsenmaßstäbe)

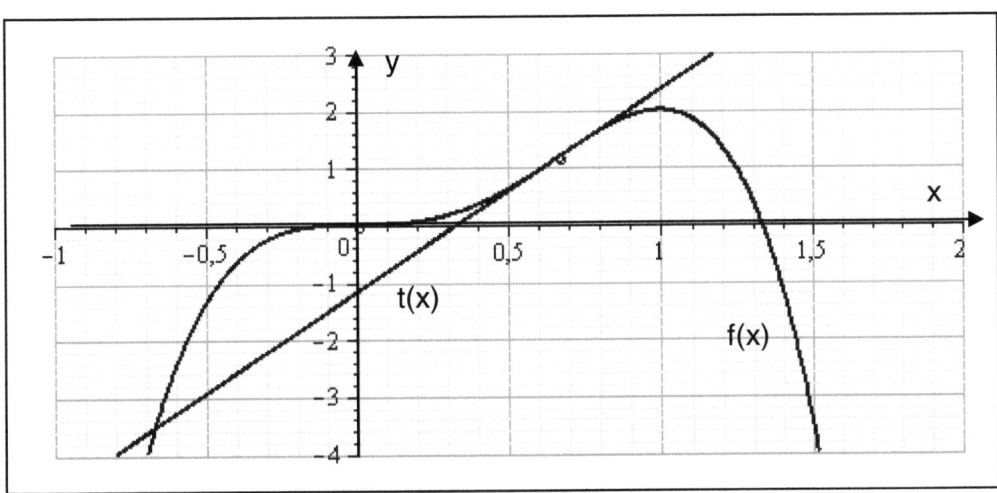

d.) Die Gleichung der Wendetangente lautet allgemein: $t(x) = f`(x_w) \cdot x + b$. Es ist:

$$f`\left(\frac{2}{3}\right) = -24 \cdot \left(\frac{2}{3}\right)^3 + 24 \cdot \left(\frac{2}{3}\right)^2 = -\frac{64}{9} + \frac{32}{3} = \frac{32}{9}.$$

Also gilt: $t(x) = \dfrac{32}{9}x + b$. (vorläufiges Ergebnis)

Da Kurvenpunkt gleich Tangentenpunkt ist, gilt: $\dfrac{32}{27} = \dfrac{32}{9} \cdot \dfrac{2}{3} + b \Leftrightarrow b = -\dfrac{32}{27}$.

Also heißt die (endgültige) Gleichung der Wendetangente: $t(x) = \dfrac{32}{9}x - \dfrac{32}{27}$,   q.e.d.

<u>Fläche A_1 im ersten Quadranten</u>: Es ist $A_1 = \displaystyle\int_0^{\frac{4}{3}} \left(-6x^4 + 8x^3\right)dx = \left[\dfrac{-6x^5}{5} + \dfrac{8x^4}{4}\right]_0^{\frac{4}{3}}$

$$A_1 = -\frac{2048}{405} + \frac{512}{81} - 0 = \frac{512}{405}\ \text{F.E.}$$

Um die zweite Fläche A_2 zu finden, muss die zweite Integrationsgrenze gefunden werden. Dies soll hier durch „Bestätigen" geschehen:
Es ist:

$$t\left(-\frac{2}{3}\right) = \frac{32}{9} \cdot \frac{-2}{3} - \frac{32}{27} = -\frac{32}{9}.\ \text{Ebenso ist:}$$

$$f\left(-\frac{2}{3}\right) = -6 \cdot \left(-\frac{2}{3}\right)^4 + 8 \cdot \left(-\frac{2}{3}\right)^3 = -\frac{32}{27} - \frac{64}{27} = -\frac{32}{9}.$$

Damit ist gezeigt: $S\left(-\dfrac{2}{3}\left|-\dfrac{32}{9}\right.\right)$ ist gemeinsamer Schnittpunkt S von f(x) mit t(x).

Also berechnet sich A_2 zu: $A_2 = \displaystyle\int_{-\frac{2}{3}}^{\frac{2}{3}} (f(x) - t(x))dx$.

Es ergibt sich damit:

$$A_2 = \int_{-\frac{2}{3}}^{\frac{2}{3}}\left(-6x^4 + 8x^3 - \frac{32}{9}x + \frac{32}{27}\right)dx = \left[-\frac{6x^5}{5} + 2x^4 - \frac{32x^2}{18} + \frac{32x}{27}\right]_{-\frac{2}{3}}^{\frac{2}{3}}$$

$$A_2 = -\frac{64}{405} + \frac{32}{81} - \frac{32}{81} + \frac{64}{81} - \left(\frac{64}{405} + \frac{32}{81} - \frac{32}{81} - \frac{64}{81}\right) = \frac{256}{405} - \frac{-256}{405} = \frac{512}{405}$$

$$A_2 = 1\frac{107}{405}\ \text{F.E.} = \frac{512}{405}\ \text{F.E.}$$

Damit gezeigt (wie in der Aufgabenstellung gefordert), dass die beiden Flächen A_1 und A_2 gleich groß sind.

Untersuchung ganzrationaler Funktionen 4.Grades

2) Eine ganzrationale Funktion 4. Grades ist achsensymmetrisch zur y-Achse und verläuft durch die Punkte $P(2\,|\,3)$, $Q(3\,|\,48)$ und $R(0\,|\,3)$.

a.) Zeigen Sie, dass die Funktionsvorschrift lautet: $f(x) = x^4 - 4 \cdot x^2 + 3$!

b.) Welche Eigenschaften kann man auf „den ersten Blick" (ohne Rechnung) direkt erkennen (Verhalten im Unendlichen, y-Achsenabschnitt)?

c.) Führen Sie eine vollständige Kurvendiskussion durch!
(Bilden der ersten 3 Ableitungen, Nullstellen, Untersuchung auf Hoch-, Tief, und Wendepunkte, Graph im Intervall $-2 \le x \le 2$).

d.) Der Graph einer ganzrationalen Funktion 2. Grades $g(x)$ schneidet $f(x)$ an den Stellen $x_1 = -1$ und $x_2 = 1$ rechtwinklig. Zeigen Sie, dass $g(x)$ lautet:
$$g(x) = \frac{1}{8} \cdot x^2 - \frac{1}{8} \quad !$$

e.) Bestimmen Sie den Wert des Flächeninhaltes A_1 der Fläche, die der Graph von $f(x)$ im 3. und 4.Quadranten mit der x-Achse ganz einschließt!

f.) Zeigen Sie, dass der Graph von $g(x)$ den von $f(x)$ außerdem noch an den Stellen $x_{3/4} = \pm \frac{5}{4} \cdot \sqrt{2}$ schneidet!

g.) Wie groß ist der gesamte Flächeninhalt A_2, der vom Kurvengraphen von $f(x)$ und von $g(x)$ ganz eingeschlossen wird ?

Untersuchung ganzrationaler Funktionen 4.Grades Lösungen der Aufgabe Nr. 2:

a.) Die Aussagen des Textes werden mathematisch wie folgt umgesetzt:

$$f(x) = ax^4 + bx^3 + cx^2 + dx + e \qquad \text{ist die allg. Form einer ganzrationalen Funktion 4. Grades.}$$

Da die Funktion achsensymmetrisch zur y-Achse ist, kommen nur geradzahlige Exponenten vor. Also ist $b = 0$ und $d = 0$. Dies wird im folgenden sofort verwertet:

$f(0) = 3 = e$	(1)	„geht durch Punkt $R[0\,|\,3]$".	
$f(2) = 3 = 16a + 4c + 3$	(2)	„geht durch Punkt $P[2\,|\,3]$".	
$f(3) = 48 = 81a + 9c + 3$	(3)	„geht durch Punkt $Q[3\,|\,48]$".	
$0 = 16a + 4c$	(2)		
$45 = 81a + 9c$	(3a)		
$0 = 4a + c$	(2a)	(2) wird durch 4 dividiert.	
$5 = 9a + c$	(3b)	(3a) wird durch 9 dividiert.	
		Es wird Differenz von (2a) u. (3b) gebildet:	
$-5 = -5a$	(4)	wird nach a freigestellt.	
$a = 1$	(4a)	wird eingesetzt in z. Beisp. (2a)	
$0 = 4 + c$	(5)	wird nach c freigestellt.	
$c = -4$		Damit ist gezeigt, dass	

die Vorschrift lautet also: $f(x) = x^4 - 4x^2 + 3$,   q.e.d.

b.) <u>Verhalten im Unendlichen:</u> Wenn $x \to \pm\infty$, dann geht $f(x) \to +\infty$, da x^4 immer positiv ist und für große x-Werte die anderen Terme übertrifft.

Der y-Achsenabschnitt beträgt: $f(0) = y_0 = 3$, er kann unmittelbar aus der Vorschrift abgelesen werden.

c.) <u>Ableitungen.</u>

$$f'(x) = 4x^3 - 8x$$
$$f''(x) = 12x^2 - 8$$
$$f'''(x) = 24x$$

<u>Nullstellen:</u> Aus $0 = x^4 - 4x^2 + 3$ gelangt man mit der Substitution $x^2 = z$ zu: $z^2 - 4z + 3 = 0$.

Die p-q-Formel liefert: $z_{1/2} = 2 \pm \sqrt{4 - 3} = 2 \pm 1$, also $z_1 = 3$ und $z_2 = 1$.

Die Rücksubstitution liefert: $x_{N1/2} = \pm\sqrt{3}$ und $x_{N3/4} = \pm 1$.

Es gibt also 4 Nullstellen, mit $N_{1/2}(\pm\sqrt{3}\,|\,0) \approx N_{1/2}(\pm 1,73210)$ und $N_{3/4}(\pm 1\,|\,0)$.

<u>Extrempunkte:</u> Die notw. Bed. verlangt, dass die erste Ableitung gleich Null gesetzt werden muss: $0 = x \cdot (4x^2 - 8)$. Daraus folgt: $x_{E1} = 0$ oder $4x^2 - 8 = 0 \Leftrightarrow x^2 = 2$.

Das heißt $x_{E2/3} = \pm\sqrt{2}$. Aus der hinr. Bed. folgt: $f''(0) = -8 < 0$.

Also liegt ein Hochpunkt HP vor bei $HP(0\,|\,3)$.

Ebenso ergibt sich: $f''(\pm\sqrt{2}) = 24 - 8 = 16 > 0$.

Es liegen also zwei Tiefpunkte TP vor bei $TP_{1/2}(\pm\sqrt{2}\,|\,{-1}) \approx TP_{1/2}(1,414\,|\,{-1})$.

<u>Wendepunkte:</u> Es ist $0 = f''(x) = 12x^2 - 8 \Leftrightarrow x_W^2 = \dfrac{8}{12} = \dfrac{2}{3}$. Also ist $x_{W1/2} = \pm\sqrt{\dfrac{2}{3}}$.

Dies muss in die 3.Ableitung eingesetzt werden.
Es ergibt sich:

$$f```(x_w) = 24 \cdot \left(\pm \sqrt{\frac{2}{3}} \right) \neq 0.$$

Also liegen zwei Wendepunkte WP vor, mit:

$$WP_{1/2}\left(\pm \sqrt{\frac{2}{3}} \,|\, \frac{7}{9} \right) \approx WP_{1/2}(\pm 0,8165 \,|\, 0,7777).$$

In allen Fällen wird damit auch die Achsensymmetrie bestätigt.

<u>Graph von f(x) mit zweiter Funktion g(x)</u>
(ungleiche Achsenmaßstäbe)

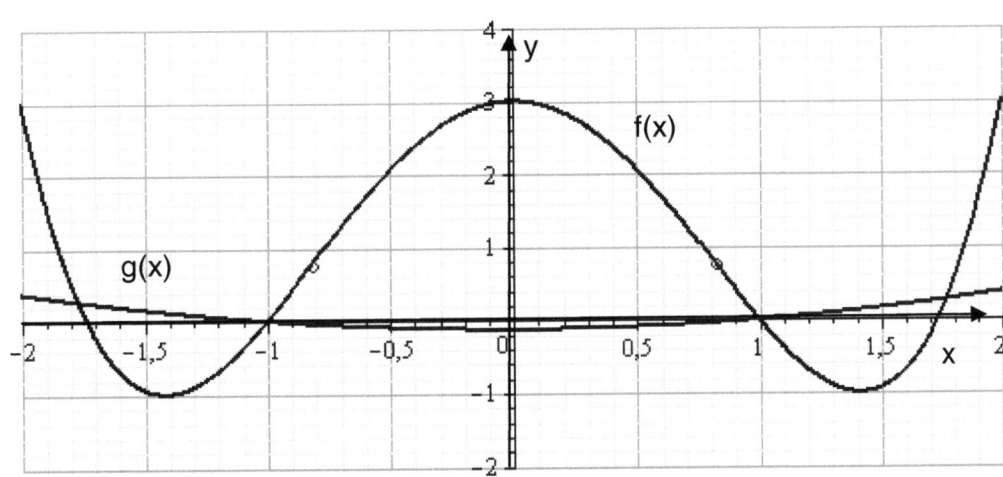

d.)   Die Funktion g(x) 2.Grades lautet allgemein: $g(x) = ax^2 + bx + c$.

g(x) muss ebenfalls achsensymmetrisch sein, also ist

$b = 0$.   wird sofort verwertet. Damit ist:

$f`(1) = 4 \cdot 1 - 8 = -4$ und $g`(x) = 2ax + b = 2ax + 0$.

Es ist:

$$f´(1) \cdot g`(1) = -4 \cdot 2a = -1 \Leftrightarrow a = \frac{1}{8},$$

(weil g(x) <u>senkrecht</u> auf der Schnittstelle mit f(x) stehen soll, gilt: $m_1 \cdot m_2 = -1$).

Da $f(1) = 0 = g(1) = \frac{1}{8} \cdot 1 + c$, ergibt sich: x

$$c = -\frac{1}{8}. \qquad \text{Also lautet: } g(x) = \frac{1}{8}x^2 - \frac{1}{8}, \qquad \text{q.e.d.}$$

e.)   Die Fläche A_1 errechnet sich durch Integration: $A_1 = 2 \cdot \int\limits_{1}^{\sqrt{3}} (x^4 - 4x^2 + 3)dx$.

Der Faktor 2 ist erforderlich wegen der Achsensymmetrie. Es ergibt sich:

$$A_1 = 2 \cdot \left[\frac{x^5}{5} - \frac{4x^3}{3} + 3x \right]_{1}^{\sqrt{3}}.$$

$$A_1 = 2 \cdot \left(\frac{9}{5} \cdot \sqrt{3} - 4\sqrt{3} + 3\sqrt{3} - \left(\frac{1}{5} - \frac{4}{3} + 3 \right) \right) = 2 \cdot \left(\frac{4}{5}\sqrt{3} - \frac{28}{15} \right) = \frac{8}{5}\sqrt{3} - \frac{56}{15} \approx -0,962.$$

Das Minuszeichen ergibt sich, da die Fläche unter der x-Achse liegt.

Die gesuchte Fläche hat also den Wert:

$$A_1 = -\frac{8}{5}\sqrt{3} + \frac{56}{15} \text{ F.E.} \approx 0{,}962 \text{ F.E.}$$

f.) Um die zweite gesuchte Fläche A_2 zu finden, muss die zweite Schnittstelle von $g(x)$ mit $f(x)$ gefunden werden. Dies geschieht durch Gleichsetzen: $\frac{1}{8}x^2 - \frac{1}{8} = x^4 - 4x^2 + 3$

oder $x^4 - \frac{33}{8}x^2 + \frac{25}{8} = 0$. Durch erneute Substitution $x^2 = z$ ergibt sich

$z^2 - \frac{33}{8}z + \frac{25}{8} = 0$. Mit der p-q-Formel ergibt sich:

$$z_{S1/2} = \frac{33}{16} \pm \sqrt{\frac{1089}{256} - \frac{25}{8}} \text{ oder } z_{S1/2} = \frac{33}{16} \pm \sqrt{\frac{289}{256}} = \frac{33}{16} \pm \frac{17}{16}. \text{ Also}$$

$z_{S1} = \frac{50}{16} = \frac{25}{8} > 1$ und $z_{S2} = 1$. Damit ist

$$x_{S1/2} = \pm\sqrt{\frac{25}{8}} = \pm\frac{1}{4}\sqrt{2 \cdot 25} = \pm\frac{5}{4}\sqrt{2}, \quad \text{q.e.d.}$$

Jetzt kann die gesuchte Fläche A_2 bestimmt werden :

$$A_2 = 2 \cdot \int_0^1 (f(x) - g(x))dx + 2 \cdot \int_1^{\frac{5}{4}\sqrt{2}} (g(x) - f(x))dx .$$

(Faktor 2 wieder wegen der Symmetrie)

$$A_2 = 2\left(\int_0^1 \left(x^4 - 4x^2 + 3 - \left(\frac{1}{8}x^2 - \frac{1}{8}\right)\right)dx + \int_1^{\frac{5}{4}\sqrt{2}} \left(\frac{1}{8}x^2 - \frac{1}{8} - (x^4 - 4x^2 + 3)\right)dx \right)$$

Daraus ergibt sich:

$$A_2 = 2\left(\int_0^1 \left(x^4 - \frac{33}{8}x^2 + \frac{25}{8}\right)dx + \int_1^{\frac{5}{4}\sqrt{2}} \left(-x^4 + \frac{33}{8}x^2 - \frac{25}{8}\right)dx \right) = 2 \cdot (A_3 + A_4).$$

Die Flächen werden einzeln bestimmt, (Faktor 2 wegen der Achsensymmetrie):

$$A_3 = \left[\frac{x^5}{5} - \frac{11}{8}x^3 + \frac{25}{8}x \right]_0^1 = \frac{1}{5} - \frac{11}{8} + \frac{25}{8} - 0 = \frac{39}{20}.$$

$$A_4 = \left[-\frac{x^5}{5} + \frac{11}{8}x^3 - \frac{25}{8}x \right]_1^{\frac{5}{4}\sqrt{2}} .$$

$$A_4 = -\frac{625}{256}\sqrt{2} + \frac{1375}{256}\sqrt{2} - \frac{125}{32}\sqrt{2} + \frac{1}{5} - \frac{11}{8} + \frac{25}{8} = -\frac{125}{128}\sqrt{2} + \frac{39}{20}.$$

Also ist:

$$A_2 = 2 \cdot (A_3 + A_4) = 2 \cdot \left(\frac{39}{20} - \frac{125}{128}\sqrt{2} + \frac{39}{20}\right) = \frac{39}{5} - \frac{125}{64}\sqrt{2} \text{ F.E.} \approx 5{,}038 \text{ F.E.}$$

Untersuchung ganzrationaler Funktionen 4.Grades Aufgabe Nr. 3:

3.) Eine ganzrationale Funktion 4. Grades $f(x)$ geht durch den Ursprung. Die Funktion $f(x)$ hat bei $P[2 \mid -12]$ einen Extrempunkt und der Graph verläuft durch den Punkt $Q[1 \mid 4]$. $f(x)$ hat eine (weitere) Nullstelle bei $x_N = 3$.

a.) Zeigen Sie dass die Vorschrift lautet: $f(x) = -5x^4 + 38x^3 - 89x^2 + 60x$!

b.) Bilden Sie die ersten drei Ableitungen !

c.) Welche Eigenschaften lassen sich ohne Rechnung (auf den ersten Blick) erkennen? (Def. – Bereich, Verhalten im Unendlichen, y-Achsenabschnitt)

d.) Führen Sie eine vollständige Kurvendiskussion durch ! ((weitere) Nullstellen, (weitere) Extrempunkte, Wendepunkte, Graph im Intervall $-0,5 \leq x \leq 4$)

e.) Wie lautet die Gleichung der Tangente $t(x)$, die an den Graphen von $f(x)$ im Ursprung angelegt werden kann ?

f.) Um welchen Wert ΔA ist die Fläche im 4.Quadranten (eingeschlossen vom Graphen von $f(x)$ und der x-Achse) größer als die Fläche, die vom Ursprung bis zur (oben) gegebenen Nullstelle vom Graphen mit der x-Achse eingeschlossen wird ?

Untersuchung ganzrationaler Funktionen 4.Grades Lösungen der Aufgabe Nr. 3:

a.) Die Vorschrift einer ganzrationalen Funktion 4. Grades, die durch den Ursprung verläuft, lautet: $f(x) = ax^4 + bx^3 + cx^2 + dx$. Es wird außerdem die erste Ableitung benötigt. Diese lautet: $f`(x) = 4ax^3 + 3bx^2 + 2cx + d$.

Es werden jetzt aus dem Text die erforderlichen Aussagen verwertet:

$f`(2) = 0 = 32a + 12b + 4c + d$ (1) „hat einen Extrempunkt"

$f(2) = -12 = 16a + 8b + 4c + 2d$ (3) „Punkt $P[2 | -12]$" ist gegeben

$f(1) = 4 = a + b + c + d$ (2) „Punkt $Q[1 | 4]$" ist gegeben

$f(3) = 0 = 81a + 27b + 9c + 3d$ (4) „weitere Nullstelle bei $x_N = 3$"

Damit sind 4 Gleichungen bekannt, die es ermöglichen die (noch) Unbekannten a, b, c und d zu ermitteln. Es ergibt sich:

$-4 = 31a + 11b + 3c$ (5) folgt aus (1)-(2)

$0 = 27a + 9b + 3c + d$ (4a) ergibt sich aus Div. von (4) durch 3

$0 = -5a - 3b - c$ (6) folgt aus (4a)-(1)

$-6 = 8a + 4b + 2c + d$ (3a) ergibt sich aus Div. Von (3) durch 2

$-6 = -24a - 8b - 2c$ (7) folgt aus (3a)-(1)

$3 = 12a + 4b + c$ (7a) ergibt sich aus Div. von (7) durch -2

$3 = 7a + b$ (8) ergibt sich aus (7a) +(6)

$0 = -15a - 9b - 3c$ (6a) ergibt sich Multipl. von (6) mit 3

$-4 = 16a + 2b$ (9) folgt aus (5) + (6a)

$-2 = 8a + b$ (9a) folgt aus Div. von (9) durch 2

$5 = -a \Leftrightarrow a = -5$ (10) folgt aus (8) - (9a)

$b = -2 - 8a = -2 + 40 = 38$ (11) (10) eingesetzt in (9a)

$c = -5a - 3b = 25 - 3 \cdot 38 = -89$ (12) (11) u. (10) eingesetzt in (6)

$d = 4 - a - b - c = 4 + 5 - 38 + 89 = 60$ (13) (10, (11) u. (12) eingesetzt in (2)

Damit lautet die Vorschrift: $f(x) = -5x^4 + 38x^3 - 89x^2 + 60x$,   q.e.d.

b.) <u>Ableitungen:</u>
Es ist:

$f`(x) = -20x^3 + 114x^2 - 178x + 60$

$f``(x) = -60x^2 + 228x - 178$

$f```(x) = -120x + 228$

c.) Auf den ersten Blick lassen sich (ohne Rechnung) erkennen: $\mathbb{D} = \mathbb{R}$, da ganzrational, Für $x \to \pm\infty$ geht $f(x) \to -\infty$, wegen des Minuszeichens vor der höchsten Potenz x^4. Der y-Achsenabschnitt ist $y_0 = 0$, da $f(x)$ durch den Ursprung verläuft.

d.) <u>Kurvendiskussion:</u>
<u>Nullstellen:</u>
Aus dem Aufgabentext sind bekannt $N_1[0 | 0]$ und $N_2[3 | 0]$.
Aus der Vorschrift kann ja x vorgeklammert werden. Mit dem „Rest" muss eine Polynomdivision mit $(x - 3)$ durchgeführt werden. Es ergibt sich:

$-5x^3 + 38x^2 - 89x + 60) : (x - 3) = -5x^2 + 23x - 20 = 0$.

Diese Gleichung kann nach Division mit -5 mit der p-q-Formel gelöst werden. Es ergibt sich:

$x^2 - \dfrac{23}{5} + 4 = 0$. Daraus folgen die weiteren Lösungen

$$x_{N3/4} = \frac{23}{10} \pm \sqrt{\frac{529}{100} - \frac{400}{100}} = \frac{23}{10} \pm \sqrt{\frac{129}{100}}.$$

Damit liegen also zwei weitere Nullstellen vor bei $N_3 [\approx 1,164 \mid 0]$ und $N_4 [\approx 3,436 \mid 0]$.

Extrempunkte:

Wegen der notwendigen Bedingung muss die erste Ableitung gleich Null gesetzt werden. Es ergibt sich: $0 = -20x^3 + 114x^2 - 178x + 60$.

Da $x_{E1} = 2$ bekannt ist, muss wieder eine Polynomdivision erfolgen:

$(-20x^3 + 114x^2 - 178x + 60) : (x - 2) = -20x^2 + 74x - 30 = 0$. Hier geht es nach

Division durch -20 mit der p-q-Formel weiter: $x^2 - \dfrac{37}{10} + \dfrac{3}{2} = 0$. Es ergeben sich für

$$x_{E2/3} = \frac{37}{20} \pm \sqrt{\frac{1369}{400} - \frac{600}{400}} = \frac{37}{20} \pm \sqrt{\frac{769}{400}},$$ also $x_{E2} \approx 0,464$ und $x_{E3} \approx 3,236$.

Die hinreichende Bedingung ergibt $f''(2) = 38 > 0$.

Damit liegt ein Tiefpunkt TP vor bei $TP[2 \mid -12]$.

Wegen des Kurvenverlaufes müssen an den anderen Werten Hochpunkte HP vorliegen. Es ergibt sich:

$HP_2 [\approx 0,464 \mid \approx 12,243]$ und $HP_3 [\approx 3,236 \mid \approx 1,580]$.

Wendepunkte: Hierzu wird die zweite Ableitung gleich Null gesetzt. Es ergibt sich:

$0 = -60x^2 + 228x - 178$. Auch hier muss die p-q-Formel verwendet werden. Aus

$x^2 - \dfrac{19}{5}x + \dfrac{89}{30} = 0$ ergibt sich $x_{W1/2} = \dfrac{19}{10} \pm \sqrt{\dfrac{361}{100} - \dfrac{89}{30}} = \dfrac{19}{10} \pm \sqrt{\dfrac{193}{300}}$.

Das ergibt genähert $x_{W1} \approx 1,098$ und $x_{W2} \approx 2,702$.

Setzt man diese Werte in die 3. Ableitung ein, so ergeben sich jedes Mal Werte $\neq 0$. Das heißt, es liegen Wendepunkte WP vor mit $WP_1 [\approx 1,098 \mid \approx 1,616]$ und $WP_2 [\approx 2,702 \mid \approx -4,543]$.

Graphen von f(x) und t(x)
ungleiche Achsenmaßstäbe

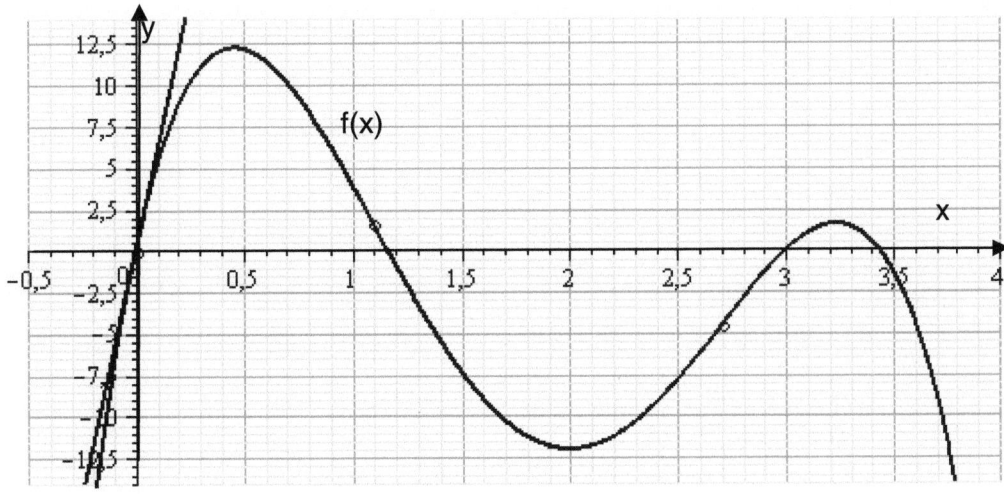

e.) Um die Gleichung der Tangente $t(x)$ zu finden, die im Ursprung an den Graphen angelegt werden kann, ist die Steigung $m = f'(0) = 60$ zu bilden. Die Tangente ist sicherlich eine Ursprungsgerade. Damit lautet die Gleichung der Tangente $t(x) = 60x$.

f.) Um den Unterschied der gesuchten Flächen zu finden, ist einfach das Integral von Null bis 3 zu bilden, da die eine Fläche positiv und die andere negativ „verrechnet" wird. Es ergibt sich:

$$\Delta A = \int_0^3 f(x)dx = \int_0^3 (-5x^4 + 38x^3 - 89x^2 + 60x)dx.$$

$$\Delta A = \left[-x^5 + \frac{19}{2}x^4 - \frac{89}{3}x^3 + 30x^2 \right]_0^3 = -243 + \frac{1539}{2} - 801 + 270 - 0 = -\frac{9}{2}.$$

Das heißt, die Fläche im 4.Quadranten (begrenzt von der x-Achse) ist um $\Delta A = \left| -\frac{9}{2} \right| \text{F.E} = 4,5\,\text{F.E.}$ größer als die Fläche, welche im ersten Quadranten liegt (ebenfalls begrenzt von der x-Achse, von Null bis zur zweiten Nullstelle.)

Untersuchung ganzrationaler Funktionen 4.Grades Nr. 4:

4.)   Eine ganzrationale Funktion 4. Grades f(x) geht durch den Ursprung und den Punkt $P\left[2\,|\,\dfrac{100}{3}\right]$. Der Punkt $Q\left[1\,|\,-\dfrac{16}{3}\right]$ ist Extrempunkt. f(x) hat eine (weitere) Nullstelle bei $x_N = -3$.

a.)   Zeigen Sie, dass die Vorschrift lautet: $f(x) = 3x^4 + \dfrac{14}{3}x^3 - 13x^2$!

b.)   Bilden Sie die ersten drei Ableitungen !

c.)   Welche Eigenschaften lassen sich ohne Rechnung (auf den ersten Blick) erkennen? (Def. – Bereich, Verhalten im Unendlichen, y-Achsenabschnitt)

d.)   Führen Sie eine vollständige Kurvendiskussion durch ! ((weitere) Nullstellen, (weitere) Extrem<u>punkte</u>, Wende<u>punkte</u>, Graph im Intervall $-3,5 \le x \le 2$)

e.)   Wie lautet die Gleichung der Tangente t(x), die an den Graphen von f(x) an der Stelle $x = -2$ angelegt werden kann ?

f.)   Berechnen Sie die Fläche A_1, die der Graph von f(x) mit der x-Achse im dritten Quadranten einschließt !

g.)   Wie groß ist die Fläche A_2, die von der obigen Tangente t(x) mit dem Kurvengraphen von f(x) im dritten <u>und</u> vierten Quadranten ganz umschlossen wird ?

Untersuchung ganzrationaler Funktionen 4.Grades Lösungen der Aufgabe Nr. 4:

a.) Die Vorschrift einer ganzrationalen Funktion 4. Grades, die durch den <u>Ursprung</u> verläuft, lautet: $f(x) = ax^4 + bx^3 + cx^2 + dx$. Es wird außerdem die erste Ableitung benötigt. Diese lautet: $f`(x) = 4ax^3 + 3bx^2 + 2cx + d$.

Es werden jetzt aus dem Text die erforderlichen Aussagen verwertet:

$$f(1) = -\frac{16}{3} = a + b + c + d \qquad \text{(1) „geht durch den Punkt Q"}$$

$$f`(1) = 0 = 4a + 3b + 2c + d \qquad \text{(2) „ist Extrempunkt"}$$

$$f(-3) = 0 = 81a - 27b + 9c - 3d \qquad \text{(3) „Nullstelle bei } x = -3 \text{"}$$

$$f(2) = \frac{100}{3} = 16a + 8b + 4c + 2d \qquad \text{(4) „geht durch den Punkt P"}$$

$$-\frac{16}{3} = -3a - 2b - c \qquad \text{(5) aus (1) – (2)}$$

$$0 = 27a - 9b + 3c - d \qquad \text{(3a) aus (3) durch 3}$$

$$\frac{50}{3} = 8a + 4b + 2c + d \qquad \text{(4a) aus (4) durch 2}$$

$$\frac{50}{3} = 35a - 5b + 5c \qquad \text{(6) aus (3a) + (4a)}$$

$$\frac{10}{3} = 7a - b + c \qquad \text{(6a) aus (6) durch 5}$$

$$-2 = 4a - 3b \qquad \text{(7) aus (5) + (6a)}$$

$$0 = 31a - 6b + 5c \qquad \text{(8) aus (2) + (3a)}$$

$$\frac{50}{3} = 35a - 5b + 5c \qquad \text{(6b) aus (6a) mal 5}$$

$$-\frac{50}{3} = -4a - b \qquad \text{(9) aus (8) – (6b)}$$

$$-50 = -12a - 3b \qquad \text{(9a) aus (9) mal 3}$$

$$48 = 16a \Leftrightarrow a = 3 \qquad \text{(10) aus (7) – (9a)}$$

$$b = -4a + \frac{50}{3} = -12 + \frac{50}{3} = \frac{14}{3} \qquad \text{(11) aus (10) eingesetzt in (9)}$$

$$c = \frac{10}{3} - 7a + b = \frac{10}{3} - 21 + \frac{14}{3} = -13 \qquad \text{(12) aus (11) u. (10) eing. in (6a)}$$

$$d = -4a - 3b - 2c = -12 - 14 + 26 = 0 \qquad \text{(13) aus (12) u. (11) u. (10) eing. in (2)}$$

Damit ist gezeigt, dass die Vorschrift lautet: $f(x) = 3x^4 + \frac{14}{3}x^3 - 13x^2$, q.e.d.

b.) <u>Ableitungen:</u>
Es ist:
$$f`(x) = 12x^3 + 14x^2 - 26x$$
$$f``(x) = 36x^2 + 28x - 26$$
$$f```(x) = 72x + 28$$

c.) Auf den ersten Blick lassen sich (ohne Rechnung) erkennen:
$\mathbb{D} = \mathbb{R}$, da f(x) ganzrational.

Für $x \to \pm\infty$ geht $f(x) \to +\infty$, wegen des Pluszeichens vor der höchsten Potenz bei x^4.

Der y-Achsenabschnitt ist $y_0 = 0$, da $f(x)$ durch den Ursprung verläuft.

d.) Kurvendiskussion:

Nullstellen:

Aus dem Aufgabentext sind bekannt $N_1[0\,|\,0]$ und $N_2[-3\,|\,0]$.

Aus der Vorschrift kann ja x^2 vorgeklammert werden. Mit dem „Rest" verbleibt $3x^2 + \frac{14}{3} - 13 = 0$. Es ergibt sich (für die p-q-Formel): $x^2 + \frac{14}{9} - \frac{13}{3} = 0$. Also ist:

$$x_{N3/4} = -\frac{7}{9} \pm \sqrt{\frac{49}{81} + \frac{351}{81}} = -\frac{7}{9} \pm \sqrt{\frac{400}{81}} = -\frac{7}{9} \pm \frac{20}{9}.$$

Damit ist $x_{N3} = \frac{13}{3} \approx 1{,}444$ und $x_{N4} = -3$ (nichts Neues, „doppelte Nullstelle"). Es gibt also insgesamt 3 Nullstellen mit N_1 und N_2 s.o. und $N_3\left[\frac{13}{3}\,|\,0\right] \approx N_3[4{,}333\,|\,0]$.

Extrempunkte:

Wegen der notwendigen Bedingung muss die erste Ableitung gleich Null gesetzt werden. Es ergibt sich: $0 = 12x^3 + 14x^2 - 26x \Leftrightarrow x \cdot (12x^2 + 14x - 26 = 0)$. Damit ist $x_{E1} = 0$ oder $x^2 + \frac{7}{6}x - \frac{13}{6} = 0$. Die p-q-Formel liefert:

$$x_{E2/3} = -\frac{7}{12} \pm \sqrt{\frac{49}{144} + \frac{312}{144}} = -\frac{7}{12} \pm \sqrt{\frac{361}{144}} = -\frac{7}{12} \pm \frac{19}{12}.$$ Es gibt also 3 Stellen mit waagerechter Tangente: $x_{E2} = -\frac{7}{12} - \frac{19}{12} = -\frac{13}{6} \approx -2{,}1667$ und $x_{E3} = \frac{12}{12} = 1$.

(s. auch obige Aufgabenstellung)

Diese Stellen werden mit der 2.Ableitung überprüft. Es ist : $f''(0) = -26 < 0$ und $f''(-\frac{13}{6}) = 169 - \frac{364}{6} - 26 = \frac{247}{3} > 0$ und $f''(1) = 36 + 28 - 26 > 0$.

Damit liegt ein Hochpunkt HP vor bei $\text{HP}[0\,|\,0]$ und zwei Tiefpunkte TP bei $\text{TP}_1\left[-\frac{13}{6} \approx -2{,}1667\,|\approx -42{,}38\right]$ und bei $\text{TP}_2\left[1\,|\,1 - \frac{16}{3} \approx 5{,}333\right]$ (s. Aufgabenstellung).

Wendepunkte: Hierzu wird die zweite Ableitung gleich Null gesetzt. Es ergibt sich: $0 = 36x^2 + 28x - 26 \Leftrightarrow x^2 + \frac{7}{9}x + \frac{13}{18} = 0$.

Die p-q-Formel ergibt:

$$x_{W1/2} = -\frac{7}{18} \pm \sqrt{\frac{49}{324} + \frac{234}{324}} = -\frac{7}{18} \pm \frac{1}{18}\sqrt{283}.$$ Damit ist

$$x_{W1} = -\frac{7}{18} - \frac{1}{18}\sqrt{283} \approx -1{,}323 \text{ und } x_{W2} = -\frac{7}{18} + \frac{1}{18}\sqrt{283} \approx 0{,}5456.$$

Die dritte Ableitung liefert:

$f'''(-1{,}323) \approx -67{,}256 \neq 0$ und $f'''(0{,}5456) \approx 67{,}283 \neq 0$.

Damit ist gezeigt, dass es zwei Wendepunkte WP gibt bei

$\text{WP}_1[\approx -1{,}323 \mid \approx -24{,}37]$ und bei $\text{WP}_2[\approx 0{,}5456 \mid \approx -2{,}846]$.

Graphen von f(x) und t(x)
ungleiche Achsenmaßstäbe

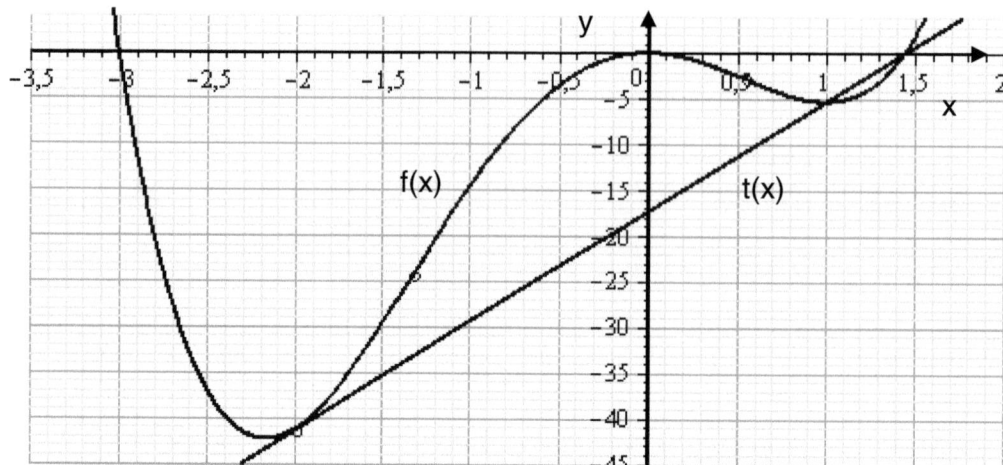

e.) Die Gleichung der gesuchten Tangente ist eine Gerade, deren allgemeine Gleichung lautet: $t(x) = m \cdot x + n$. Sie soll bei $x = -2$ an den Graphen von f(x) angelegt werden. Deshalb muss ihre Steigung $m = f'(-2) = 12 \cdot (-8) + 14 \cdot 4 - 26 \cdot (-2) = 12$ gefunden werden.

Also lautet die Gleichung der Tangente (vorläufig) bereits $t(x) = 12x + n$. (vorläufiges Ergebnis9

Nun wird nun die Tatsache ausgenützt, dass Kurvenpunkt gleich Tangentenpunkt ist. Es ergibt sich:

$$f(-2) = -\frac{124}{3} = 12 \cdot (-2) + n \Leftrightarrow n = 144 - \frac{124}{3} = -\frac{52}{3} \approx -17{,}3333.$$

Damit lautet (endgültig) die gesuchte Tangentengleichung $t(x) = 12x - \dfrac{52}{3}$.

f.) Um die gesuchte Fläche zu finden, muss integriert werden. Es ist

$$A_1 = -\int_{-3}^{0} f(x)dx = -\int_{-3}^{0} (3x^4 + \frac{14}{3}x^3 - 13x^2)dx \ .$$

(Das Minuszeichen ist erforderlich, da die gesuchte Fläche „unter" der x-Achse liegt.) Es ergibt sich weiter:

$$A_1 = -\left[\frac{3}{5}x^5 + \frac{7}{6}x^4 - \frac{13}{3}x^3\right]_{-3}^{0} = 0 + (-\frac{729}{5} + \frac{189}{2} + 117) = \frac{657}{10} = 65{,}7 \ .$$

Die gesuchte Fläche A_1 hat also den Wert von $A_1 = 65{,}7$ F.E.

g.) Um die gesuchte Fläche A_2, welche im dritten und vierten Quadranten vom Kurvengraphen von f(x) und der Tangente t(x) vollständig umschlossen wird, zu finden, muss zunächst der gemeinsame (neue) Schnittpunkt gefunden werden. Dies geschieht durch Gleichsetzen.

Es ergibt sich:

$$3x^4 + \frac{14}{3}x^3 - 13x^2 = 12x - \frac{52}{3} \Leftrightarrow 9x^4 + 14x^3 - 39x^2 - 36x + 52 = 0.$$

Die obigen Graphen legen die Vermutung nahe, dass $x = 1$ eine (mögliche) Lösung sein könnte. Also wird probiert. Es ergibt sich: $9 + 14 - 39 - 36 + 52 \overset{?}{=} 0 \Leftrightarrow 0 = 0$.
Damit ist gezeigt, dass in der Tat für $x = 1$ ein gemeinsamer Schnittpunkt von f(x) und t(x) existiert.

Jetzt kann die gesuchte Fläche berechnet werden zu $A_2 = \int\limits_{-2}^{1} (f(x) - t(x))dx$.

Es ergibt sich:

$$A_2 = \int\limits_{-2}^{1} (3x^4 + \frac{14}{3}x^3 - 13x^2 - (12x - \frac{52}{3}))dx = \left[\frac{3}{5}x^5 + \frac{7}{6}x^4 - \frac{13}{3}x^3 - 6x^2 + \frac{52}{3}x \right]_{-2}^{1}$$

$$A_2 = \frac{3}{5} + \frac{7}{6} - \frac{13}{3} - 6 + \frac{52}{3} - (-\frac{96}{5} + \frac{56}{3} + \frac{104}{3} - 24 - \frac{104}{3}) = \frac{263}{30} - (-\frac{368}{15})$$

$$A_2 = \frac{333}{10} = 33,30.$$

Damit ist gezeigt, dass die vom Kurvengraphen von f(x) und der Tangente t(x) im dritten und vierten Quadranten vollständig umschlossene Fläche A_2 den Wert hat von

$$A_2 = 33,30 \, \text{F.E.}$$

$$\Delta A = \left[-x^5 + \frac{19}{2}x^4 - \frac{89}{3}x^3 + 30x^2 \right]_0^3 = -243 + \frac{1539}{2} - 801 + 270 - 0 = -\frac{9}{2}.$$

Das heißt, die Fläche im 4.Quadranten (begrenzt von der x-Achse) ist um $\Delta A = |-\frac{9}{2}| \, \text{F.E} = 4,5 \, \text{F.E.}$ größer als die Fläche, welche im ersten Quadranten liegt (ebenfalls begrenzt von der x-Achse, von Null bis zur zweiten Nullstelle.)

Untersuchung einer ganzrationalen Funktionenschar 2. Grades;

1.)   Die Vorschrift einer ganzrationalen Funktionenschar 2. Grades ist gegeben durch
$f_k(x) = x^2 + (k-2) \cdot x - 2 \cdot k + 1$, für alle $k \in \Re$. Der Graph von f_k heiße C_k .

a.)   Welche Eigenschaften kann man auf „den ersten Blick" (ohne Rechnung) direkt erkennen, (Verhalten im Unendlichen, Symmetrieeigenschaften, y-Achsenabschnitt)?

b.)   Führen Sie eine vollständige Kurvendiskussion durch!
(Bilden der ersten 3 Ableitungen, Bestimmung der Schnittpunkte mit den Koordinatenachsen, Untersuchung auf Hoch-, Tief, und Wendepunkte, Graph von C_0, C_1, C_{-1} und C_{-2} in dasselbe Koordinatensystem im Intervall $-2 \le x \le 5$).

c.)   Zeigen Sie, dass alle Kurven der Schar einen gemeinsamen Punkt haben und geben Sie dessen Koordinaten an!

d.)   Bestimmen Sie für $k = 1$ den Wert des Flächeninhaltes, den die Kurve C_1 im 3. und 4.Quadranten mit der x-Achse einschließt !

e.)   Für welche k-Werte berührt C_k die x-Achse an welchen Stellen?

f.)   Wie lautet die Gleichung der Tangente an der Stelle $x_0 = 1$, die man an die Kurve C_k anlegen kann? Für welches k geht die Tangentengleichung über in $t(x) = x - 2$?

g.)   Geben Sie den Wert für k an, bei dem das Minimum von f_k am größten ist! Wie lautet der entsprechende Punkt P?

h.)   Wie lautet die Vorschrift $g(x)$ der Kurve, auf der alle Extrempunkte der Kurvenschar liegen ?

Untersuchung einer ganzrationalen Funktionenschar 2. Grades;
(Lösungen der Aufgabe 1):

a.) Es handelt sich um eine Funktionenschar einer ganzrationalen Funktion 2. Grades. Also wird der Graph in jedem Fall eine Parabel sein in Abhängigkeit von k.

<u>Verhalten im Unendlichen:</u> Da x^2 in der Vorschrift enthalten und wegen des Quadrates immer positiv ist, werden alle Parabeln nach oben geöffnet sein, unabhängig vom jeweiligen k-Wert.

<u>Symmetrieeigenschaften:</u> Achsensymmetrie zur y-Achse kann nur vorliegen, wenn k=2 ist, da nur dann $f(x) = -f(x)$.

Natürlich sind alle diese Parabeln symmetrisch zu einer Achse, aber nicht zur y-Achse.

<u>y-Achsenabschnitt:</u> Dieser kann unmittelbar aus der Vorschrift abgelesen werden. Er hängt von k ab und hat den (jeweiligen) Wert $y_0 = f(0) = -2k + 1$.

b.) Die ersten drei Ableitungen lauten:
$f'(x) = 2x + k - 2$
$f''(x) = 2$
$f'''(x) = 0$

<u>Schnittpunkte mit den Koordinatenachsen:</u> Die jeweiligen Schnittpunkte mit der y-Achse wurden oben erwähnt.

Die Schnittpunkte mit der x-Achse sind die <u>Nullstellen.</u>

Diese findet man, indem $f(x_n) = 0$ gesetzt wird, also:

$x^2 + (k-2)x - 2k + 1 = 0$.

Mit Hilfe der p-q-Formel ergibt sich: $x_{n1/2} = -\dfrac{k-2}{2} \pm \sqrt{\left(\dfrac{k-2}{2}\right)^2 + 2k - 1}$.

Es ergibt sich weiter: $x_{n1/2} = -\dfrac{k}{2} + 1 \pm \sqrt{\dfrac{k^2 - 4k + 4}{4} + \dfrac{8k - 4}{4}}$ oder

$x_{n1/2} = -\dfrac{k}{2} + 1 \pm \sqrt{\dfrac{k^2 + 4k}{4}} = -\dfrac{k}{2} + 1 \pm \dfrac{1}{2}\sqrt{k \cdot (k+4)}$.

<u>Extrempunkte:</u> Hierzu wird (als notwendige Bedingung) die erste Ableitung gleich Null gesetzt.

Es ergibt sich: $2x_e + k - 2 = 0$. Daraus folgt: $x_e = -\dfrac{k}{2} + 1$.

Die hinreichende Bedingung liefert die 2. Ableitung:
Da $f''(x) = 2 > 0$, liegt für alle x-Werte ein Minimum vor, also auch für x_e.
Die Koordinaten des Tiefpunktes TP der Kurvenschar lauten in Abhängigkeit von k :

$$TP\left(-\dfrac{k}{2} + 1 \, | \, -\dfrac{k^2}{4} - k\right).$$

Wendepunkte sind nicht möglich, da die 2. Ableitung ungleich Null ist! (Parabel !)

einige <u>Graphen</u> der Schar mit der Kurve aller Extrempunkte (Kreuzchen)
(ungleiche Achsenmaßstäbe)

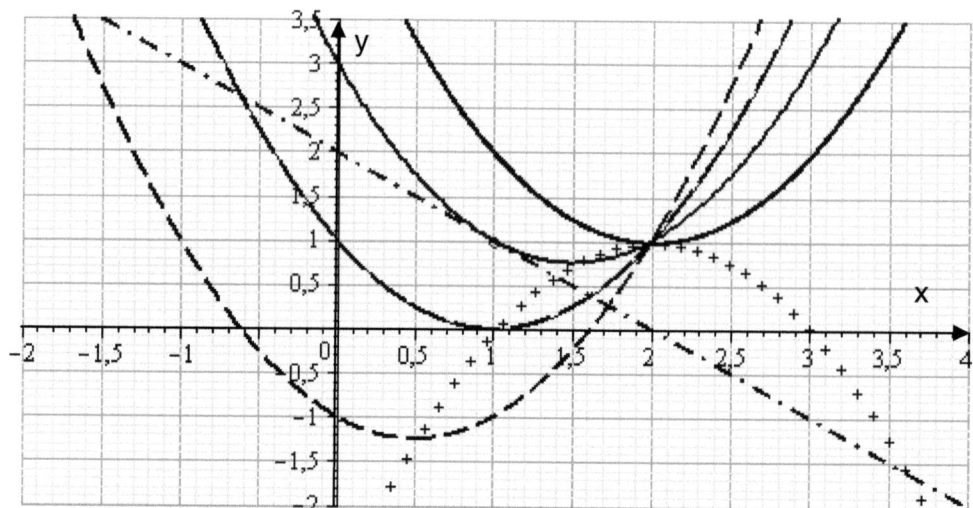

c.) <u>Gemeinsame Punkte</u> aller Graphen: Diese findet man, indem man die Vorschriften für zwei verschiedene k-Werte gleichsetzt.

Es ergibt sich also: $x^2 + (k_1 - 2) \cdot x - 2k_1 + 1 = x^2 + (k_2 - 2) \cdot x - 2k_2 + 1$

Das ergibt:

$x \cdot (k_1 - 2 - k_2 + 2) = 2k_1 - 2k_2$ oder $x \cdot (k_1 - k_2) = 2 \cdot (k_1 - k_2)$.

Division durch $k_1 - k_2 \neq 0$, nach Vor., liefert: $x = 2$. Dieser Wert wird wieder für $k_1 \neq k_2$ in die Vorschriften wie oben eingesetzt.

Es ergibt sich demnach: $4 + (k_1 - 2) \cdot x - 2k_1 + 1 = 4 + (k_2 - 2) \cdot x - 2k_2 + 1$.

Das kann umgeformt werden zu: $(k_1 - 2 - k_2 + 2) \cdot 2 = 2 \cdot (k_1 - k_2)$ oder $(k_1 - k_2) = (k_1 - k_2)$; das ist für alle k-Werte eine wahre Aussage.

Also kann z. B. $k = 2$ gesetzt werden. Es ergibt sich: $f_2(2) = 4 - 4 + 1 = 1$.

Genau so gut hätte man z. B. $k = 3$ wählen können. Es ergibt sich dann: $f_3(2) = 4 + (3 - 2) \cdot 2 - 6 + 1 = 4 + 2 - 6 + 1 = 1$.

Damit ist gezeigt, dass der Punkt $P(2 | 1)$ der gemeinsame Punkt <u>aller</u> Graphen dieser Kurvenschar ist.

d.) Flächeninhalt der Kurve C_1 mit der x-Achse: Hierzu müssen zunächst die Nullstellen bestimmt werden. Diese lauten, siehe unter b.) :

Für $k = 1$ ist $x_{n1} = \dfrac{1}{2} - \dfrac{1}{2}\sqrt{5}$ und $x_{n2} = \dfrac{1}{2} + \dfrac{1}{2}\sqrt{5}$.

Es ist also $A = \displaystyle\int_{x_{n1}}^{x_{n2}} (x^2 - x - 1)dx = \left[\dfrac{1}{3}x^3 - \dfrac{1}{2}x^2 - x \right]_{x_{n1}}^{x_{x2}} = ... = -\dfrac{5}{6}\sqrt{5}$.

Da die Fläche unter der x-Achse liegt, muss der Betrag genommen werden. Es ist also:

81

$$A = \mid -\frac{5}{6}\sqrt{5} \mid = \frac{5}{6}\sqrt{5}\ \text{F.E.} \approx 1{,}863\,\text{F.E.}$$

e.) Um den k-Wert herauszubekommen, bei dem der Graph die x-Achse berührt, muss die Steigung an dieser Stelle gleich Null sein, ebenso der y-Wert.

Also ergibt sich aus der 1. Ableitung: $2x + k - 2 = 0$:
$$k = 2 - 2x\ .$$

Dieser Wert wird in die Funktionsvorschrift eingesetzt. Es folgt:
$$x^2 + (2 - 2x - 2) \cdot x - 2 \cdot (2 - 2x) + 1 = 0\ .$$

Das liefert: $x^2 - 2x^2 - 4 + 4x + 1 = 0$.

Das ergibt: $-x^2 + 4x - 3 = 0$.

Wegen der Anwendung der p-q-Formel muss mit (-1) multipliziert werden. Es folgt:

$x^2 - 4x + 3 = 0$. Daraus ergeben sich die Lösungen: $x_{1/2} = 2 \pm \sqrt{4 - 3}$.

Also:

$x_1 = 2 + 1 = 3$ und $x_2 = 2 - 1 = 1$.

Dies wird in k (s. o.) eingesetzt; es ergibt sich:

$k_1 = 2 - 2 \cdot 3 = -4$ und $k_2 = 2 - 2 = 0$.

Für diese k-Werte berühren die jeweiligen Graphen die x-Achse. Die zugehörigen Vorschriften lauten daher:

$f_{-4}(x) = x^2 - 6x + 9$ und

$f_0(x) = x^2 - 2x + 1$

f.) Die Tangentengleichung lautet allgemein: $t_k(x) = m_k x + b_k$.

Die Tangente soll an der Stelle $x = 1$ angelegt werden.

Aus der 1. Ableitung, weil $m_k = f_k{}'(1)$, ergibt sich $m_k = 2 \cdot 1 + k - 2$; also ist

$m_k = k$.

Da Kurvenpunkt gleich Tangentenpunkt ist, ergibt sich:

$1 + (k - 2) \cdot 1 - 2k + 1 = k \cdot 1 + b_k$.

Daraus ergibt sich für $b_k = -2k$.

Also lautet die Gleichung der Tangente an der Stelle $x = 1$:
$$t_k(x) = k \cdot x - 2k\ .$$

Für $k = 1$ geht die Tangentengleichung über in
$$t_1(x) = x - 2\ .$$

g.) Gesucht ist der k-Wert, bei dem ein maximaler y-Wert vorliegt.

Also muss der y-Wert des Extrempunktes auf ein Maximum hin untersucht werden.

Dieser ist $y(k) = -\frac{1}{4}k^2 - k$.

Davon wird die erste Ableitung gebildet und diese gleich Null gesetzt.

Also: $y'(k) = -\frac{1}{2}k - 1 = 0$. Daraus ergibt sich $k_e = -2$, eingesetzt in die zweite

Ableitung: $y''(k) = -\frac{1}{2} < 0$; also liegt für $k_e = -2$ wirklich ein Maximum vor.

Der zugehörige Punkt lautet: $P(2 \mid 1)$.

h.)   Um die Kurve zu finden, auf der alle Extrempunkte liegen, muss $x_e = -\frac{1}{2}k + 1$ nach k

freigestellt werden.

Es ergibt sich: $k = -2x + 2$.

Dies wird in $y_e = -\frac{1}{4}k^2 - k$ eingesetzt, also:

$$y_e = -\frac{1}{4} \cdot (-2x + 2)^2 - (-2x + 2) = -\frac{1}{4} \cdot (4x^2 - 8x + 4) + 2x - 2 .$$

Damit lautet die Kurve, auf der alle Extrempunkte liegen:

$$g(x) = -x^2 + 4x - 3 .$$

Dies ist eine nach unten geöffnete Parabel 2. Grades, die durch alle Minima der von k abhängigen Parabeln verläuft (siehe Schaubild oben).

Diese Parabel schneidet die x-Achse bei $x_1 = 1$ und bei $x_2 = 3$.

Das stellt gleichzeitig eine Bestätigung der Lösung von Aufgabenteil e.) dar.

Kurvenschar, ganzrational 3. Grades

2.)   Die Vorschrift einer Kurvenschar lautet: $f_k(x) = 2 \cdot k \cdot x^3 + 3 \cdot k^2 \cdot x^2$, mit $k \in \Re$ und $k \neq 0$. Der Graph von f_k heiße C_k .

a.)   Welche Eigenschaften kann man auf „den ersten Blick" (ohne Rechnung) direkt erkennen, (Verhalten im Unendlichen, Symmetrieeigenschaften, y-Achsenabschnitt)? Haben alle Graphen gemeinsame Punkte?

b.)   Untersuchen Sie jeweils C_1 und C_{-1} auf gemeinsame Punkte mit der x-Achse, auf Extrem- und Wendepunkte.
Bestimmen Sie die Gleichung $t_{-1}(x)$ der Tangente von C_{-1} in der zweiten Nullstelle.
Zeichnen Sie den Graphen von C_1 und C_{-1} im Intervall von $-3,5 \leq x \leq 3,5$.

c.)   Wie lauten die jeweiligen Gleichungen g(x) und h(x) der Kurven, auf denen alle Extrempunkte von $f_k(x)$ und alle Wendepunkte von $f_k(x)$ liegen?

d.)   Für diese Aufgabe sei $k = -1$. Der Graph dieser Funktion und die x-Achse schließen im 1. Quadranten eine Fläche A_1 ein. Wie groß ist A_1 ?

e.)   Wie ist zu verfahren, wenn die Fläche A_2 zu berechnen ist, die ganz von $t_{-1}(x)$ und von C_{-1} eingeschlossen wird? Berechnen Sie A_2 !

f.)   Es gibt einen Wert für k, bei dem die jeweilige Funktion punktsymmetrisch ist. Bestimmen Sie jeweils die Lage des Symmetriezentrums!

Untersuchung einer ganzrationalen Funktionenschar 3. Grades;
(Lösungen der Aufgabe 2):

2a.) <u>Verhalten im Unendlichen:</u> Wenn $k > 0$, dann geht $f_k(x) \to \pm\infty$,

wenn $x \to \pm\infty$. Wenn $k < 0$, dann ist es genau umgekehrt.

<u>Symmetrieeigenschaften:</u>
Es liegen keine „einfachen" Symmetrien (Punktsymmetrie zum Ursprung, Achsensymmetrie zur y-Achse) vor, da sowohl geradzahlige wie ungeradzahlige Exponenten für x vorkommen.

<u>y-Achsenabschnitt:</u> Alle Graphen gehen durch den Ursprung.
Das sind auch die einzigen gemeinsamen Punkte aller Graphen der Schar.

b.) <u>Nullstellen:</u>
Setzt man die Vorschrift gleich Null, so findet man alle Nullstellen: $0 = 2kx^3 + 3k^2x^2$.
Hieraus ergibt sich, dass $0 = kx^2 \cdot (2x + 3k)$.

Das heißt: $N_1[0|0]$ für alle k-Werte (s. o.) und $N_2\left[-\frac{3}{2}k \,|\, 0\right]$.

Speziell für $k = 1$ ist also $N_{2a}\left[-\frac{3}{2} \,|\, 0\right]$ und für $k = -1$ ist $N_{2b}\left[\frac{3}{2} \,|\, 0\right]$

<u>Ableitungen:</u> Um die Extrem- und Wendepunkte zu finden, müssen die ersten drei Ableitungen gebildet werden. Es ist:

$f_k\,'(x) = 6k^2x + 6kx^2$ Also $f_1\,'(x) = 6x + 6x^2$ und $f_{-1}\,'(x) = 6x - 6x^2$

$f_k\,''(x) = 6k^2 + 12kx$ Also $f_1\,''(x) = 6 + 12x$ und $f_{-1}\,''(x) = 6 - 12x$

$f_k\,'''(x) = 12k$ .Genauso $f_1\,'''(x) = 12$ und $f_{-1}\,'''(x) = -12$

<u>Extrempunkte:</u> Hierzu wird die erste Ableitung gleich Null gesetzt:
$0 = 6k^2x + 6kx^2$ oder $0 = 6kx \cdot (k + x)$.

Daraus folgt, dass die notwendige Bedingung erfüllt ist für $x_{e1} = 0$ für alle k-Werte und außerdem $x_{e2} = -k$, da dann die Klammer Null wird.

Eingesetzt in die 2. Ableitung (hinr. Bed.) ergibt sich: $f_k\,''(0) = 6k^2 > 0, \forall k$.

Das heißt, <u>alle</u> Graphen der Schar haben einen Tiefpunkt in $TP[0|0]$ und wegen $f_k\,''(-k) = 6k^2 - 12k^2 = -6k^2 < 0, \forall k$ einen Hochpunkt HP bei $HP\left[-k \,|\, k^4\right]$.

<u>Wendepunkte:</u> Hierzu wird die 2. Ableitung gleich Null gesetzt: $0 = 6k^2 + 12kx$.

Daraus ergibt sich $x_W = -\frac{1}{2}k$. Da die 3. Ableitung für $k \neq 0$ immer ungleich Null ist,

liegt also immer ein Wendepunkt WP vor, mit $WP\left[-\frac{k}{2} \,|\, \frac{k^4}{2}\right]$.

<u>Tangentengleichung:</u> Für die Gleichung t(x) der Tangente gilt: $t(x) = f\,'(x_N) \cdot x + b$.

Wenn $k = -1$, ist $f\,'(x_N) = 6 \cdot \frac{3}{2} - 6 \cdot \frac{9}{4}$ (s. o.). Es folgt $f\,'(\frac{3}{2}) = -\frac{9}{2}$.

Also ist $t(x) = -\frac{9}{2}x + b$. Da $f_{-1}(\frac{3}{2}) = 0$, gilt $0 = -\frac{9}{2} \cdot \frac{3}{2} + b$. Also ist $b = \frac{27}{4}$.

Damit lautet für $k = -1$ die gesuchte Tangentengleichung: $t(x) = -\frac{9}{2}x + \frac{27}{4}$.

Graphen für $k = 3, -1, 1, 2$, Tangente an $f_{-1}(x)$
Kurven der Extrempunkte g(x) (Kreuzchen) und Wendepunkte h(x) (gepunktet)
(ungleiche Achsenmaßstäbe)

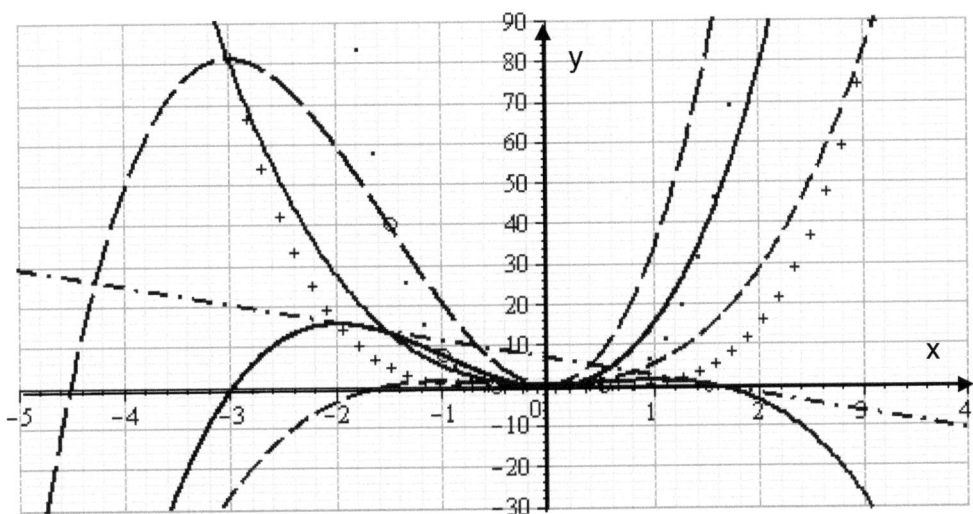

c.) Die Kurve g(x) aller Extrempunkte und h(x) aller Wendepunkte findet man, indem die jeweiligen Bedingungen für Extrem- und Wendepunkte nach k freigestellt und in die Funktionsvorschrift eingesetzt werden. Aus $x_E = -k$ ergibt sich $k = -x_E$.

Also ist $g(x) = 2 \cdot (-x) \cdot x^3 + 3x^2 \cdot x^2 = x^4$ die Kurve aller Extrempunkte.

Genauso: Aus $x_W = -\frac{k}{2}$ ergibt sich $k = -2x_W$.

Also ist $h(x) = 2 \cdot (-2x) \cdot x^3 + 3 \cdot 4x^2 \cdot x^2 = 8x^4$ die Kurve aller Wendepunkte.

d.) Die gesuchte Fläche A_1 findet man durch Integration. Es ist : $A_1 = \int_0^{3/2} (-2x^3 + 3x^2)\,dx$.

$$A_1 = \left[-\frac{x^4}{2} + x^3 \right]_0^{3/2} = -\frac{81}{32} + \frac{27}{8} - 0 = \frac{27}{32} \text{ F.E.} \approx 0{,}84375 \text{ F.E.}$$

e.) Um die zweite Integrationsgrenze zu finden, müssen die Vorschriften von t(x) und f(x) gleichgesetzt und nach x freigestellt werden. Es ist: $-\frac{9}{2}x + \frac{27}{4} = -2x^3 + 3x^2$.

Damit gilt: $-2x^3 + 3x^2 + \frac{9}{2}x - \frac{27}{4} = 0$. Multiplikation mit (–4) liefert:

$8x^3 - 12x^2 - 18x + 27 = 0$.

Da $x = \dfrac{3}{2}$ bereits ein bekannte Lösung (Nullstelle) dieser Gleichung ist, erfolgt eine Polynomdivision durch $(x - \dfrac{3}{2})$. Es ergibt sich:

$$(8x^3 - 12x^2 - 18x + 27) : (x - \frac{3}{2}) = 8x^2 - 18 = 0.$$

Daraus folgt sofort: $x^2 = \dfrac{18}{8} = \dfrac{9}{4}$.

Damit liegt die weitere Schnittstelle von $f(x)$ mit $t(x)$ und damit die zweite Integrationsgrenze fest: $x = -\dfrac{3}{2}$.

Also ist $A_2 = \displaystyle\int_{-3/2}^{3/2} (t(x) - f(x))\,dx$. Es ergibt sich:

$$A_2 = \int_{-3/2}^{3/2} \left(-\frac{9}{2}x + \frac{27}{4} - (-2x^3 + 3x^2)\right)dx = \int_{-3/2}^{3/2} \left(2x^3 - 3x^2 - \frac{9}{2}x + \frac{27}{4}\right)dx$$

$$A_2 = \left[\frac{x^4}{2} - x^3 - \frac{9}{4}x^2 + \frac{27}{4}x\right]_{-3/2}^{3/2} = \frac{81}{32} - \frac{27}{8} - \frac{81}{16} + \frac{81}{8} - \left(\frac{81}{32} + \frac{27}{8} - \frac{81}{16} - \frac{81}{8}\right).$$

$$A_2 = \frac{135}{32} - (-\frac{297}{32}) = \frac{27}{2} \text{ F.E.} = 13,5 \text{ F.E.}$$

Damit beträgt die von der Tangente $t(x)$ und dem Graphen von $f(x)$ (wenn $k = -1$) vollkommen eingeschlossene Fläche im ersten und zweiten Quadranten:
$$A_2 = 13,5 \text{ F.E.}$$

f.) Da es sich um ganzrationale Funktionen 3. Grades handelt, sind diese immer punktsymmetrisch zu ihrem jeweiligen <u>Wendepunkt</u>.

Das heißt, alle Kurven sind punktsymmetrisch zum Punkt P mit $P\left[-\dfrac{k}{2} \mid \dfrac{k^4}{2}\right]$.

Untersuchung einer ganzrationalen Funktionenschar 3. Grades;

3.)   Die Vorschrift einer Kurvenschar lautet: $f_k(x) = (x-1)^2 \cdot (k-x)$, mit $k \in \Re$. Der Graph von f_k heiße C_k .

a.)   Bilden Sie die ersten 3 Ableitungen und führen Sie eine vollständige Kurvendiskussion durch.
(Def. Bereich, gemeinsame Punkte aller Graphen, Symmetrien Verhalten im Unendlichen, Nullstellen, Extrem- und Wendepunkte, Graph im Intervall $-2 \le x \le 4$)

b.)   Zeigen Sie dass für C_{-1} die Schnittpunkte mit den Koordinatenachsen lauten: $P[-1 \mid 0]$ und $R[0 \mid -1]$.
Stellen Sie Geradengleichung PR auf. Die Gerade PR schneidet C_{-1} in einem weiteren Punkt S. Berechnen Sie die Koordinaten von S.

c.)   Bestimmen Sie den Inhalt der Fläche A_1, die von C_{-1} und der x-Achse eingeschlossen wird!
Berechnen Sie außerdem die Fläche A_2, die im 4.Quadranten von der Geraden RS und dem Graphen C_{-1} eingeschlossen wird!

d.)   Zeigen Sie, dass der Graph C_1 keine Extrempunkte besitzt!

e.)   Bestimmen Sie für $k > 1$ allgemein die Koordinaten der Extrempunkte von C_k !
Untersuchen Sie für $k > 1$, ob man k so bestimmen kann, dass eine Gerade durch zwei mögliche Extrempunkte die Steigung $m = \dfrac{2}{9}$ hat! Geben Sie die mögliche Geradengleichung an

f.)   Wie lauten die Gleichungen g(x) und h(x) der Kurven, auf der alle Extrem- und Wendepunkte von C_k liegen?

Untersuchung einer ganzrationalen Funktionenschar 3. Grades;
(Lösungen der Aufgabe 3):

a.) Die gegebene Vorschrift wird zunächst ausgerechnet zu:

$$f_k(x) = (x-1)^2 \cdot (k-x) = (x^2 - 2x + 1) \cdot (k-x) = -x^3 + (k+2) \cdot x^2 - (2k+1) \cdot x + 1.$$

Das hat manchmal Vorteile bei der Diskussion.

Ableitungen:

$$f_k{'}(x) = -3x^2 + 2 \cdot (k+2) \cdot x - 2k - 1$$
$$f_k{''}(x) = -6x + 2 \cdot (k+2)$$
$$f_k{'''}(x) = -6$$

Der Def. - Ber. ist $\mathbb{R}$, da $f(x)$ ganzrational ist.

Es gibt keine einfachen <u>Symmetrien</u>, da sowohl ungerade als auch gerade Exponenten für x vorkommen.

Um <u>gemeinsame Punkte</u> aller Graphen zu finden, werden für verschiedene k-Werte die Vorschriften gleichgesetzt.

Es ergibt sich: $(x-1)^2 \cdot (k_1 - x) = (x-1)^2 \cdot (k_2 - x)$.

Das führt in jedem Fall für $x - 1 = 0$ zu einer wahren Aussage.

Wenn $x \neq 1$, dann gilt $k_1 - x = k_2 - x \Leftrightarrow k_1 = k_2$, was aber nach Vor. nicht sein kann.

Wenn x den Wert $x = 1$ annimmt, dann ist für alle k Werte $f_k(1) = 0$.

Damit haben also alle Graphen den Punkt $Q[1 \mid 0]$ gemeinsam.

Das <u>Verhalten im Unendlichen</u> wird durch den Term $-x^3$ bestimmt:

Wenn $x \to +\infty$, dann geht $f(x) \to -\infty$. Wenn $x \to -\infty$, dann geht $f(x) \to +\infty$.

Denn x^3 ist die höchste vorkommende Potenz; sie überwiegt schließlich alle anderen Terme.

<u>Nullstellen</u>: Es ist $0 = (x-1)^2 \cdot (k-x)$. Daraus ergibt sich sofort: $x_{N1} = 1$ (s. o.) und $x_{N2} = k$. Es gibt also für alle $k \neq 0$ immer 2 Nullstellen $N_1[1 \mid 0]$ und $N_2[k \mid 0]$.

<u>Extrempunkte</u>: Wegen der notw. Bed. muss die erste Ableitung gleich Null gesetzt werden. Es ergibt sich:

$$0 = -3x^2 + 2 \cdot (k+2) \cdot x - 2k - 1 \Leftrightarrow 0 = x^2 - \frac{2}{3}(k+2)x + \frac{2k+1}{3}.$$

Die p,q-Formel ergibt:

$$x_{E1/2} = \frac{k+2}{3} \pm \sqrt{\frac{(k+2)^2}{9} - \frac{2k+1}{3}} = \frac{k+2}{3} \pm \sqrt{\frac{k^2 + 4k + 4 - 6k - 3}{9}} \qquad \text{oder}$$

$$x_{E1/2} = \frac{k+2}{3} \pm \sqrt{\frac{k^2 - 2k + 1}{9}} = \frac{k+2}{3} \pm \sqrt{\frac{(k-1)^2}{9}} = \frac{k+2}{3} \pm \frac{k-1}{3}.$$

Daraus ergeben sich die Werte $x_{E1} = \frac{2k+1}{3}$ und $x_{E2} = 1$.

Mit Hilfe der 2. Ableitung entscheidet sich, welche Art von Extremum vorliegt. Es ist:

$$f_k{''}(\frac{2k+1}{3}) = -\frac{12k+6}{3} + 2k + 4 = -4k - 2 + 2k + 4 = -2k + 2.$$

Wenn $k > 1$, dann ist die 2.Ableitung < 0. Dann liegt also ein Hochpunkt vor.

Ist $k < 1$, dann ist die 2.Ableitung > 0. Dann liegt ein Tiefpunkt vor. Es liegen also Extrempunkte EP vor bei $EP_1\left[\dfrac{2k+1}{3} \mid \dfrac{4 \cdot (k-1)^3}{27}\right]$ und bei $EP_2[1 \mid 0]$.

Denn hier ist es aber genau umgekehrt: $f_k''(1) = -6 + 2k + 4 = 2k - 2$.

Wenn $k > 1$, dann ist die 2. Ableitung > 0, also liegt ein Tiefpunkt vor.

Wenn $k < 1$, dann ist die 2. Ableitung < 0, also liegt ein Hochpunkt vor.

Wenn aber $k = 1$, dann ist die 1. Ableitung und die 2. Ableitung für $x = 1$ Null, aber die 3. Ableitung ist $\ne 0$ für jeden bel. k Wert (s. o.).

Damit liegt dann ein Sattelpunkt SP vor, mit $SP[1 \mid 0]$, wenn $k = 1$.

Siehe auch Aufgabenteil d.).

<u>Wendepunkte</u> werden gefunden, indem die 2.Ableitung gleich Null gesetzt wird.

Also: $0 = -6x + 2 \cdot (k + 2) \Leftrightarrow x_w = \dfrac{k+2}{3}$.

Da die dritte Ableitung $(= -6)$ in jedem Falle ungleich Null ist, gibt es also immer einen Wendepunkt WP, mit $WP\left[\dfrac{k+2}{3} \mid \dfrac{2 \cdot (k-1)^3}{27}\right]$. (Auch hier ist der SP enthalten.)

Graphen für $k = -1, 1, 2, 3$ u.

Kurven aller Extrempunkte g(x) (Kreuze) u. Wendepunkte h(x) (gepunktet)

und $y = -x - 1$

(ungleiche Achsenmaßstäbe)

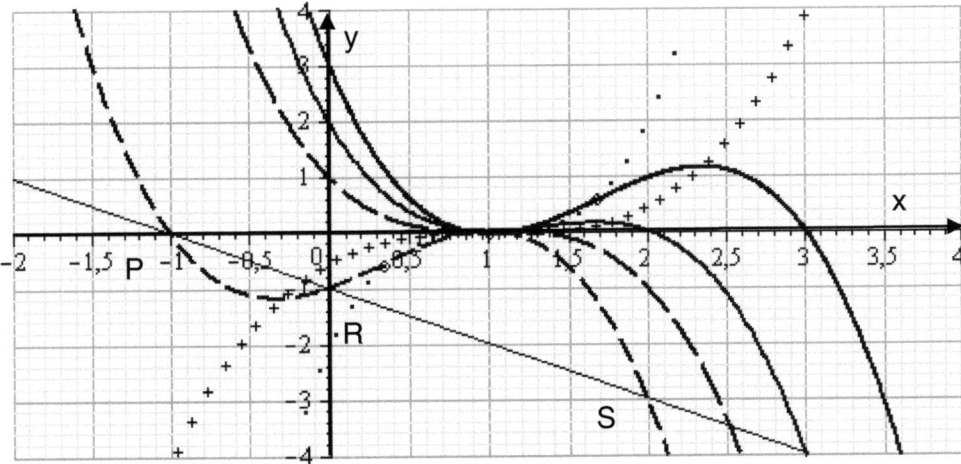

b.) Wenn $k = -1$, dann lautet die Vorschrift: $f(x) = (x-1)^2 \cdot (-1-x) = -x^3 + x^2 + x - 1$.

Mit $x = -1$ ergibt sich $f(-1) = 0$. Wenn $x = 0$, ergibt sich $f(0) = -1$, q.e.d.

Die gesuchte Geradengleichung ergibt sich zu: $0 = -m - 1 \Leftrightarrow m = -1$.

Also lautet die Geradengleichung durch PR:
$$y = -x - 1.$$

Um den 3. Schnittpunkt S zu finden, werden die Vorschriften gleichgesetzt. Es ergibt sich:

$-x-1 = (x-1)^2 \cdot (-1-x) \Leftrightarrow 1 = (x-1)^2 \Leftrightarrow 1 = x^2 - 2x + 1 \Leftrightarrow 0 = x(x-2)$.

Daraus kann sofort die (neue) Koordinate $x = 2$ abgelesen werden.

Setzt man diesen Wert in f(x) ein ergibt sich $f(2) = -3$.

Der Schnittpunkt S hat also den Wert $S[2 \mid -3]$.

c.) Die gesuchten Flächen werden durch Integration bestimmt:

$$A_1 = \int_{-1}^{1} \left(-x^3 + x^2 + x - 1\right) dx = \left[-\frac{x^4}{4} + \frac{x^3}{3} + \frac{x^2}{2} - x\right]_{-1}^{1}$$

$$A_1 = -\frac{1}{4} + \frac{1}{3} + \frac{1}{2} - 1 - \left(-\frac{1}{4} - \frac{1}{3} + \frac{1}{2} + 1\right) = -\frac{5}{12} - \frac{11}{12} = -\frac{4}{3}$$

Da die Fläche unter der x-Achse liegt, muss der Betrag genommen werden.

Die Fläche hat also den Wert von

$$A_1 = \frac{4}{3} \, \text{F.E.} \approx 1,3333 \, \text{F.E.}$$

Ebenso wird A_2 bestimmt:

$$A_2 = \int_{0}^{2} \left(f_{-1}(x) - (-x-1)\right) dx = \int_{0}^{2} \left(-x^3 + x^2 + x - 1 + x + 1\right) dx = \int_{0}^{2} \left(-x^3 + x^2 + 2x\right) dx$$

$$A_2 = \left[-\frac{x^4}{4} + \frac{x^3}{3} + x^2\right]_{0}^{2} = -4 + \frac{8}{3} + 4 - 0 = \frac{8}{3}.$$

Damit hat die Fläche, die zwischen der Geraden PR und dem Kurvengraphen im 4.Quadranten von $f_{-1}(x)$ ganz eingeschlossen ist, den Wert von

$$A_2 = \frac{8}{3} \, \text{F.E.} \approx 2,6667 \, \text{FE}.$$

d.) Wenn k den Wert $k = 1$ annimmt, ist sowohl die erste als auch die zweite Ableitung gleich Null. Aber die 3. Ableitung ist mit -6 immer ungleich Null (s. o.).

Das heißt, es liegt kein Extrempunkt sondern ein Sattelpunkt SP vor, bei $SP[1 \mid 0]$ (s. auch o.).

e.) Die gesuchte Gerade verläuft durch die Punkte $P_1[1 \mid 0]$ und $P_2\left[\frac{2k+1}{3} \mid \frac{4}{27} \cdot (k-1)^3\right]$.

Das ergibt mit $m = \frac{2}{9}$ die beiden Geradengleichungen:

$$0 = \frac{2}{9} + b \qquad (1) \qquad \text{und}$$

$$\frac{4}{27} \cdot (k-1)^3 = \frac{2k+1}{3} \cdot \frac{2}{9} + b \qquad (2) \qquad \text{Subtraktion von (2) minus (1) ergibt:}$$

$$\frac{4}{27} \cdot (k-1)^3 = \frac{(2k+1) \cdot 2}{27} - \frac{6}{27} \qquad (3) \qquad \text{Multiplikation mit 27 liefert:}$$

$4 \cdot (k-1)^3 = 4k + 2 - 6 = 4k - 4 = 4 \cdot (k-1)$ Division durch 4 und $k-1 \neq 0$ ergibt:

$(k-1)^2 = 1$. \qquad Damit ergeben sich für k die weiteren

Werte $k_{1/2} = 1 \pm 1$. Da $k > 1$ sein soll, kommt nur $k = 1 + 1 = 2$ in Frage.

Damit geht die Gerade $y = \dfrac{2}{9} \cdot x - \dfrac{2}{9}$ durch den 2.Extrempunkt $EP\left[\dfrac{5}{3} \mid \dfrac{4}{27}\right]$ von $f_2(x)$.

f.) Um die Gleichungen $g(x)$ und $h(x)$, auf der alle Extrem- und Wendepunkte liegen, zu finden, müssen die jeweiligen Bedingungen nach k freigestellt und in die Funktionsvorschrift eingesetzt werden. Es ist:

$$x_E = \frac{2k+1}{3} \Leftrightarrow k = \frac{3x_E - 1}{2} \quad \text{und} \quad x_W = \frac{k+2}{3} \Leftrightarrow k = 3x_W - 2.$$

Setzt man k ein, so ergibt sich für $g(x) = \dfrac{1}{2} \cdot (x-1)^3$ die Kurve, auf der alle Extrempunkte liegen.

Genauso ergibt sich für $h(x) = 2 \cdot (x-1)^3$ die Kurve, auf der alle Wendepunkte liegen.

Ganzrationale Kurvenschar 3. Grades Nr. 4

4.)   Eine Kurvenschar mit der Gleichung $f_k(x) = x^3 - k \cdot x^2 + 1$ mit $k \in \mathbb{R}\backslash\{0\}$ ist gegeben und soll untersucht werden.

a.)   Untersuchen Sie den Graphen auf Extrem- und Wendepunkte hin.
Geben Sie gegebenenfalls die Kurve der Extrem- und Wendepunkte an.
Zeichnen Sie für $k = 2$ den Graphen von $f_2(x)$!

b.)   Bestimmen Sie die Nullstellen von $f_2(x)$, und berechnen Sie die Fläche A_1, die dieser Graph im <u>ersten</u> Quadranten mit der x-Achse einschließt!

c.)   Bestimmen Sie k so, dass die Wendetangente $t(x)$ dieses (anderen) Graphen durch den Ursprung geht!

d.)   Bestimmen Sie den Flächeninhalt A_2, den diese Wendetangente im <u>zweiten</u> Quadranten mit diesem (neuen) Graphen und der y-Achse einschließt!

Untersuchung einer ganzrationalen Funktionenschar 3. Grades;
(Lösungen der Aufgabe 4):

a.) Um die Extrem- und Wendepunkte zu finden, müssen die ersten drei Ableitungen gebildet werden. Es ergibt sich:

$$f'(x) = 3x^2 - 2kx$$

$$f''(x) = 6x - 2k$$

$$f'''(x) = 6$$

Die **Extrempunkte** findet man mit Hilfe der notwendigen Bedingung, indem die erste Ableitung gleich Null gesetzt werden muss:

$$0 = 3x^2 - 2kx = x \cdot (3x - 2k) .$$

Daraus kann sofort $x_{E1} = 0$ und $3x - 2k = 0$ also $x_{E2} = \frac{2}{3}k$ abgelesen werden.

Diese Werte müssen in die zweite Ableitung eingesetzt werden (hinr. Bedingung). Es ergibt sich: $f''(0) = -2k$.

Das heißt, für positive k-Werte liegt dort ein Hochpunkt HP vor und für negative k-Werte ein Tiefpunkt TP.

Also HP$[0 | 1]$, wenn $k > 0$ und

TP$[0 | 1]$, wenn $k < 0$ ist.

Wenn k den Wert $k = 0$ annimmt, soll hier ausgenommen sein, könnte aber später untersucht werden.

Genauso ist es mit $f''\left(\frac{2}{3}k\right) = 4k - 2k = 2k$. Es ist $2k < 0$, wenn $k < 0$;

Also HP$\left[\frac{2}{3}k \,|\, -\frac{4}{27}k^3 + 1\right]$, wenn $k < 0$ und

TP$\left[\frac{2}{3}k \,|\, -\frac{4}{27}k^3 + 1\right]$, wenn $k > 0$.

Die **Wendepunkte** findet man auf ähnliche Weise: Es muss die zweite Ableitung (notw. Bed.) gleich Null gesetzt werden.

Es ergibt sich: $0 = 6x - 2k \Leftrightarrow x_W = \frac{1}{3}k$.

Da die dritte Ableitung (hinr. Bed.) für alle x-Werte $\neq 0$ ist, liegt hier in jedem Fall ein Wendepunkt WP vor mit WP$\left[\frac{1}{3}k \,|\, -\frac{2}{27}k^3 + 1\right]$.

Um die **Kurve der Extrempunkte** zu finden, muss $x_E = \frac{2}{3}k$ nach k freigestellt und in f(x) eingesetzt werden. Es ist $k = \frac{3}{2}x_E$.

Eingesetzt in f(x) ergibt sich

$$y_E = -\frac{1}{2}x^3 + 1$$

für die Kurve, auf der alle Extrempunkte liegen.

Genauso findet man die **Kurve aller Wendepunkte**: $k = 3x_w$ ergibt eingesetzt:

$$y_w = -2x^3 + 1$$

die Kurve, auf der alle Wendepunkte liegen.

Graphen mit $k_1 = 1, k_2 = 2, k_3 = -3, k_4 = 4$ und Tangente mit $t(x) = -3x$
Kurven der Extrem- (Kreuze) und Wendepunkte (Punkte)
(ungleiche Achsenmaßstäbe)

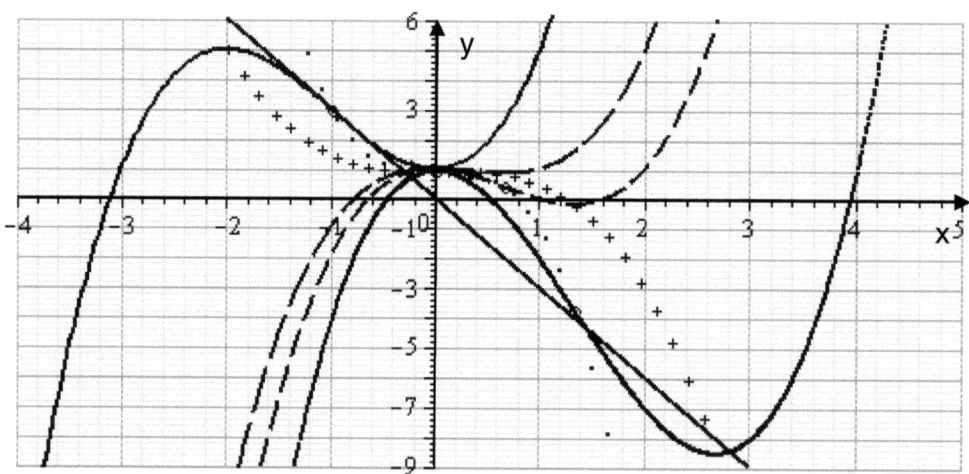

b.) Für die **Nullstellen** von $f_2(x)$ muss zunächst $k = 2$ eingesetzt werden.

Es ergibt sich: $f_2(x) = x^3 - 2x^2 + 1$.

Durch Raten, oder aus dem Graphen abgelesen, ergibt sich eine Nullstelle $x_{N1} = 1$.

Jetzt kann eine Polynomdivision durchgeführt werden. Diese liefert:

$(x^3 - 2x^2 + 1) : (x - 1) = x^2 - x - 1 = 0$.

Die p-q-Formel liefert die weiteren Werte: $x_{N2/3} = \dfrac{1}{2} \pm \sqrt{\dfrac{1}{4} + \dfrac{4}{4}} = \dfrac{1}{2} \pm \dfrac{1}{2}\sqrt{5}$.

Damit gibt es zwei weitere Nullstellen, bei: $x_{N2} = \dfrac{1}{2} + \dfrac{1}{2}\sqrt{5} \approx 1{,}618$ und bei:

$x_{N3} = \dfrac{1}{2} - \dfrac{1}{2}\sqrt{5} \approx -0{,}618$, was außerdem durch den Graphen (s. oben) bestätigt wird.

Jetzt kann die gesuchte Fläche A_1 im ersten Quadranten bestimmt werden. Es ist:

$$A_1 = \int_0^1 (x^3 - 2x^2 + 1)dx = \left[\frac{x^4}{4} - \frac{2}{3}x^3 + x\right]_0^1 = \frac{1}{4} - \frac{2}{3} + 1 - 0 = \frac{7}{12}.$$

Damit beträgt die im ersten Quadranten vom Graphen, der x-Achse und der y-Achse eingeschlossene Fläche, (wenn $k = 2$ ist.):

$$A_1 = \frac{7}{12}\,\text{F.E.} \approx 0{,}5833\,\text{F.E.}$$

c.) Die Gleichung der Wendetangente lautet allgemein: $t(x) = m \cdot x + b$.

Da sie durch den Ursprung verlaufen soll, ist $b = 0$.

Für die Steigung m der Tangente gilt: $m = f'(x_w)$.

Also ist $m = 3 \cdot \left(\dfrac{1}{3}k\right)^2 - 2k \cdot \dfrac{1}{3}k = \dfrac{1}{3}k^2 - \dfrac{2}{3}k^2 = -\dfrac{1}{3}k^2$.

Damit gilt:

$$t(x) = -\frac{1}{3}k^2 \cdot x \ .$$

Um den Wert für k zu erhalten, muss ausgenützt werden, dass Kurvenpunkt gleich Tangentenpunkt ist.

Es ergibt sich also am Wendepunkt (s. o.): $-\dfrac{2}{27}k^3 + 1 = -\dfrac{1}{3}k^2 \cdot \dfrac{1}{3}k$.

Diese Gleichung kann nun nach k freigestellt werden. Es ergibt sich:

$-\dfrac{2}{27}k^3 + \dfrac{1}{9}k^3 = -1 \Leftrightarrow \dfrac{1}{27}k^3 = -1$.

Daraus ergibt sich für $k = \sqrt[3]{-27} = -3$.

Damit lautet die gesuchte **Tangentengleichung der Wendetangente**:
$$t(x) = -3x \ .$$

Dies wird auch durch den Graphen (s. o.) bestätigt.

Der Punkt hat die Koordinaten $WP_{-3}[-1 \mid 3]$

Die Stelle, an dem die Tangente den Graphen berührt, lautet: $x = \dfrac{1}{3} \cdot (-3) = -1$.

Das ist damit gleichzeitig die untere Integrationsgrenze!

d.) Die gesuchte Fläche A_2 findet man durch

$$A_2 = \int_{-1}^{0} (f_{-3}(x) - t(x))dx \ .$$

$$A_2 = \int_{-1}^{0} (x^3 + 3x^2 + 1 - (-3x))dx = \left[\frac{x^4}{4} + x^3 + \frac{3x^2}{2} + x\right]_{-1}^{0} = 0 - \left(\frac{1}{4} - 1 + \frac{3}{2} - 1\right)$$

Damit hat die Fläche A_2 den Wert von :

$$A_2 = -\left(-\frac{1}{4}\right) = \frac{1}{4} \ \text{F.E.} = 0,25 \ \text{F.E.}$$

5.) Die zum Ursprung punktsymmetrischen Graphen einer ganzrationalen Funktion (Parabel) 3. Grades haben immer eine (weitere) Nullstelle bei $x = k$, mit $k \in \Re$ und $k \neq 0$. Sie schließen immer mit der x-Achse im ersten Quadranten eine Fläche von $A = 4$ F.E. ein.

a.) Zeigen Sie, dass die Vorschrift lauten muss: $\qquad f_k(x) = -\dfrac{16}{k^4} x^3 + \dfrac{16}{k^2} x \qquad$!

b.) Für welche Werte von k beträgt die Steigung des Graphen im Ursprung $m = 4$?

c.) Wie heißt die Gleichung der Funktion $y = g(x)$, auf der die Extrempunkte der Schar liegen ?

d.) Zeigen Sie, dass die Gleichung der Tangente am jeweiligen Schnittpunkt des Graphen mit der positiven x-Achse lautet: $\qquad t_1(x) = -\dfrac{32}{k^2} x + \dfrac{32}{k} \qquad$!

Geben Sie außerdem die Gleichung $t_2(x)$ der Tangente an die jeweiligen Graphen im Ursprung an!

e.) Bestimmen Sie die Fläche A_1, welche von den beiden Tangenten $t_1(x)$ und $t_2(x)$ und vom Graphen $f_k(x)$ im ersten Quadranten ganz eingeschlossen wird!

f.) Die Tangente $t_1(x)$ umschließt (im ersten, zweiten und dritten Quadranten) mit dem Graphen von $f_k(x)$ eine weitere Fläche A_2 vollständig. Berechnen Sie diese Fläche A_2 und zeigen Sie, dass diese nicht von k abhängt

Untersuchung einer ganzrationalen Funktionenschar 3. Grades;
(Lösungen der Aufgabe 5):

a.)   Die Gleichungen 3. Grades von zum Ursprung punktsymmetrischen Funktionen haben die allgemeine Vorschrift: $f(x) = ax^3 + bx$. Die Variablen a und b können aus den Aussagen der Aufgabenstellung wie folgt ermittelt werden:

$f(k) = 0 = a \cdot k^3 + b \cdot k$ (1)   „Nullstelle bei $x = k$". Aus (1) folgt durch Division mit $k \neq 0$ sofort:

$b = -a \cdot k^2$ (1a)

$A = \int\limits_0^k (ax^3 + bx)dx = 4$ (2) „im ersten Quadranten eine Fläche von 4 F.E."

Mit (1a) ergibt sich weiter:

$A = \int\limits_0^k (ax^3 - a \cdot k^2 x)dx = \left[\dfrac{a}{4}x^4 - \dfrac{a \cdot k^2}{2}x^2 \right]_0^k = \dfrac{a \cdot k^4}{4} - \dfrac{a \cdot k^4}{2} = -\dfrac{a \cdot k^4}{4} = 4$.   Daraus

ergibt sich aufgelöst nach a sofort:

$a = -\dfrac{16}{k^4}$ wird eingesetzt in (1a). Es folgt:

$b = -(-\dfrac{16}{k^2}) = \dfrac{16}{k^2}$.

Damit ergibt sich für die gesuchte Vorschrift:

$$f_k(x) = -\dfrac{16}{k^4}x^3 + \dfrac{16}{k^2}x, \qquad \text{q.e.d.}$$

b.)   Hierzu muss zunächst die erste Ableitung gebildet werden. Es ergibt sich:

$f_k{}'(x) = -\dfrac{48}{k^4}x^2 + \dfrac{16}{k^2}$ (3). Im Ursprung hat x den Wert $x = 0$.

Also ergibt sich für den Wert der Steigung $m = 4$ im Zusammenhang mit k.

$m = 4 = \dfrac{16}{k^2}$.

Aufgelöst nach k ergibt sich: $k^2 = 4$, oder $k = \pm 2$.
Wenn also $k = \pm 2$ gewählt wird, dann beträgt im Ursprung die Steigung $m = f{}'(0)$ des Graphen $m = 4$.

c.)   Um die Gleichung aller Extremstellen zu finden, muss die erste Ableitung gleich Null gesetzt und nach x freigestellt werden:

Aus Gleichung (3) (s. o.) folgt: $0 = -\dfrac{48}{k^4}x^2 + \dfrac{16}{k^2}$. Daraus ergibt sich:

$x_e^2 = \dfrac{1}{3}k^2$ oder $k^2 = 3x_e^2$.

Setzt man dies in $f_k(x)$ ein so ergibt sich:

$y = -\dfrac{16}{9x^4}x^3 + \dfrac{16}{3x^2}x = -\dfrac{16}{9x} + \dfrac{16}{3x} = \dfrac{32}{9} \cdot \dfrac{1}{x}$.

Das ist die Gleichung einer zum Ursprung punktsymmetrischen Hyperbel, auf der alle Hoch- und Tiefpunkte der Schar liegen.

d.) Die Tangentengleichung im Schnittpunkt der Schar mit der x-Achse, was der Fall bei $x^2 = k^2$ ist, hat die Steigung: $f_k`(k) = -\dfrac{48}{k^4}k^2 + \dfrac{16}{k^2} = -\dfrac{32}{k^2}$.

Damit gilt für: $t_1(x) = -\dfrac{32}{k^2}x + b$. (vorläufiges Ergebnis)

Jetzt muss noch ausgenützt werden, dass $t_1(k) = f_k(k) = 0$ ist.

Also ist $0 = -\dfrac{32}{k^2}k + n$ oder $n = \dfrac{32}{k}$.

Also lautet die Gleichung der Tangente im Schnittpunkt der Schar mit der x-Achse. :

$t_1(x) = -\dfrac{32}{k^2}x + \dfrac{32}{k}$

Die Gleichung $t_2(x)$ der Tangente an die Schar im Ursprung findet man leicht, indem in (3) für $x = 0$ eingesetzt und $b = 0$ gewählt wird: $t_2(x) = \dfrac{16}{k^2}x$.

e.) Um die von beiden Tangenten und der Schar eingeschlossene Fläche A_1 zu finden, muss der x-Wert des gemeinsamen Schnittpunktes der Tangenten bekannt sein. Dies geschieht durch Gleichsetzen der beiden Tangentengleichungen. Es ist:

$\dfrac{16}{k^2}x = -\dfrac{32}{k^2}x + \dfrac{32}{k}$.

Aufgelöst nach x ergibt sich: $\dfrac{48}{k^2}x = \dfrac{32}{k}$, oder $x_s = \dfrac{32}{48}k = \dfrac{2}{3}k$.

Damit können jetzt die beiden Teilflächen berechnet werden:

$A_{1a} = \displaystyle\int_0^{\frac{2}{3}k}\left(\dfrac{16}{k^2}x + \dfrac{16}{k^4}x^3 - \dfrac{16}{k^2}x\right)dx = \int_0^{\frac{2}{3}k}\dfrac{16}{k^4}x^3\,dx$.

$A_{1a} = \left[\dfrac{4}{k^4}x^4\right]_0^{\frac{2}{3}k} = \dfrac{4}{k^4}\cdot\dfrac{16k^4}{81} - 0 = \dfrac{64}{81}$.

Genauso wird die zweite Teilfläche bestimmt:

$A_{1b} = \displaystyle\int_{\frac{2}{3}k}^{k}\left(-\dfrac{32}{k^2}x + \dfrac{32}{k} + \dfrac{16}{k^4}x^3 - \dfrac{16}{k^2}x\right)dx = \int_{\frac{2}{3}k}^{k}\left(-\dfrac{48}{k^2}x + \dfrac{32}{k} + \dfrac{16}{k^4}x^3\right)dx$

$A_{1b} = \left[-\dfrac{24}{k^2}x^2 + \dfrac{32}{k}x + \dfrac{4}{k^4}x^4\right]_{\frac{2}{3}k}^{k} = -24 + 32 + 4 - \left(-\dfrac{32}{3} + \dfrac{64}{3} + \dfrac{64}{81}\right) = \dfrac{44}{81}$.

Damit ergibt sich

$$A_1 = A_{1a} + A_{1b} = \dfrac{64}{81} + \dfrac{44}{81} = \dfrac{108}{81} = \dfrac{4}{3}\,\text{F.E.}$$

Die gesuchte von beiden Tangenten und vom Graphen der Schar eingeschlossene Fläche A_1 beträgt also immer

$$A_1 = \dfrac{4}{3}\,\text{F.E..}$$

Sie ist damit immer gleich groß, weil, sie **unabhängig** von **k** ist.

f.)   Um die Fläche A_2 bestimmen zu können, muss der x-Wert des Schnittpunktes von $t_1(x)$ mit dem Graphen von $f_k(x)$ ermittelt werden. Dies gelingt durch Gleichsetzen der beiden Vorschriften: $-\dfrac{32}{k^2}x + \dfrac{32}{k} = -\dfrac{16}{k^4}x^3 + \dfrac{16}{k^2}x$.

Umstellen und Multiplikation mit $\dfrac{k^4}{16}$ ergibt: $x^3 - 3k^2 x + 2k^3 = 0$.

Da $x = k$ eine Lösung dieser Gleichung sein muss, kann eine Polynomdivision mit $(x - k)$ durchgeführt werden.

Diese liefert: $(x^3 - 3k^2 x + 2k^3) : (x - k) = x^2 + kx - 2k^2 = 0$.

Mit Hilfe der p,q-Formel findet man die weiteren Lösungen:

$$x_{2/3} = -\frac{k}{2} \pm \sqrt{\frac{k^2}{4} + 2k^2} = -\frac{k}{2} \pm \sqrt{\frac{k^2 + 8k^2}{4}} \text{ , also}$$

$$x_{2/3} = -\frac{k}{2} \pm \frac{3k}{2} \text{ oder } x_2 = -2k \text{ und } x_3 = k \text{ („doppelte Nullstelle")}.$$

Jetzt kann die gesuchte Fläche A_2 bestimmt werden. Es ist:

$$A_2 = \int\limits_{-2k}^{k} (-\frac{32}{k^2}x + \frac{32}{k} + \frac{16}{k^4}x^3 - \frac{16}{k^2}x)dx \qquad \text{also:}$$

$$A_2 = \left[-\frac{48}{k^2} \cdot \frac{x^2}{2} + \frac{32x}{k} + \frac{16}{k^4} \cdot \frac{x^4}{4} \right]_{-2k}^{k} = -24 + 32 + 4 - (-24 \cdot 4 - 32 \cdot 2 + 4 \cdot 16) \text{ ,}$$

damit ergibt sich:

$$A_2 = 12 + 96 = 108 \text{F.E.}$$

Damit ist gezeigt, dass auch A_2 immer einen gleichen Wert von $A_2 = 108\text{F.E.}$, **unabhängig von k**, hat.

Einige Kurven der Schar mit t(x) und Kurve der Extrempunkte
(ungleiche Achsenmaßstäbe)

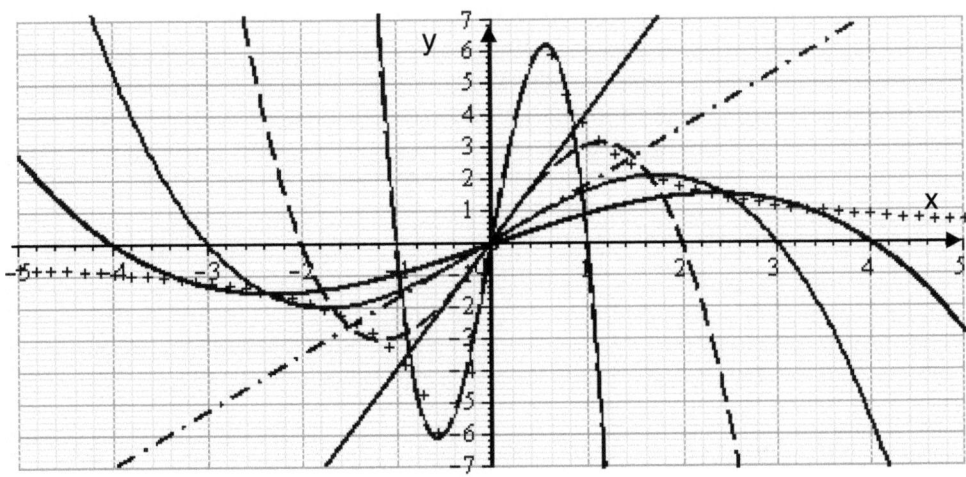

Untersuchung von e-Funktionen

1.) Gegeben ist eine Funktion mit der Gleichung: $f(x) = x \cdot e^{-x^2}$.

a.) Welche Eigenschaften kann man der Funktionsvorschrift sofort (also ohne Rechnung) entnehmen? ($\mathbb{D}$, y-Achsenabschnitt, Verhalten im Unendlichen, Symmetrien)

b.) Bilden Sie die ersten 3 Ableitungen!

c.) Führen Sie eine vollständige Kurvendiskussion durch!
(Nullstellen, Extrem- und Wendepunkte, Graph im Intervall $-3 \leq x \leq +3$)

d.) Bestätigen Sie, dass $F(x) = -\dfrac{1}{2}e^{-x^2} + C$ eine Stammfunktion von $f(x)$ ist und bestimmen Sie die <u>Gesamt</u>fläche A_1, die der Graph von $-\infty \leq x \leq +\infty$ mit der x-Achse einschließt!

e.) Vom Ursprung aus wird im <u>ersten</u> <u>Quadranten</u> eine Strecke bis zu einem bel. Graphenpunkt gezogen und dann wird mit der zugehörigen y- und x-Koordinate (im ersten Quadranten) ein Dreieck gebildet.
Für welchen x-Wert ist dessen Fläche $\mathbf{A_2}$ maximal?

Lösungen der e-Funktion Aufgabe 1:

a.) ID ist die Menge der reellen Zahlen. Der y-Achsenabschnitt ist $y_0 = 0$.

Der Graph ist punksymmetrisch zum Ursprung, da e^{-x^2} für positive wie negative x-Werte immer positiv ist.

Wenn $x \to \pm\infty$ dann geht $f(x) \to 0$, da $e^{-x^2} = \dfrac{1}{e^{x^2}}$ „stärker" $\to 0$ als $x \to \pm\infty$ geht.

b.) Ableitungen:
(Die Produkt- und Kettenregel wird bei allen 3 Abl. benötigt.)

$$f`(x) = 1 \cdot e^{-x^2} + x \cdot (-2x) \cdot e^{-x^2} = e^{-x^2} \cdot (1 - 2x^2)$$

$$f``(x) = -2x \cdot e^{-x^2} \cdot (1 - 2x^2) + e^{-x^2} \cdot (-4x) = e^{-x^2} \cdot (-2x + 4x^3 - 4x) = 2e^{-x^2} \cdot (2x^3 - 3x)$$

$$f```(x) = 2 \cdot ((-2x) \cdot e^{-x^2} \cdot (2x^3 - 3x) + e^{-x^2} \cdot (6x^2 - 3)) = 2 \cdot e^{-x^2} \cdot (-4x^4 + 12x^2 - 3)$$

c.) Kurvendiskussion

Nullstellen: Es ist $0 = x \cdot e^{-x^2}$. Die e-Funktion ist immer ungleich Null.
Also kommt als einzige Nullstelle nur $N[0 \mid 0]$ in Frage.

Extrempunkte: Hierzu wird die erste Ableitung Null gesetzt: $0 = e^{-x} \cdot (1 - 2x^2)$.
Da, wie oben gesagt, die e-Funktion nie Null ist, muss $1 - 2x_E^2 = 0$ sein.

Das ist gleichbedeutend mit: $x_{E1/2} = \pm\sqrt{\dfrac{1}{2}} = \pm\dfrac{1}{2}\sqrt{2} \approx \pm 0,707$.

Die notwendige Bedingung ist also erfüllt.
Die hinreichende Bedingung ist auch erfüllt, sie liefert:

$$f``(0,707) = 2 \cdot e^{-\frac{1}{2}} \cdot (2 \cdot \frac{1}{2} \cdot \frac{1}{2}\sqrt{2} - 3 \cdot \frac{1}{2}\sqrt{2}) = 2 \cdot e^{-\frac{1}{2}} \cdot (\frac{1}{2}\sqrt{2} - \frac{3}{2}\sqrt{2}) < 0.$$

Also liegt ein Hochpunkt vor bei: $HP\left[\dfrac{1}{2}\sqrt{2} \mid \dfrac{1}{2}\sqrt{2} \cdot e^{-\frac{1}{2}}\right] \approx HP[0,707 \mid 0,429]$.

Aus den oben genannten Symmetriegründen liegt ein Tiefpunkt vor bei:

$$TP\left[-\dfrac{1}{2}\sqrt{2} \mid -\dfrac{1}{2}\sqrt{2} \cdot e^{-\frac{1}{2}}\right] \approx TP[-0,707, -0,429].$$

Wendepunkte: Hierzu muss die zweite Ableitung gleich Null gesetzt werden.
Die e-Funktion ist immer ungleich Null.
Also ergibt sich: $0 = 2x^3 - 3x$ oder $0 = x \cdot (2x^2 - 3)$.

Daraus folgt: $x_{W1} = 0$ und $x_{W2/3} = \pm\dfrac{1}{2}\sqrt{6} \approx \pm 1,224$ als notwendige Bedingung.

Die hinreichende ist erfüllt für: $f```(0) = -6 \neq 0$.
Also gibt es einen Wendpunkt WP bei $WP_1[0 \mid 0]$

Ebenso bei: $f'''(\frac{1}{2}\sqrt{6}) = 2 \cdot e^{-6} \cdot (-4 \cdot 36 + 12 \cdot 6 - 3) = 2 \cdot e^{-6} \cdot (-75) \neq 0$.

Aus Symmetriegründen gilt das ebenfalls auch für: $x_w = -\frac{1}{2}\sqrt{6}$.

Also liegen weitere Wendepunkte vor bei:

$$WP_{2/3}\left[\pm\frac{1}{2}\sqrt{6} \mid \pm\frac{1}{2}\sqrt{6} \cdot e^{-\frac{3}{2}}\right] \approx WP[\pm 1,224 \mid \pm 0,0273].$$

Graph mit (optimierender) Flächenkurve des Dreieckes
(ungleiche Achsenteilungen)

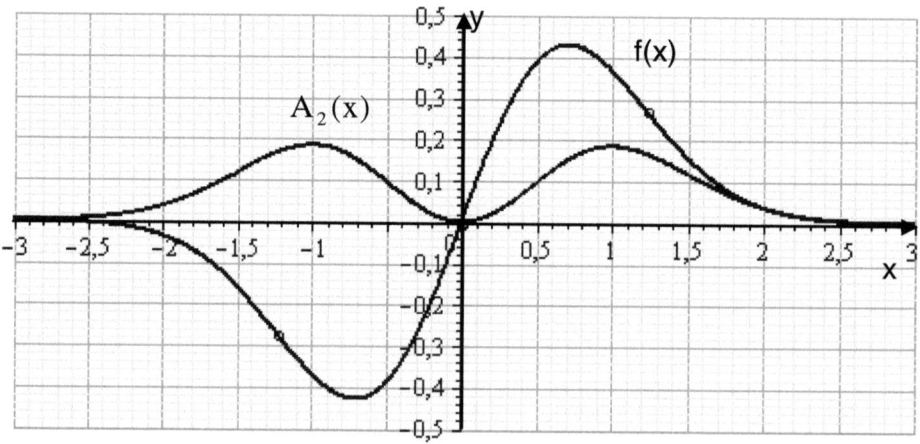

d.) <u>Stammfunktion:</u> Wenn man die Stammfunktion $F(x)$ ableitet, muss $f(x)$ herauskommen.

Es ist $F(x) = -\frac{1}{2}e^{-x^2} + C$, Also ist $F'(x) = -\frac{1}{2} \cdot (-2x) \cdot e^{-x^2}$. Daraus ergibt sich:

$$F'(x) = x \cdot e^{-x^2} = f(x), \qquad q.e.d..$$

Die gesuchte Fläche ist $A_1 = 2 \cdot \int\limits_0^\infty x \cdot e^{-x^2}\,dx$.

Der Faktor 2 ergibt sich aus Symmetriegründen, da nach der Gesamtfläche gefragt ist. Also ist:

$$A_1 = 2 \cdot \lim_{z\to\infty}\left[-\frac{1}{2} \cdot e^{-x^2}\right]_0^z = 2 \cdot \lim_{z\to\infty}\left(-\frac{1}{2} \cdot e^{-z^2} - (-\frac{1}{2})\right) = 2 \cdot (0 + \frac{1}{2}) = 1F.E.$$

Damit hat die ins Unendliche reichende <u>Gesamt</u>fläche A_1 einen endlichen Flächeninhalt. Er beträgt:

$$A_1 = 1\ F.E..$$

e.) Die gesuchte Dreiecksfläche berechnet sich zu:
$A_2 = \frac{1}{2} \cdot \text{Grundseite} \cdot \text{Höhe} = \frac{1}{2} \cdot x \cdot f(x):$

$$A_2 = \frac{1}{2} \cdot x \cdot f(x) = \frac{1}{2} \cdot x^2 \cdot e^{-x^2}.$$

Das Maximum findet man, indem die erste Ableitung gleich Null gesetzt wird:
Es finden (bei beiden Ableitungen) dabei die Produkten- und Kettenregel Anwendung.

$$A_2{}'(x) = \frac{1}{2} \cdot (2x \cdot e^{-x^2} + x^2 \cdot (-2x) \cdot e^{-x^2}) = e^{-x^2} \cdot (x - x^3) = e^{-x^2} \cdot x \cdot (1 - x^2) = 0.$$

Daraus ergibt sich als triviale Lösung $x_1 = 0$ aber auch $x_2 = \pm 1$.
Es kommt nur die positive Lösung in Frage (da nur der 1.Quadrant betrachtet wird)..
Durch Einsetzen in die zweite Ableitung ergibt sich:

$$A_2{}''(x) = -2x \cdot e^{-x^2} \cdot (x - x^3) + e^{-x^2} \cdot (1 - 3x^2) = e^{-x^2} \cdot (-2x^2 + 2x^4 + 1 - 3x^2), \text{ also}$$

$$A_2{}''(1) = e^{-1} \cdot (-2 + 2 + 1 - 3) = e^{-1} \cdot (-2) < 0, \text{ da die e-Funktion immer } > 0 \text{ ist.}$$

Damit ist die hinreichende Bedingung erfüllt, und es ist gezeigt, dass für $x = 1$ die Dreiecksfläche A_2 maximal wird. Sie beträgt, wenn $x = 1$ gewählt wird:

$$A_2(1) = A_{2\,max} = \frac{1}{2} \cdot 1 \cdot e^{-1} \approx 0,184 \text{F.E.}$$

Untersuchung von e-Funktionen

2.) Gegeben ist eine Funktion mit der Vorschrift: $f(x) = (x^2 - 2 \cdot x) \cdot e^{-\frac{1}{2} \cdot x}$.

a.) Bestimmen Sie den Definitionsbereich $\mathbb{D}$, mögliche Symmetrieeigenschaften und das Verhalten im Unendlichen von $f(x)$!

b.) Bilden Sie die ersten drei Ableitungen!

c.) Führen Sie eine vollständige Kurvendiskussion durch!
(Nullstellen, Extrem- und Wendepunkte) und skizzieren Sie den Verlauf des Graphen im Intervall $-1 \leq x \leq 10$.

d.) Bestätigen Sie, dass eine Stammfunktion $F(x)$ von $f(x)$ lautet:

$$F(x) = -2 \cdot (x^2 + 2 \cdot x + 4) \cdot e^{-\frac{1}{2} \cdot x} + C \quad !$$

e.) Welche Fläche A schließt der Graph im 4. Quadranten mit der x-Achse ein?

f.) Wie lautet die Gleichung der Tangente an die Kurve von $f(x)$ an der Stelle $x = 8$? Wie groß ist die Fläche A, die von dieser Tangente mit dem Graphen im ersten und vierten Quadranten bis zur Stelle $x = 8$ ganz eingeschlossen wird?

g.) Hat die Fläche A_1, die, vom Graphen und der x-Achse begrenzt, im ersten Quadranten bis ins Unendliche reicht, einen endlichen oder nicht endlichen Flächeninhalt?
Geben Sie A_1 gegebenenfalls an!

Lösungen der e-Funktion Aufgabe 2:

a.) ID ist die Menge der reellen Zahlen,

keine (üblichen) Symmetrien,

Verhalten im Unendlichen: Wenn $x \to +\infty$, dann $f(x) \to 0$, da die e-Funktion mit negativem Exponenten für große (positive) x-Werte immer die anderen Größen überwiegt.

Wenn $x \to -\infty$, dann geht $f(x) \to +\infty$, (erst recht).

b.) <u>Ableitungen:</u> Es ist: $f(x) = (x^2 - 2 \cdot x) \cdot e^{-\frac{1}{2} \cdot x}$.

(Die Produkt- und Kettenregel wird in allen drei Fällen angewandt.)

$$f'(x) = e^{-\frac{1}{2}x} \cdot (2x - 2) + (x^2 - 2x) \cdot (-\frac{1}{2}) \cdot e^{-\frac{1}{2}x}$$

$$f'(x) = e^{-\frac{1}{2}x} \cdot (2x - 2 - \frac{1}{2}x^2 + x) = e^{-\frac{1}{2}x} \cdot (-\frac{1}{2}x^2 + 3x - 2)$$

$$f''(x) = -\frac{1}{2}e^{-\frac{1}{2}x} \cdot (-\frac{1}{2}x^2 + 3x - 2) + e^{-\frac{1}{2}x} \cdot (-x + 3) = e^{-\frac{1}{2}x} \cdot (\frac{1}{4}x^2 - \frac{5}{2}x + 4)$$

$$f'''(x) = -\frac{1}{2}e^{-\frac{1}{2}x} \cdot (\frac{1}{4}x^2 - \frac{5}{2}x + 4) + e^{-\frac{1}{2}x} \cdot (\frac{1}{2}x - \frac{5}{2}) = e^{-\frac{1}{2}x} \cdot (-\frac{1}{8}x^2 + \frac{7}{4}x - \frac{9}{2})$$

c.) <u>Kurvendiskussion:</u>

<u>Nullstellen:</u> Um die Nullstellen zu finden, muss f(x) gleich Null gesetzt werden:

$$0 = (x^2 - 2x) \cdot e^{-\frac{1}{2}x}.$$

Da die e-Funktion nie Null werden kann, muss $x^2 - 2x = 0$ sein. Das ist gleichbedeutend mit $x \cdot (x - 2) = 0$. Das heißt, es ist $x_{N1} = 0$ und $x_{N2} = 2$.

Also gibt es 2 Nullstellen $N_1[0|0]$ und $N_2[2|0]$.

<u>Extrempunkte:</u> Hierzu muss die erste Ableitung gleich Null gesetzt werden; es gilt:

$$0 = e^{-\frac{1}{2}x} \cdot (-\frac{1}{2}x^2 + 3x - 2).$$

Aus dem gleichen Grund wie oben ist $0 = -\frac{1}{2}x^2 + 3x - 2$.

Damit die p - q-Formel verwendet werden kann, muss mit (–2) multipliziert werden.

Es ist: $x^2 - 6x + 4 = 0$, was zur Lösung $x_{E1/2} = 3 \pm \sqrt{9 - 4} = 3 \pm \sqrt{5}$ führt.

Es ist also mit $x_{E1} = 3 + \sqrt{5} \approx 5,236$ und $x_{E2} = 3 - \sqrt{5} \approx 0,764$ die notwendige Bedingung erfüllt.

Dies wird jeweils in die zweite Ableitung (als hinreichende Bedingung) eingesetzt.

Damit ergibt sich: $f''(5,236) \approx -0,163 < 0$.

Damit liegt bei x_{E1} ein Hochpunkt HP vor, mit: $HP[5,236|1,236]$.

Genauso liefert die zweite Ableitung: $f''(0,764) \approx 1,526 > 0$.

Damit liegt bei x_{E2} ein Tiefpunkt TP vor, mit: $TP[0,764| -0,644]$.

<u>Wendepunkte:</u> Hierzu muss als notwendige Bedingung die zweite Ableitung Null gesetzt werden.

Es ergibt sich: $\frac{1}{4}x^2 - \frac{5}{2}x + 4 = 0$. Wegen der p - q-Formel wird mit 4 multipliziert.

Es ergibt sich: $x^2 - 10x + 16 = 0$.

Die Lösungen lauten: $x_{W1/2} = 5 \pm \sqrt{25-16} = 5 \pm 3$.

Damit ist $x_{W1} = 8$ und $x_{W2} = 2$.

Eingesetzt in die 3. Ableitung folgt: $f'''(8) = 0{,}0275 \neq 0$. Genauso $f'''(2) \neq 0$.

Also liegen.2 Wendepunkte vor mit $WP_1[8\,|\,0{,}8794]$ und $WP_2[2\,|\,0]$.

Graph mit Wendetangente
(ungleiche Achsenmaßstäbe)

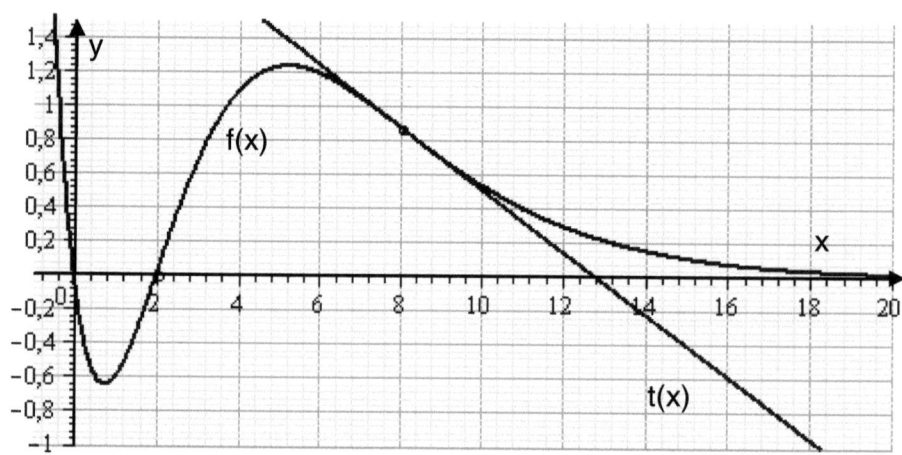

d.) Wenn $F(x) = -2 \cdot (x^2 + 2x + 4) \cdot e^{-\frac{1}{2}x}$ Stammfunktion von $f(x) = (x^2 - 2x) \cdot e^{-\frac{1}{2}x}$ sein soll, dann muss $F'(x) = f(x)$ ergeben. Es ist:

$$F'(x) = -2 \cdot ((x^2 + 2x + 4) \cdot (-\frac{1}{2} \cdot e^{-\frac{1}{2}x}) + (2x+2) \cdot e^{-\frac{1}{2}x})$$

$$F'(x) = -2 \cdot (-\frac{1}{2}x^2 - x - 2 + 2x + 2) \cdot e^{-\frac{1}{2}x}, \text{ oder}$$

$$F'(x) = (x^2 - 2x) \cdot e^{-\frac{1}{2}x} = f(x), \quad \text{q.e.d}$$

Damit ist gezeigt, dass $F(x)$ eine Stammfunktion von $f(x)$ ist.

e.) Nun kann die gesuchte Fläche A_1 im 4. Quadranten berechnet werden:

$$A_1 = -\int_0^2 f(x)dx = -[F(x)]_0^2 .$$

Das Minuszeichen steht deswegen, weil die Fläche unter der x-Achse liegt.

$$A_1 = -\left[-2 \cdot (x^2 + 2x + 4) \cdot e^{-\frac{1}{2}x} \right]_0^2 = 2 \cdot ((4+4+4) \cdot e^{-1} - 4 \cdot 1) = 24 \cdot e^{-1} - 8 \approx 0{,}829 \text{F.E.}$$

f.) Die Gleichung der Wendetangente an der Stelle $x_w = 8$ lautet: $t(x) = f'(8) \cdot x + b$.

Es ist $f'(8) = -10 \cdot e^{-4}$, s. o..

Also ist: $t(x) = -10 \cdot e^{-4} \cdot x + b \approx -0,1832 \cdot x + b$. (vorläufige Tangentengleichung)

Da $t(8) = f(8) = 48 \cdot e^{-4} = -10 \cdot e^{-4} \cdot 8 + b$, ergibt sich für $b = 128 \cdot e^{-4} \approx 2,344$.

Also lautet die (endgültige) Gleichung der Tangente:

$$t(x) = -10 \cdot e^{-4} \cdot x + 128 \cdot e^{-4} \approx -01832x + 2,344 \,.$$

Für die zu berechnende Fläche gilt daher:

$$A = \int_0^8 (t(x) - f(x))dx = \int_0^8 (-10 \cdot e^{-4} \cdot x + 128 \cdot e^{-4} - (x^2 - 2x) \cdot e^{-\frac{1}{2}x})dx \,.$$

Beachten Sie, dass $\int f(x)dx = F(x)$ bereits gegeben und damit bekannt ist. Also ist:

$$A = \left[e^{-4} \cdot (-5x^2 + 128x) - (-2 \cdot (x^2 + 2x + 4) \cdot e^{-\frac{1}{2}x}) \right]_0^8 \,. \quad \text{Das ergibt, eingesetzt :}$$

$$A = e^{-4} \cdot (-320 + 1024) - (-128 - 32 - 8) \cdot e^{-4} - (0 + 8) \cdot e^0$$

Damit ergibt sich für die gesuchte Fläche:

$$A = 872 \cdot e^{-4} - 8 \cdot e^0 \text{ F.E.} \approx 7,9712 \text{ F.E.}$$

g.) Die ersten Quadranten ins Unendliche reichende Fläche, (von der 2. Nullstelle ab), berechnet sich wie folgt:

$$A_1 = \lim_{z \to \infty} \int_2^z f(x)dx = \lim_{z \to \infty} \left[-2 \cdot (x^2 + 2x + 4) \cdot e^{-\frac{1}{2}x} \right]_2^z \,, \text{ also}$$

$$A_1 = \lim_{z \to \infty} (-2 \cdot (z^2 + 2z + 4) \cdot e^{-\frac{1}{2}z}) - (-2 \cdot (4 + 4 + 4) \cdot e^{-1}) = 2 \cdot 12 \cdot e^{-1} = 24 \cdot e^{-1} \,.$$

Die e-Funktion überwiegt alle anderen Terme, ($e^{-\frac{1}{2}z}$ geht stärker gegen Null als die anderen gegen Unendlich gehen), also geht der Limes $\to 0$.

Damit ergibt sich eine <u>endliche</u> Fläche A_1 mit dem Wert von:

$$A_1 = 24 \cdot e^{-1} \text{ F.E.} = \frac{24}{e} \text{ F.E.} \approx 8,830 \text{ F.E.}$$

Untersuchung von e-Funktion Aufgabe 3:

3.) Gegeben ist eine Funktion f(x) mit der Vorschrift: $f(x) = 4x \cdot e^{2x+2}$.

a.) Welche Eigenschaften kann man der Funktionsvorschrift direkt (ohne Rechnung) ablesen?
(Achsenabschnitte, Def.-Bereich, Symmetrien, Verhalten in Unendlichen)

b.) Bilden Sie die ersten drei Ableitungen!

c.) Führen Sie eine vollständige Kurvendiskussion durch!
(Nullstellen, Extrem- und Wendepunkte, Graph im Intervall $-3 \leq x \leq 0,5$)

d.) Zeigen Sie (durch partielle Integration), dass eine Stammfunktion F(x) von der gegebenen Funktion f(x) lautet:
$$F(x) = (2x - 1) \cdot e^{2x+2} .$$

e.) Überprüfen Sie, ob die Fläche A_1, welche im 3. Quadranten bis ins Unendliche reicht, einen endlichen Flächeninhalt hat. Geben Sie gegebenenfalls den Wert von A_1 an!

f.) Stellen Sie die Gleichung der Wendetange t(x) auf und berechnen Sie die Fläche A_2, welche vom Kurvengraphen, der x-Achse und der Tangente t(x) im 3. Quadranten vollständig eingeschlossen wird!

g.) Auf dem Graphen von f(x) wandere der Punkt $P(u \mid f(u))$, mit $u < 0$. Wie muss u gewählt werden, damit die Fläche A_3 des von u und f(u) gebildeten Rechteckes (die andere Seite liegt dabei immer auf der y-Achse) im dritten Quadranten maximal wird? Geben Sie den Wert dieser maximalen Fläche A_{max} an!

Lösungen der e-Funktion Aufgabe 3:

a.) Da die e-Funktion niemals Null werden kann, aber alle Werte von ihr mit x multipliziert werden, geht der Graph durch den Ursprung $[0\,|\,0]$.

Der Def.-Bereich ID ist IR.

Es liegen keine Symmetrien vor.

Wenn $x \to -\infty$, dann geht $f(x) \to 0$, da die e-Funktion alle anderen Werte überwiegt.

Wenn $x \to +\infty$, dann geht $f(x) \to +\infty$ und zwar „sehr stark",

wegen x^2 und der e-Funktion.

b.) <u>Ableitungen</u> Es ist: $f(x) = 4x \cdot e^{2x+2}$.

(hier muss in allen drei Fällen hauptsächl. die Produkt- und Kettenregel angewandt werden)

$f`(x) = 4e^{2x+2} + 4x \cdot 2e^{2x+2} = 4e^{2x+2} \cdot (1+2x)$

$f``(x) = 4 \cdot 2e^{2x+2} \cdot (2x+1) + 4e^{2x+2} \cdot 2 = 8e^{2x+2} \cdot (2x+2) = 16e^{2x+2} \cdot (x+1)$

$f```(x) = 32e^{2x+2} \cdot (x+1) + 16e^{2x+1} = 16e^{2x+2} \cdot (2x+2+1) = 16e^{2x+2} \cdot (2x+3)$

c.) Die Nullstellen sind oben bereits ermittelt, da der Graph durch den Ursprung verläuft und keine anderen „Null"-Werte mehr existieren können.

Also lautet die einzige Nullstelle $N[0\,|\,0]$.

<u>Extrempunkte:</u> Wegen der notw. Bed. muss die erste Ableitung gleich Null gesetzt werden. Es kann nur die „Klammer" Null werden:

Es ergibt sich: $0 = 4e^{2x+2} \cdot (1+2x) \Leftrightarrow x_E = -\frac{1}{2}$.

In die zweite Ableitung eingesetzt, folgt: $f``(-\frac{1}{2}) = 16e^1 \cdot \frac{1}{2} > 0$.

Daraus ergibt sich ein Tiefpunkt TP, mit $TP[-\frac{1}{2}\,|\,-2e] \approx TP[-\frac{1}{2}\,|\,-5{,}44]$.

<u>Wendepunkte:</u> Wegen der notw. Bed. muss die zweite Ableitung gleich Null gesetzt werden. Auch hier kann nur die „Klammer" Null werden.

Es ergibt sich. $0 = 16e^{2x+2} \cdot (x+1) \Leftrightarrow x_W = -1$.

Die dritte Ableitung ergibt: $f```(-1) = 16 \cdot 1 \cdot (-2+3) = 16 \neq 0$.

Damit gibt es genau einen Wendepunkt WP, mit $WP[-1\,|\,-4]$.

Graph mit Wendetangente und der Flächenkurve des zu optimierenden Rechteckes
(ungleiche Achsenmaßstäbe)

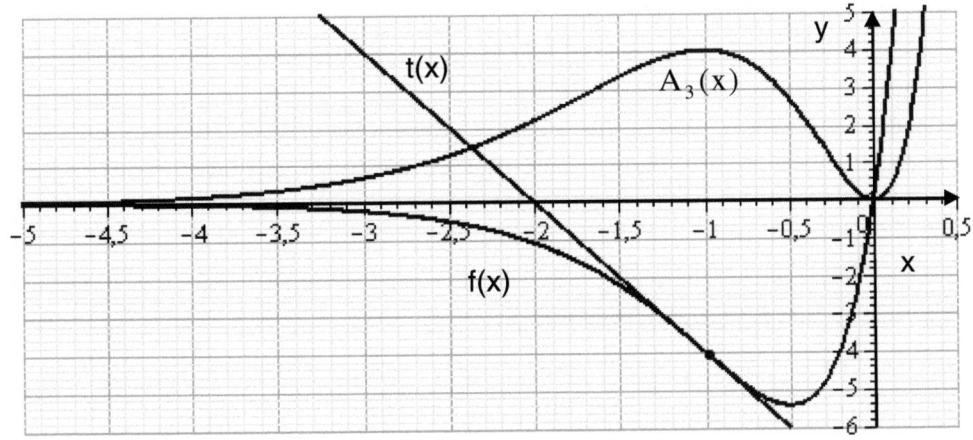

d.) $F(x) = 4 \int \left(x \cdot e^{2x+2} \right) dx$ wird mit Hilfe partieller Integration folgendermaßen gelöst:

Es wird gesetzt: $u = x$, dann ist $u` = 1$ und $v` = e^{2x+2}$, dann ist $v = \frac{1}{2} e^{2x+2}$.

Damit ergibt sich für die gesuchte Stammfunktion $F(x)$ nach den Regeln der partiellen Integration, für die immer gilt: $\int u \cdot v` dx = u \cdot v - \int u` \cdot v \, dx$:

$$F(x) = 4 \cdot \left(x \cdot \frac{1}{2} \cdot e^{2x+2} - \int 1 \cdot \frac{1}{2} e^{2x+2} dx \right) = 4 \cdot \left(\frac{x}{2} e^{2x+2} - \frac{1}{4} e^{2x+2} \right) = e^{2x+2} \cdot (2x - 1), \text{ q.e.d.}$$

e.) Um die Fläche A_1 zu finden, muss wie folgt integriert werden:

$$A_1 = \int\limits_{-\infty}^{0} 4x \cdot e^{2x+2} dx .$$

Da die Stammfunktion bereits bekannt ist (s. o.), gilt: $A_1 = \lim\limits_{z \to -\infty} \left[e^{2z+2} \cdot (2z-1) \right]_z^0$.

$A_1 = e^2 \cdot (-1) - \lim\limits_{z \to -\infty} (e^{2z+2} \cdot (2z-1)) = -e^2$, denn der $\lim\limits_{z \to -\infty} (e^{2z+2} \cdot (2z-1)) = 0$,

wegen der e-Funktion.

Da die Kurve unter der x-Achse liegt, muss der Betrag genommen werden.

Es liegt also ein endlicher Flächeninhalt A_1 vor mit

$$A_1 = e^2 \text{ F.E.} \approx 7,389 \text{ F.E.}$$

f.) Die Gleichung der Wendetangente $t(x)$ lautet: $t(x) = f`(x_W) \cdot x + b$.

Es ist $f`(x_W) = f`(-1) = 4 \cdot e^0 \cdot (1 - 2) = -4$.

Also ist $t(x) = -4x + b$ (vorläufig).

Die Koordinaten des Wendepunktes eingesetzt, liefern: $-4 = -4 \cdot (-1) + b$.

Damit ergibt sich $b = -8$.

Also lautet die (endgültige) Gleichung der Wendetangente: $t(x) = -4x - 8$.

Um die gesuchte Fläche A_2 zu finden, müssen zwei Integrale betrachtet werden::

$$I_1 = \left| \int\limits_{-\infty}^{-2} f(x) dx \right| \text{ und } I_2 = \int\limits_{-2}^{-1} (t(x) - f(x)) dx .$$

Die Integrationsgrenze $x = -2$ ergibt sich aus der Nullstelle der Wendetangente.

Es ist $I_1 = - \lim\limits_{z \to -\infty} \left[e^{2z+2} \cdot (2z - 1) \right]_z^{-2}$.

$I_1 = -e^{-2} \cdot (-4 - 1) - 0 = 5e^{-2}$. (Wie oben verschwindet der lim.)

Genauso ist: $I_2 = \left[-2x^2 - 8x - e^{2x+2} \cdot (2x - 1) \right]_{-2}^{-1}$.

$I_2 = -2 + 8 - 1 \cdot (-2 - 1) - (-8 + 16 - e^{-2} \cdot (-4 - 1)) = 9 - 8 - 5e^{-2} = 1 - 5e^{-2}$.

Damit beträgt $A_2 = I_1 + I_2 = 5e^{-2} + 1 - 5e^{-2} = 1$.

Das heißt, die ins Unendliche reichende Fläche, welche von der Wendetangente der x-Achse und dem Graphen im 3. Quadranten eingeschlossen ist, hat den Flächeninhalt

$$A_2 = 1 \text{ F.E.}$$

g.) Die betrachtete Fläche ist ein Rechteck. Damit berechnet sich der jeweilige Flächeninhalt aus $A_3 = \text{\textit{Grundseite mal Höhe}}$.

Also $A_3(x) = x \cdot f(x) = 4x^2 \cdot e^{2x+2}$. (Der Flächeninhalt wird positiv, da die Funktionswerte und der jeweilige x-Wert negativ sind.)

Es ist also $A_3(x)$ auf ein mögliches Maximum hin zu untersuchen.

(Wieder findet die Produkt- und Kettenregel Anwendung.)

Dies geschieht, indem die erste Ableitung von $A_3(x)$ gleich Null gesetzt wird:

$$A_3`(x) = 4 \cdot \left(2x \cdot e^{2x+2} + x^2 \cdot 2 \cdot e^{2x+2}\right) = 8 \cdot e^{2x+2} \cdot \left(x + x^2\right) = 8 \cdot e^{2x+2} \cdot x \cdot (1+x) = 0.$$

Daraus können sofort die beiden Werte $x_{E1} = -1$ und $x_{E2} = 0$ abgelesen werden.

Der zweite Wert $x = 0$ ist nicht relevant, da er das Minimum für den Flächeninhalt des Rechteckes beschreibt.

Für den Nachweis des Maximums muss die zweite Ableitung gebildet und nur $x = -1$ dort eingesetzt werden. Es ergibt sich:

$$A_3``(x) = 8 \cdot \left(2e^{2x+2} \cdot (x + x^2) + e^{2x+2} \cdot (1 + 2x)\right) = 8e^{2x+2} \cdot \left(2x + 2x^2 + 1 + 2x\right)$$

$$A_3``(x) = 8e^{2x+2} \cdot \left(2x^2 + 4x + 1\right).$$

Es ist $A_3``(-1) = 8 \cdot 1 \cdot (2 - 4 + 1) = 8 \cdot (-1) < 0$.

Daraus folgt, dass die Rechtecksfläche bei $x = -1$ ein Maximum annimmt, mit dem Wert von

$$A_{3\,max} = 4 \cdot 1 \cdot e^{-2+2} = 4 \cdot e^0 \text{ F.E.} = 4 \text{ F.E.}$$

Untersuchung von e-Funktionen

4.)   Gegeben sind die Funktionen f(x) und g(x) mit den Vorschriften: $f(x) = 2x \cdot e^{2-x}$ und
$g(x) = x^2 \cdot e^{2-x}$, mit $x \in \Re$.

In der unteren Zeichnung sind die zugehörigen Graphen G(f) und G(g) dargestellt:

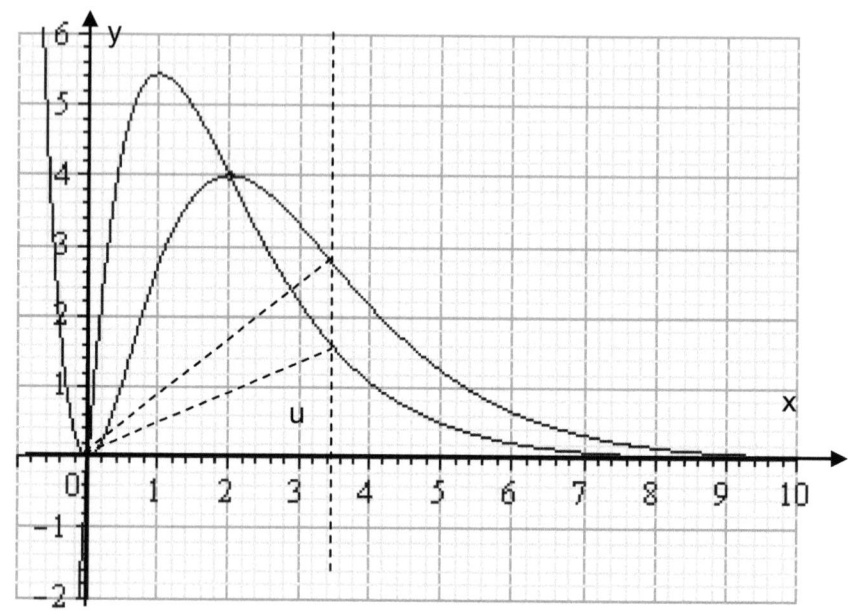

a.)   <u>Begründen</u> Sie, welches G(f) der Graph von f und welches G(g) der Graph von g sein muss.

Untersuchen Sie, ob der <u>Hochpunkt</u> von G(g) und der <u>Wendepunkt</u> von G(f) zusammenfallen!

b.)   Die Gerade $x = u$ mit $u > 2$ schneidet den Graphen von f im Punkt P und den Graphen von g im Punkt Q.   O bezeichnet den Koordinatenursprung.

Für welchen Wert von u ist der Flächeninhalt A des Dreieckes OPQ am größten?

Beschreiben Sie Ihren Lösungsansatz zur Flächenberechnung, und bestimmen Sie den gesuchten Wert von u und den Wert des max. Flächeninhaltes!

c.)   Im Fernsehen beginnt um 20.15 Uhr eine Sendung zu Gunsten einer Wohltätigkeitsaktion, in deren Verlauf die Zuschauer per Anruf einen Spendenbeitrag leisten können. Die innerhalb der vorhergehenden Minute eingegangenen Anrufe werden im Minutentakt t (t in Minuten) nach Start der Sendung registriert. Diese Anrufrate h(t) (Anzahl der Anrufe pro Minute) lässt sich näherungsweise beschreiben durch: $h(t) = \dfrac{t}{3} \cdot e^{2 - \frac{t}{60}}$.

1. Geben Sie an, wie der Graph zu h: $t \to h(t)$ mit $t \in \Re_0^+$ aus einem der beiden Graphen G(f) oder G(g) in a.) entsteht!

Bestätigen Sie, dass die Funktion H mit $H(t) = -20 \cdot (t + 60) \cdot e^{2 - \frac{t}{60}}$, $t \in \Re_0^+$ eine Stammfunktion zu h ist.

2. Berechnen Sie die registrierten Anrufraten um 21.15 Uhr und um Mitternacht. Ermitteln Sie die Anzahl <u>aller</u> registrierten Anrufe bis Mitternacht.

113

3. Berechnen Sie $\displaystyle\lim_{z\to\infty}\int_0^z h(t)\,dt$ und interpretieren Sie diesen Grenzwert hinsichtlich seiner Bedeutung in der Problemstellung.

Beurteilen Sie für diesen Aspekt die Brauchbarkeit der durch die Funktion h erfolgten Modellbildung für die reale Situation.

Lösungen der e-Funktion Aufgabe 4:

a.) Beide Graphen gehen durch den Ursprung, aber für negative x-Werte muss, wegen x^2 die Funktion $g(x) \to +\infty$ gehen, während $f(x) \to -\infty$ geht.

Beide Graphen müssen sich für $x \to +\infty$ asymptotisch der x-Achse nähern, was auch der Fall ist.

Den Hochpunkt von g(x) findet man, indem die erste Ableitung gleich Null gesetzt wird.

Also: $0 = g'(x) = 2x \cdot e^{2-x} + x^2 \cdot e^{2-x} \cdot (-1) = e^{2-x} \cdot (2x - x^2) = e^{2-x} \cdot x \cdot (2-x)$.

Daraus ergibt sich sofort $x_{E1} = 0$ und $x_{E2} = 2$.

Die 2.Ableitung liefert:

$g''(x) = (-1) \cdot e^{2-x} \cdot (2x - x^2) + e^{2-x} \cdot (2 - 2x) = e^{2-x} \cdot (-2x + x^2 + 2 - 2x)$ oder

$g''(x) = e^{2-x} \cdot (x^2 - 4x + 2)$.

Wegen $g''(2) = 1 \cdot (4 - 8 + 2) = -2 < 0$ liegt also bei $x = 2$ ein Hochpunkt HP vor, mit $HP[2 \mid 4]$.

$x_E = 0$ braucht bei dieser Aufgabenstellung nicht weiter untersucht zu werden.

Ebenso bildet man die 1. und 2. Ableitung von f(x). Es ist:

$f'(x) = 2 \cdot (1 \cdot e^{2-x} + x \cdot e^{2-x} \cdot (-1)) = 2e^{2-x} \cdot (1 - x)$ und

$f''(x) = 2 \cdot ((-1) \cdot e^{2-x} \cdot (1 - x) + e^{2-x} \cdot (-1)) = 2 \cdot e^{2-x} \cdot (-1 + x - 1) = 2 \cdot e^{2-x} \cdot (x - 2)$.

Da hier der Wendepunkt WP gesucht ist, muss die 2. Ableitung von f(x) gleich Null gesetzt werden:

$0 = 2 \cdot e^{2-x} \cdot (x - 2)$.

Daraus folgt sofort: $x_W = 2$.

Dass tatsächlich ein WP vorliegt, wird mit der 3. Ableitung entschieden:

$f'''(x) = 2 \cdot ((-1) \cdot e^{2-x} \cdot (x - 2) + e^{2-x} \cdot 1) = 2e^{2-x} \cdot (-x + 2 + 1) = 2e^{2-x} \cdot (3 - x)$.

Es ist: $f'''(2) = 2 \cdot 1 \cdot (3 - 2) \neq 0$.

Also liegt tatsächlich ein Wendepunkt WP vor mit $WP[2 \mid 4]$.

Der Hochpunkt von g(x) liegt also auf dem Wendepunkt von f(x).

b.) Die gesuchte Fläche A gehört zu einem Dreieck. Es ist

$A = \dfrac{1}{2} \cdot$ Grundseite (gr) $\cdot$ Höhe (h). Die Grundseite berechnet sich aus $gr = g(u) - f(u)$.

Die Höhe aus $h = u$.

Damit berechnet sich der gesuchte Flächeninhalt zu:

$A(u) = \dfrac{1}{2} u \cdot (f(u) - g(u)) = \dfrac{1}{2} u \cdot (u^2 - 2u) \cdot e^{2-u}$.

Damit ist: $A(u) = \dfrac{1}{2} \cdot (u^3 - 2u^2) \cdot e^{2-u}$.

Um das Maximum zu finden, muss die erste Ableitung gleich Null gesetzt werden. Also: (Auch hier findet die Ketten- und Produktregel Anwendung.)

$A'(u) = \dfrac{1}{2} \cdot ((3u^2 - 4u) \cdot e^{2-u} + (u^3 - 2u^2) \cdot (-1) \cdot e^{2-u}) = 0$.

$A'(u) = \dfrac{1}{2} \cdot (3u^2 - 4u - u^3 + 2u^2) \cdot e^{2-u} = \dfrac{1}{2} \cdot (-u^3 + 5u^2 - 4u) \cdot e^{2-u} = 0$.

Daraus ergibt sich: $u^3 - 5u^2 + 4u = 0 \Leftrightarrow u \cdot (u^2 - 5u + 4) = 0$.

Die Lösung $u = 0$ braucht wegen der Voraussetzung nicht weiter verfolgt zu werden.

Also liefert die p , q-Formel:

$$u_{1/2} = \frac{5}{2} \pm \sqrt{\frac{25}{4} - \frac{16}{4}} = \frac{5}{2} \pm \sqrt{\frac{9}{4}} = \frac{5}{2} \pm \frac{3}{2} \, . \quad u_1 = 4 \text{ und } u_2 = 1.$$

Wegen der Voraussetzung muss nur u_1 weiter verwendet und untersucht werden.

Man setzt diesen Wert in die 2. Ableitung ein. Es ist:

$$A``(u) = \frac{1}{2} \cdot ((-3u^2 + 10u - 4) \cdot e^{2-u} + (-u^3 + 5u^2 - 4u) \cdot (-1) \cdot e^{2-u}).$$

Das ergibt:

$$A``(u) = \frac{1}{2} \cdot (-3u^2 + 10u - 4 + u^3 - 5u^2 + 4u) \cdot e^{2-u} = \frac{1}{2} \cdot (u^3 - 8u^2 + 14u - 4) \cdot e^{2-u}.$$

Der Wert von u_1 wird in die 2.Ableitung eingesetzt. Es ergibt sich:

$$A``(4) = \frac{1}{2} \cdot (64 - 128 + 56 - 4) \cdot e^{-2} = -6e^{-2} < 0.$$

Damit ist gezeigt, dass der Flächeninhalt A des betrachteten Dreieckes bei $x = u = 4$ ein Maximum hat mit dem Wert von

$$A_{max} = \frac{16}{e^2} \text{ F.E.} \approx 2{,}1654 \text{ F.E.} \, .$$

c.)

1. h(t) ist aus dem Graphen von f(x) entstanden, indem der x-Wert (in der Vorschrift vorne) durch 6 und im Argument der e-Funktion durch 60 dividiert wurde. Dadurch wird der Graph in die Länge und in die Höhe gestreckt, aber der eigentliche Verlauf bleibt ähnlich wie bei dem von f(x), s. u.:

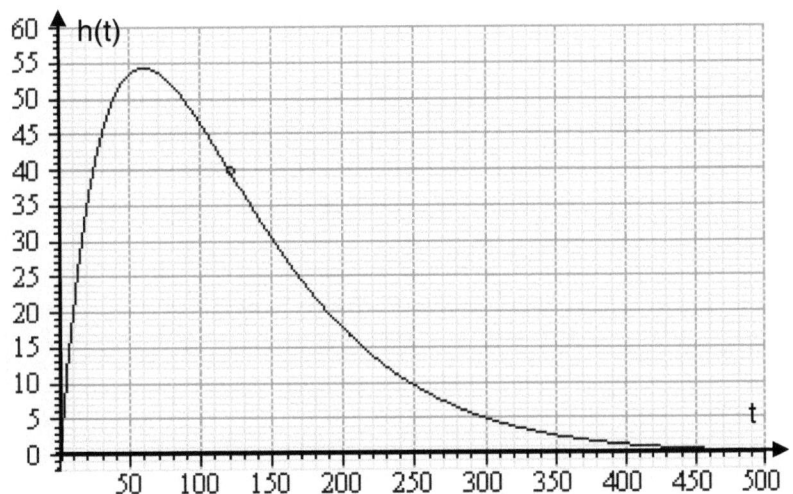

Wenn bestätigt werden soll, dass $H(t) = -20 \cdot (t + 60) \cdot e^{2 - \frac{t}{60}}$ eine Stammfunktion von h(t) sein soll, muss die erste Ableitung von H(t) gebildet werden. Es ist:

$$H`(t) = -20 \cdot (1 \cdot e^{2 - \frac{t}{60}} + (t + 60) \cdot e^{2 - \frac{t}{60}} \cdot (-\frac{1}{60})) = -20 \cdot e^{2 - \frac{t}{60}} \cdot (1 - \frac{t}{60} - 1) = \frac{t}{3} \cdot e^{2 - \frac{t}{60}} = h(t).$$

q.e.d.

2. Um 21:15 ist genau eine Stunde also 60 min. vergangen:
$h(60) = 20 \cdot e^{2-1} = 20e \approx 54,4$. So viele Anrufer haben sich also um 21:15 Uhr gemeldet. Genauso verfährt man um Mitternacht. Es sind bis dahin also $3\frac{3}{4} \cdot 60 = 225$ Minuten vergangen Es ergibt sich dann für die Zahl der Anrufer:

$h(225) = 75 \cdot e^{2-\frac{15}{4}} = 75 \cdot e^{-\frac{7}{4}} \approx 13,03$.

Insgesamt werden bis Mitternacht $N = \int\limits_{0}^{225} h(t)dt = \left[-20 \cdot (t+60) \cdot e^{2-\frac{t}{60}} \right]_{0}^{225}$ Personen angerufen haben. Es ergibt sich damit für N:

$N = -20 \cdot ((285) \cdot e^{2-\frac{15}{4}} - 60 \cdot e^2) = -5700e^{-\frac{7}{4}} + 1200e^2 \approx -990,51 + 8866,87 = 7876,4$.
Dies wird die Gesamtzahl der Personen sein, die bis Mitternacht angerufen haben könnten. (Es handelt sich ja um eine Modellierung.)

3. $N_{max} = \lim\limits_{z \to \infty} \left[-20 \cdot (z+60) \cdot e^{2-\frac{z}{60}} \right]_{0}^{z} = \lim\limits_{z \to \infty} \left(-20 \cdot (z+60) \cdot e^{2-\frac{z}{60}} \right) + 20 \cdot 60 \cdot e^2$

$N_{max} = 0 + 8866,9 = 8867$, wird die maximale Zahl der nach dieser zu Grunde liegenden Berechnung von zu erwartenden Personen sein.

Diese Zahl kann (eigentlich) nur eine Modellrechnung für den ersten Tag sein, da ja nichts über die nächsten Tage ausgesagt wird. Es könnte z. .Beisp. durchaus sein , dass an den nächsten Tagen sich noch eine Menge weiterer Personen beteiligen.

Extremwertaufgaben

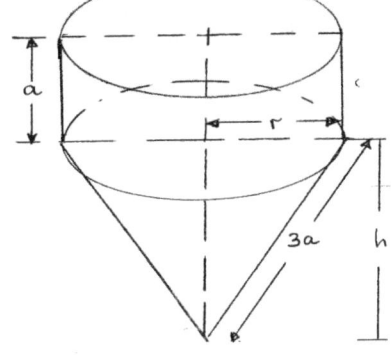

1.) In einem Wasserturm hat der Wasserbehälter die Form eines Kegels mit oben aufgesetztem Zylinder (siehe nebenstehende Skizze); der Zylinder ist oben offen.

Kegel und Zylinder haben beide den Radius r.

Die Höhe h_Z des Zylinders ist bekannt und hat immer den Wert $h_Z = a$,

der Kegel habe die Höhe h,

die Mantellinie s des Kegels betrage immer $s = 3 \cdot a$, mit $a > 0$.

a.) Zeigen Sie, dass das Volumen $V(h)$ des <u>gesamten</u> Behälters sich berechnen lässt zu:

$$V(h) = \pi \cdot (-\frac{1}{3} \cdot h^3 - a \cdot h^2 + 3 \cdot a^2 \cdot h + 9 \cdot a^3) \ !$$

b.) Welche Höhe h_e und welchen Radius r_e muss der Kegel (und der Zylinder) annehmen (bei gegebenem Wert für a), damit das Volumen V des gesamten Behälters ein Maximum annimmt?

Geben Sie V_{max} in Abhängigkeit von a an!

Rechnen Sie also zunächst mit dem allgemeinen Wert von a, und wenden Sie dann Ihr Ergebnis auf ein Zahlenbeispiel mit $a = 3$ m an!

c.) Der Innenraum des Behälters soll aus wasserdichtem Blech hergestellt werden. Wieviel Material A benötigt man für die Auskleidung des so optimierten Behälters?

Geben Sie auch hier die Materialmenge A zunächst in Abhängigkeit von a an, und berechnen Sie A dann für $a = 3$ m !

Lösungen der Extremwertaufgabe Nr. 1.):

a.) Das Volumen berechnet sich aus:
Zylinder mit Radius r und Höhe a plus Kegel mit gleichem Radius r und Höhe h:

$$V(r,h) = \pi \cdot r^2 \cdot a + \frac{1}{3} \cdot \pi \cdot r^2 \cdot h = \pi \cdot r^2 \cdot (a + \frac{1}{3} \cdot h), \qquad (1)$$

Nebenbedingung: rechtwinkliges Dreieck mit Hypothenuse 3a, also Pythagoras:

$$(3 \cdot a)^2 = h^2 + r^2 \text{ oder } 9 \cdot a^2 = h^2 + r^2,$$

da in beiden Termen r^2 auftritt, wird nach $r^2 = 9 \cdot a^2 - h^2$ \qquad (2)

freigestellt und in $V(r,h)$, Gl. (1), eingesetzt. Dies liefert:

$$V(h) = \pi \cdot (9 \cdot a^2 - h^2) \cdot (a + \frac{1}{3} \cdot h) = \pi \cdot (9 \cdot a^3 + 3 \cdot a^2 \cdot h - a \cdot h^2 - \frac{1}{3} \cdot h^3), \text{ oder}$$

$$V(h) = \pi \cdot (-\frac{1}{3} \cdot h^3 - a \cdot h^2 + 3 \cdot a^2 \cdot h + 9 \cdot a^3), \qquad \text{q.e.d.}$$

b.) Da das <u>Maximum</u> gesucht ist, wird die erste Ableitung nach h gebildet und gleich Null gesetzt.

$$V`(h) = \pi \cdot (-h^2 - 2 \cdot a \cdot h + 3 \cdot a^2) = 0, \qquad \text{Division durch } (-\pi) \text{ liefert}$$

$$h_e^2 + 2 \cdot a \cdot h_e - 3 \cdot a^2 = 0, \qquad \text{damit ergibt sich mit der p-q-Formel:}$$

$$h_{e1/2} = -a \pm \sqrt{a^2 + 3 \cdot a^2} = -a \pm \sqrt{4 \cdot a^2} = -a \pm 2 \cdot a,$$

da (wegen $h > 0$ und $a > 0$) negative Lösungen nicht in Frage kommen, ergibt sich:

$$h_e = a$$

Eingesetzt in (2), ergibt sich: $r_e^2 = 9 \cdot a^2 - a^2 = 8 \cdot a^2,$ \qquad oder

$$r_e = a \cdot \sqrt{8} = 2 \cdot a \cdot \sqrt{2} \approx 2{,}83 \cdot a$$

Dass es sich um ein Maximum handelt, kann mit Hilfe der zweiten Ableitung bestätigt werden. Es gilt:

$$V``(h) = \pi \cdot (-2 \cdot h - 2 \cdot a) < 0, \qquad \text{wenn } h = a \text{ eingesetzt wird.}$$

Damit ergibt sich für das maximale Volumen:

$$V_{max} = \pi \cdot (-\frac{1}{3} \cdot a^3 - a^3 + 3 \cdot a^3 + 9 \cdot a^3) = \frac{32}{3} \cdot \pi \cdot a^3$$

Wenn $a = 3m$ gewählt wird, ergibt sich

$$V_{max} = \frac{32}{3} \cdot \pi \cdot 27\, m^3 = 288 \cdot \pi\, m^3 \approx 904{,}78 m^3$$

c.) <u>Materialverbrauch</u>:

Die Oberfläche A besteht aus dem Kegelmantel M_K und dem Zylindermantel M_Z.

Also: $A = M_K + M_Z = \pi \cdot r_e \cdot s + 2 \cdot \pi \cdot r_e \cdot a = \pi \cdot r_e \cdot (s + 2 \cdot a)$.

Daraus ergibt sich mit den Ergebnissen von oben:

$$A = \pi \cdot 2 \cdot a \cdot \sqrt{2} \cdot (3 \cdot a + 2 \cdot a) = \pi \cdot 10 \cdot a^2 \cdot \sqrt{2} \approx 44,43 \cdot a^2$$

Mit dem gegebenem Maß von $a = 3m$ ergibt sich eine Oberfläche von:

$$A = 90 \cdot \pi \cdot \sqrt{2} \ m^2 \approx 399,86 \ m^2$$

Extremwertaufgaben

2.) Der Querschnitt eines unterirdischen Entwässerungskanals hat die Querschnittsfläche A und besteht aus einem Rechteck der Breite b und der Höhe h mit aufgesetztem Halbkreis (siehe nebenstehende Skizze).

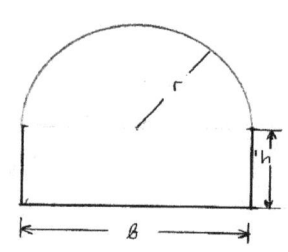

Der gesamte Umfang l der (kostenintensiven) Ausmauerungskosten soll bei gleichem Querschnitt A minimiert werden.

a.) Zeigen Sie, dass sich l berechnen lässt zu: $l(b) = \dfrac{2 \cdot A}{b} + b \cdot (1 + \dfrac{\pi}{4})$.

b.) Wie sind die Breite b_e und die Höhe h_e des Rechteckes zu wählen, damit zur Ausmauerung des Kanals bei gleicher Querschnittsfläche A so wenig Material wie möglich benötigt wird?
Geben Sie für b_e und h_e zunächst einen von A abhängigen allgemeinen Ausdruck an!
In welchem Verhältnis stehen b_e und h_e zueinander?

c.) Zeigen Sie, dass l_{min} sich berechnet zu: $l_{min} = \sqrt{2 \cdot A \cdot (4 + \pi)}$!

d.) Rechnen Sie nun mit einem konkreten Zahlenbeispiel und geben Sie die Werte an von b_e, h_e und l_{min}, wenn $A = 8m^2$ betragen soll!

Lösungen der Extremwertaufgabe Nr. 2.):

a.) <u>Ansatz:</u>

$$l = b + 2 \cdot h + \frac{b}{2} \cdot \pi,$$

(Umfang des gesamten Kanals, siehe Skizze oben, halber Kreisumfang mit Radius $r = \frac{1}{2} \cdot b$, wird eingesetzt in: $\frac{U}{2} = \frac{1}{2} \cdot 2 \cdot \pi \cdot r = \pi \cdot \frac{b}{2}$)

<u>Nebenbedingung:</u> $A = b \cdot h + \frac{1}{2} \cdot \pi \cdot \left(\frac{b}{2}\right)^2$, Rechteck- und halbe Kreisfläche

ergibt: $b \cdot h = A - \frac{\pi}{8} \cdot b^2$, oder $h = \frac{A}{b} - \frac{\pi}{8} \cdot b$, dies wird eingesetzt in l, es ergibt sich:

$$l(b) = b + \frac{2 \cdot A}{b} - \frac{\pi}{4} \cdot b + \frac{b}{2} \cdot \pi = \frac{2 \cdot A}{b} + b \cdot \left(1 + \frac{\pi}{4}\right), \quad \text{q.e.d.}$$

b.)

Da das Minimum gesucht wird, muss die erste Ableitung gebildet werden:

$$l'(b) = -\frac{2 \cdot A}{b^2} + 1 + \frac{\pi}{4}, \text{ denn } \frac{2 \cdot A}{b} = 2 \cdot A \cdot b^{-1}.$$

Die erste Ableitung wird gleich Null gesetzt:

$$-\frac{2 \cdot A}{b_e^2} + 1 + \frac{\pi}{4} = 0 \text{ und nach } b_e \text{ freigestellt: } b_e = \sqrt{\frac{2 \cdot A}{1 + \frac{\pi}{4}}} = \sqrt{\frac{2 \cdot A}{\frac{4 + \pi}{4}}} = 2 \cdot \sqrt{\frac{2 \cdot A}{4 + \pi}}$$

(Es kommt nur die positive Wurzel in Frage, da b positiv sein muss.)

Die zweite Ableitung ist wegen $b_e > 0$ in jedem Falle positiv, denn: $l''(b_e) = \frac{4 \cdot A}{b^3}$.

Also liegt für b_e ein <u>Minimum</u> vor.

b_e eingesetzt in h, und Erweitern des ersten Bruchterms mit $\sqrt{\frac{2 \cdot A}{4 + \pi}}$ liefert:

$$h_e = \frac{A}{2\sqrt{\frac{2 \cdot A}{4 + \pi}}} - \frac{\pi}{8} \cdot 2\sqrt{\frac{2 \cdot A}{4 + \pi}} = \frac{A \cdot \sqrt{\frac{2 \cdot A}{4 + \pi}}}{\frac{2 \cdot 2 \cdot A}{4 + \pi}} - \frac{\pi}{4} \cdot \sqrt{\frac{2 \cdot A}{4 + \pi}}$$

$$h_e = \frac{4 + \pi}{4} \cdot \sqrt{\frac{2 \cdot A}{4 + \pi}} - \frac{\pi}{4} \cdot \sqrt{\frac{2 \cdot A}{4 + \pi}} = \left(\frac{4 + \pi}{4} - \frac{\pi}{4}\right) \cdot \sqrt{\frac{2 \cdot A}{4 + \pi}} = \sqrt{\frac{2 \cdot A}{4 + \pi}} = \frac{1}{2} \cdot b_e$$

Das heißt, h muss immer halb so groß wie b gewählt werden, wenn der Umfang minimiert werden soll.

c.) $l_{min} = b_e + 2 \cdot \frac{1}{2} \cdot b_e + \pi \cdot \frac{1}{2} \cdot b_e = b_e \cdot \left(2 + \frac{\pi}{2}\right) = 2 \cdot \sqrt{\frac{2 \cdot A}{4 + \pi}} \cdot \left(\frac{4 + \pi}{2}\right) = \sqrt{2 \cdot A(4 + \pi)}$

d.) Wenn $A = 8m^2$ ist, dann ergibt sich für $l = \sqrt{16 \cdot (4 + \pi)} \approx \sqrt{114,27}\,\text{m} \approx 10,69\,\text{m}$.

$$b = 2 \cdot \sqrt{\frac{16}{4 + \pi}} \approx 2 \cdot \sqrt{2,24}\,\text{m} \approx 2 \cdot 1,497\,\text{m} \approx 2,994\,\text{m} \text{ und } h \approx 1,497\,\text{m}$$

Extremwertaufgaben

3.) Ein Zelt hat die Form eines Quaders mit quadratischer Grundfläche und oben aufgesetzter (senkrechter) Pyramide. (siehe nebenstehende Skizze)

Die Länge und Breite des Quaders sei x und die Höhe des Quaders ist a, wobei a > 0 gegeben sei.

Die (schräge) Mantellinie s (Dachkante) der Pyramide betrage immer s = 3 · a .

Die Höhe der aufgesetzten Pyramide sei y.

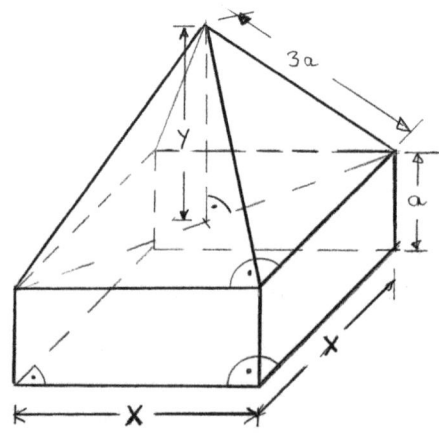

a.) Zeigen Sie zunächst, dass das Volumen V_Z des Zeltes sich berechnen lässt zu:

$$V_Z(y) = -\frac{2}{3} \cdot y^3 - 2 \cdot a \cdot y^2 + 6 \cdot a^2 \cdot y + 18 \cdot a^3 \quad !$$

b.) Welche Höhe y muss die Pyramide und welche Breite und Länge x muss der Quader haben, damit das Volumen V_Z des Zeltes ein Maximum annimmt?

Geben Sie zunächst das maximal mögliche Volumen $V_{Z\,max}$ des Zeltes in Abhängigkeit von a an!

Welches max. Volumen $V_{Z\,max}$ ergibt sich, wenn für a = 1,80m angenommen wird?

c.) Die Zeltwände werden aus Stoff hergestellt. Welche Stoffmenge A_{ges} wird für dieses optimierte Zelt mindestens benötigt?

Geben Sie auch hier die Stoffmenge zunächst in Abhängigkeit von a an, und berechnen Sie A_{ges} dann für $a = 1,80m$!

Lösungen der Extremwertaufgabe Nr. 3.):

a.) $\qquad V_Z(x,y) = \frac{1}{3} \cdot G \cdot y + x^2 \cdot a = \frac{1}{3} \cdot x^2 \cdot y + a \cdot x^2,$ $\qquad\qquad\qquad$ (1)

Volumen der Pyramide mit G als Grundfläche und Volumen des Quaders

<u>Nebenbedingungen:</u> hier ist es günstig x^2 zu eliminieren, weil es zweimal vorkommt.

Dies geschieht durch:

$x^2 + x^2 = d^2$, Pythagoras für die Länge der Diagonale d, also ist $x^2 = \frac{d^2}{2}$ $\qquad$ (2)

und:

$y^2 + \left(\frac{d}{2}\right)^2 = (3 \cdot a)^2$, erneuter Pythagoras-Ansatz für das Dreieck der Pyramidenspitze.

Es ergibt sich:

$\frac{d^2}{4} = 9 \cdot a^2 - y^2$ $\qquad\qquad\qquad\qquad\qquad\qquad\qquad\qquad\qquad$ (3),

Multiplikation mit 2 ergibt: $\qquad \frac{d^2}{2} = 18 \cdot a^2 - 2 \cdot y^2,$

damit ergibt sich mit Gleichung (2): $x^2 = 18 \cdot a^2 - 2 \cdot y^2,$

dies wird eingesetzt in Gl. (1), es folgt:

$V_Z(y) = \frac{1}{3} \cdot (18 \cdot a^2 - 2 \cdot y^2) \cdot y + a \cdot (18 \cdot a^2 - 2 \cdot y^2) = 6 \cdot a^2 \cdot y - \frac{2}{3} \cdot y^3 + 18 \cdot a^3 - 2 \cdot a \cdot y^2$

oder: $\qquad\qquad V_Z(y) = -\frac{2}{3} \cdot y^3 - 2 \cdot a \cdot y^2 + 6 \cdot a^2 \cdot y + 18 \cdot a^3,$ $\qquad$ q.e.d.

b.) $\qquad$ Zum Auffinden des Maximums muss die erste Ableitung von V_Z nach y gebildet und

gleich Null gesetzt werden. Es ist:

$V_Z{}'(y) = -2 \cdot y^2 - 4 \cdot a \cdot y + 6 \cdot a^2 = 0$, Division durch (-2) liefert:

$y_e{}^2 + 2 \cdot a \cdot y_e - 3 \cdot a^2 = 0$, mit Hilfe der p-q-Formel ergibt sich:

$y_{e1/2} = -a \pm \sqrt{a^2 + 3 \cdot a^2} = -a \pm 2 \cdot a$, negative Lösungen können bei diesem Problem

nicht in Frage kommen. Also gilt:

$$\underline{y_e = a}.$$

Dass es sich wirklich um ein Maximum handelt, kann man mit Hilfe der zweiten

Ableitung zeigen:

$V_Z{}''(y) = -4 \cdot y - 4 \cdot a < 0$, da sowohl y_e als auch a größer als Null sind.

Aus Gl. (3) ergibt sich: $\dfrac{d^2}{4} = 9 \cdot a^2 - a^2$, wenn $y_e = a$ eingesetzt wird. Daraus ergibt

sich durch Multiplikation mit 2: $\qquad \dfrac{d^2}{2} = 18 \cdot a^2 - 2 \cdot a^2 = 16 \cdot a^2$,

also ist mit Gl. (2):

$x^2 = 16 \cdot a^2$ oder

$$\underline{x_e = 4 \cdot a}$$

(Auch hier kommt nur die positive Lsg. In Frage.)

Damit ergibt sich für das maximale Volumen des Zeltes in Abh. von a:

$$V_{Z\,max}(a) = \frac{1}{3} \cdot (4 \cdot a)^2 \cdot a + (4 \cdot a)^2 \cdot a = \frac{16}{3} \cdot a^3 + 16 \cdot a^3 = \frac{16}{3} \cdot a^3 + \frac{48}{3} \cdot a^3,$$

oder als Endergebnis:

$$\underline{V_{Z\,max} = \frac{64}{3} \cdot a^3}$$

Das liefert mit $a = 1.8m$ oder $x = 7,20m$ und $y = 1,8m$ ein Volumen von:

$$V_{Z\,max} = \frac{64}{3} \cdot 1,8^3 \, m^3 \approx 124,416 \, m^3$$

c.) Für die Berechnung des verwendeten Stoffmaterials muss zunächst die Größe der Dreiecksfläche einer Dachfläche der Pyramide bestimmt werden: Die Fläche eines Dreieckes A_D bestimmt sich aus: $A_D = \dfrac{1}{2} \cdot g \cdot h$. Hier ist, wieder mit Hilfe des Satzes des Pythagoras: $h^2 + \left(\dfrac{1}{2} \cdot x\right)^2 = (3 \cdot a)^2$ oder $h = \sqrt{9 \cdot a^2 - \dfrac{1}{4} \cdot x^2}$, das ergibt mit $x_e = 4 \cdot a$:

$$h = \sqrt{9 \cdot a^2 - \frac{1}{4} \cdot 16 \cdot a^2} = \sqrt{5 \cdot a^2} = a \cdot \sqrt{5}, \text{ daraus folgt:}$$

$$A_D = \frac{1}{2} \cdot 4 \cdot a \cdot a \cdot \sqrt{5} = 2 \cdot a^2 \cdot \sqrt{5},$$

Dann ist die Gesamtfläche des Zeltes:

$A_Z = 4 \cdot (a \cdot x_e + A_D) = 4 \cdot (a \cdot 4 \cdot a + 2 \cdot a^2 \cdot \sqrt{5}) = 16 \cdot a^2 + 8 \cdot a^2 \cdot \sqrt{5}$, also

$$A_Z = 8 \cdot a^2 \cdot (2 + \sqrt{5}) \approx 33,89 \cdot a^2$$

Wenn $a = 1,8m$, dann ergibt sich für die Zeltfläche:

$$A_Z \approx 109,8 m^2$$

Extremwertaufgaben

4.) Ein rechteckiges Blatt der Papierfläche A (siehe nebenstehende Skizze) soll immer eine bedruckte Fläche von $B = 288\,\text{cm}^2$ besitzen.

Auf dem Blatt selbst sollen oben und unten je 2 cm und rechts und links je 1 cm freier Rand bleiben.

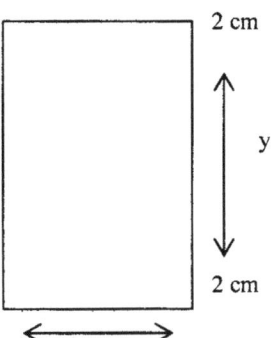

a.) Zeigen Sie, dass die Fläche A(x) ausgedrückt werden kann

durch: $A(x) = \dfrac{576}{x} + 4x + 296$!

(cm – und cm^2 – Einheiten wurden weggelassen.)

b.) Welche Maße von a und b muss das Blatt erhalten, damit der Papier-Materialaufwand für A so gering wie möglich ist ?

c.) Gegeben ist nun die Funktionenschar $f_k(x) = \dfrac{576 \cdot k}{x} + 4x$.

In welchem Zusammenhang steht $f_k(x)$ mit A(x) ?

d.) Diskutieren Sie die Funktionenschar $f_f(x)$, mit $k \in \Re^+ \backslash 0$, indem Sie $f_k(x)$ untersuchen auf den Def.-Bereich ID, auf Nullstellen, Extrem- und Wende<u>punkte</u> hin.

Zeichnen Sie die Graphen der Schar für $k = \dfrac{1}{4}, k = 1,$ und $k = 4$ im Intervall $-40 \le x \le +40$.

(10 Einheiten auf der x-Achse $\hat{=}$ 1 cm und 100 Einheiten auf der y-Achse $\hat{=}$ 1 cm.)

e.) Gibt es von $f_k(x)$ eine Asymptote und eine Kurve aller Extrempunkte ?
Wenn ja, wie lauten deren Gleichungen ?
Zeichnen Sie deren Graphen gegebenenfalls mit ein !

Lösungen der Extremwertaufgabe Nr. 4.):

a.) (Alle cm und cm^2 -Einheiten wurden weggelassen.)
Die gesuchte Fläche ist $A = a \cdot b$. Dabei ist $a = x + 2$ und $b = y + 4$.

Die Nebenbedingung lautet. $x \cdot y = 288$. Daraus folgt $y = \dfrac{288}{x}$.

Damit ergibt sich: $b = \dfrac{288}{x} + 4$.

Dies wird eingesetzt für b, in der Gleichung für A, damit nur eine Variable x in der Flächenformel auftritt

Die Gleichung für die zu optimierende Fläche lautet demnach: $A = (x + 2) \cdot (\dfrac{288}{x} + 4)$.

Das ergibt: $A(x) = 288 + 4x + \dfrac{576}{x} + 8 = \dfrac{576}{x} + 4x + 296 = 576 \cdot x^{-1} + 4x + 296$, q.e.d.

(x^{-1} wegen der zu bildenden ersten Ableitung).

b.) $A(x)$ soll optimiert werden. Dazu sind die ersten beiden Ableitungen erforderlich.

Es ist: $A`(x) = -\dfrac{576}{x^2} + 4$. Dies wird gleich Null gesetzt (notw. Bedingung).

Es ergibt sich: $-\dfrac{576}{x^2} + 4 = 0 \Leftrightarrow x^2 = \dfrac{576}{4} = 144$.

Also ist: $x_{E1/2} = \pm 12$.

(Das negative Ergebnis braucht wegen des vorliegenden geom. Problems nicht berücksichtigt zu werden.)

Die 2. Ableitung ergibt $A``(x) = \dfrac{2 \cdot 576}{x^3} = \dfrac{1152}{x^3}$

Eingesetzt von $x_E = 12$ in die 2. Ableitung ergibt: $A``(12) = \dfrac{1152}{1728} > 0$.

Damit hat $A(x)$ bei: $x_{E1} = 12$ ein Minimum. (hinr. Bed.)

Es muss also $a = 12 + 2 = 14$ und $b = \dfrac{288}{12} + 4 = 24 + 4 = 28$ gewählt werden.

Die minimale Papier-Fläche beträgt also: $A_{min} = 14 \cdot 28 \, cm^2 = 392 \, cm^2$.

Graph von A(x) mit Asymptote

(ungleiche Achsenmaßs täbe)

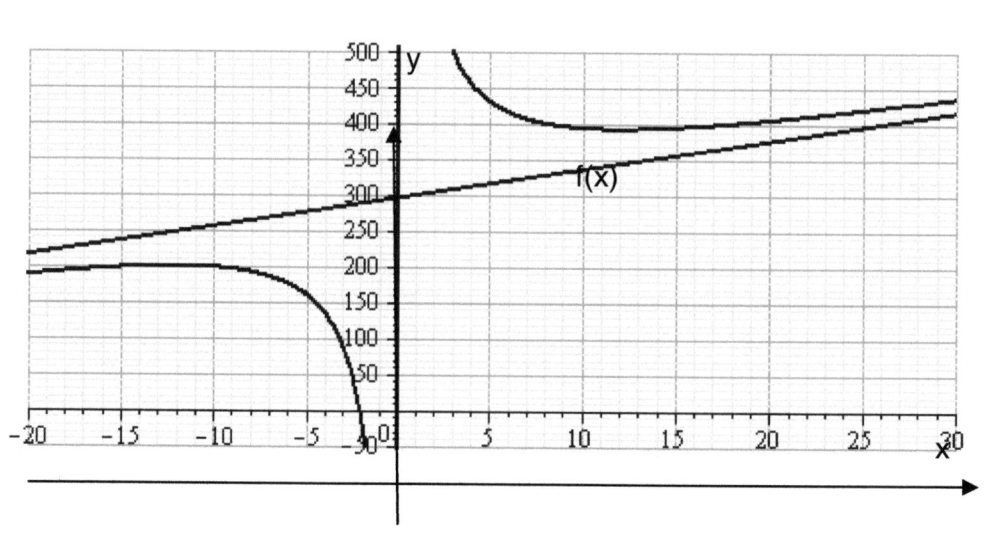

c.) Die gegebene Funktionenschar $f_k(x)$ ist für $k=1$ identisch mit A(x), aber um 296 Einheiten parallel zur y-Achse nach „unten" verschoben.
Es werden sich für unterschiedliche k-Werte also „ähnliche" Kurven ergeben.
<u>Alle</u> Kurven haben bei $x=0$ eine Polstelle und <u>alle</u> Kurven sind punktsymmetrisch zum Ursprung.

d.) Der Def.-Bereich ist $\mathbb{D} = \Re \notin 0$. Für die <u>Nullstellen</u> muss $f_k(x) = 0$ gesetzt werden.

Es ergibt sich: $f_k(x) = \dfrac{576 \cdot k}{x} + 4x = 0 \Leftrightarrow 4x^2 = -576k$.

Da $k > 0$, hat diese Gleichung keine Lösung im Reellen. Also gibt es <u>keine</u> Nullstellen.

<u>Extremwerte:</u>
Zunächst muss die erste Ableitung gebildet und gleich Null gesetzt werden (notw. Bed.).

Es ist $f_k{}^{`}(x) = -\dfrac{576k}{x^2} + 4 = 0$.

Das liefert: $x_{E1/2} = \pm\sqrt{144k} = \pm 12\sqrt{k}$.

Eingesetzt in die 2. Ableitung $f_k{}^{``}(x) = \dfrac{1152k}{x^3}$ ergibt sich

$f_k{}^{``}(x_{E1/2}) = \dfrac{1152k}{(\pm 12\sqrt{k})^3} \neq 0$.

Damit liegt ein Hochpunk HP vor bei $HP\left[-12\sqrt{k} \mid -96\sqrt{k}\right]$ und ein Tiefpunkt TP bei $TP\left[12\sqrt{k} \mid 96\sqrt{k}\right]$.

Es kann keine <u>Wendepunkte</u> geben, da hierfür die notwendige Bedingung nicht erfüllt ist, denn : $f_k{}^{``}(x) = \dfrac{1152k}{x^3} \neq 0$.

Graphen und Kurve aller Extrempunkte (Kreuzchen)
$$k = \frac{1}{4}, \; k = 1, \; k = \frac{3}{2}, \; k = 4$$
(ungleiche Achsenmaßstäbe)

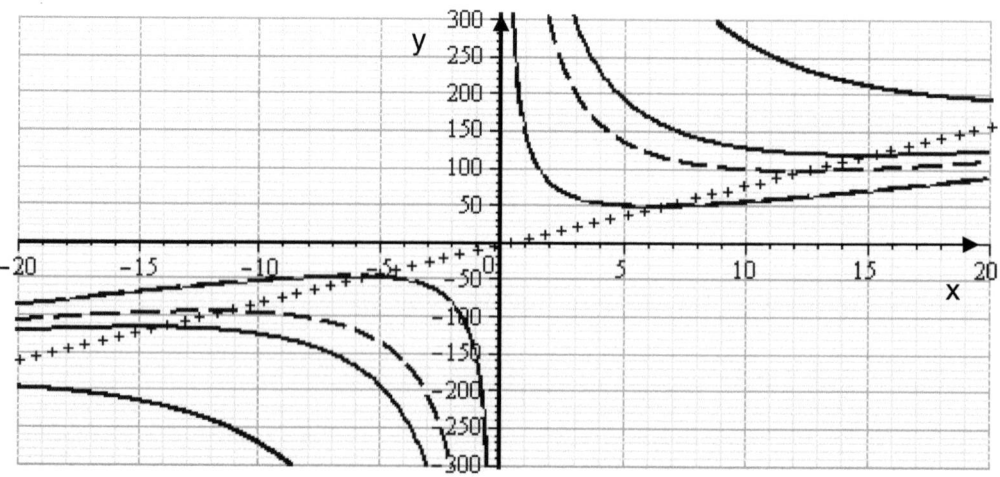

e.) <u>Kurve aller Extrempunkte:</u>
Hierzu muss die Aussage über alle Extremwerte nach k freigestellt und in die Funktionsvorschrift eingesetzt werden.

Es ist: $x_{E1/2} = \pm 12\sqrt{k}$.

Also ergibt sich eingesetzt

$$x^2 = 144k \Leftrightarrow k = \frac{x^2}{144} .$$

Das liefert: $f_k(x) = y = \frac{576x^2}{144x} + 4x = 4x + 4x$.

Damit lautet die „Kurve" aller Extrempunkte

$$y = 8x .$$

Das ist eine Ursprungsgerade mit der Steigung 8.

<u>Asymptoten:</u> Asymptoten beschreiben das Verhalten der Funktionswerte für $x \to \pm\infty$.

Man erkennt sofort, dass, wenn $x \to \pm\infty$, der Ausdruck $\frac{576k}{x} \to 0$ geht.

Es bleibt als Asymptotengleichung also nur übrig:

$$y_A = 4x .$$

Das ist ebenfalls eine Ursprungsgerade aber mit der Steigung 4.

Extremwertaufgabe Nr. 5
(Ballonaufgabe, mit Variante)

Ein Heißluftballon startet zum Zeitpunkt $x_1 = 0h$ von einer Höhe von $f(0) = 0m$ aus

weich, (d.h. mit der Anfangsgeschwindigkeit von: $v = f'(x) = 0\frac{m}{h}$). Nach der Zeit

von $x_2 = 6h$ landet er wieder <u>weich</u> auf einer Höhe von $f(6) = 432m$.

Zum Zeitpunkt von $x_3 = 1h$ befand er sich auf einer Höhe von $f(1) = 107m$.

Man kann diesem Vorgang eine ganzrationale Funktion 4. Grades mit der Gleichung:
$$f(x) = a \cdot x^4 + b \cdot x^3 + c \cdot x^2 + d \cdot x + e$$
zuordnen, wenn die Variable x für die Zeit steht, und die jeweilige Höhe durch $f(x)$ ausgedrückt wird.

a.)   Zeigen Sie, dass die Vorschrift lauten muss:

$$f(x) = 3 \cdot x^4 - 40 \cdot x^3 + 144 \cdot x^2 \quad !$$

(Dabei wurden die oben gemachten Angaben verwertet.)

b.)   Zu welchem Zeitpunkt x_e erreichte der Ballon seine maximale Höhe?

Wie groß war diese Höhe?

Zeichnen Sie einen Ausschnitt des Graphen von $f(x)$ im Intervall von $[-0,5 | 6,5]$!

(x-Achse: $1h \,\widehat{=}\, 1cm$; y-Achse: $100m \,\widehat{=}\, 1cm$)

c.)   Zu welchem Zeitpunkt x_4 hatte der Ballon seine größte Steiggeschwindigkeit?

Wie groß war diese Geschwindigkeit $f'(x_4)$ und wie hoch war er dort?

d.)   Welche Geschwindigkeit war während des gesamten betrachteten Fluges größer, seine Steig- oder seine Sinkgeschwindigkeit?

e.)   Während sie im Steigflug begriffen sind, fliegen sie über einen Grashang, dessen ansteigende Kurve durch die Vorschrift $z(x) = 18x^2$ beschrieben werden kann, (im Intervall $0,5 \leq x \leq 4,5$). Skizzieren Sie den Verlauf des Grashanges in Ihrem Bild mit dem Graphen von f(x)! Zu welchem Zeitpunkt x_t ist die vertikale Entfernung h zwischen Ballon und Grashang maximal? Wie groß ist diese Entfernung $h(x_t)$?

e.)   **Variante, (etwas schwieriger) :**
Während sie im Steigflug begriffen sind, fliegen sie über einen Grashang, dessen ansteigende Kurve durch die Vorschrift $z(x) = 9,36x^2$ beschrieben werden kann, (im Intervall $0,5 \leq x \leq 7$). Skizzieren Sie den Verlauf des Grashanges in Ihrem Bild mit dem Graphen von f(x)! Zu welchem Zeitpunkt $\mathbf{x_t}$ ist die vertikale Entfernung h zwischen Ballon und Grashang maximal? Wie groß ist diese Entfernung $h(x_t)$?

Lösungen der Extremwertaufgabe Nr. 5.):

Lösung der Ballonaufgabe:

a.) $\quad f(0) = 0 = e$ $\qquad$ (1) 0 wurde in f(x) eingesetzt

$f'(x) = 4 \cdot a \cdot x^3 + 3 \cdot b \cdot x^2 + 2 \cdot c \cdot x + d,$ $\qquad$ (erste Ableitung von $f(x)$)

$f'(0) = 0 = d$ $\qquad$ (2) 0 wurde in f'(x) eingesetzt

$f(6) = 432 = 1296 \cdot a + 216 \cdot b + 36 \cdot c$ $\qquad$ (3) 6 wurde in f(x) eingesetzt

$f'(6) = 0 = 864 \cdot a + 108 \cdot b + 12 \cdot c$ $\qquad$ (4) 6 wurde in f'(x) eingesetzt

$f(1) = 107 = a + b + c$ $\qquad$ (5) 1 wurde in f(x) eingesetzt

Gleichung (3) wird durch 36 und Gleichung (4) wird durch 12 dividiert.

Es ergibt sich:

$12 = 36 \cdot a + 6 \cdot b + c$ $\qquad$ (3a)

$\underline{0 = 72 \cdot a + 9 \cdot b + c}$ $\qquad$ (4a) von(3a) minus (4a) liefert:

$12 = -36 \cdot a - 3 \cdot b$ $\qquad$ (6)

$0 = 72 \cdot a + 9 \cdot b + c$ $\qquad$ (4a)

$\underline{107 = a + b + c}$ $\qquad$ (5) ebenso (4a) minus (5) :

$-107 = 71 \cdot a + 8 \cdot b$ $\qquad$ (7)

Gl. (7) wird mit 3 und Gl. (6) wird mit 8 multipliziert, es ergibt sich:

$-321 = 213 \cdot a + 24 \cdot b$ $\qquad$ (7a)

$\underline{96 = -288 \cdot a - 24 \cdot b}$ $\qquad$ (6a); Addition beider Gl. liefert:

$-225 = -75 \cdot a$ $\qquad$ (8); Division durch (-75) liefert:

$a = 3$ $\qquad$ dies wird eingesetzt z. Bsp. in (6), es ergibt sich:

$12 = -108 - 3 \cdot b$ oder $3 \cdot b = -120$, daraus folgt:

$b = -40,$ $\qquad$ die Werte von a und b werden nun eingesetzt z. Bsp. in (5), es folgt:

$107 = 3 + (-40) + c,$ $\qquad$ daraus ergibt sich:

$c = 107 + 37$ $\qquad$ oder

$c = 144$

Damit ist gezeigt, dass die Vorschrift lautet:

$$f(x) = 3 \cdot x^4 - 40 \cdot x^3 + 144 \cdot x^2 \quad , \quad \text{q.e.d.}$$

b.) Um die maximale Höhe des Ballons zu finden, müssen die Extremwerte dieser Funktion gefunden werden. Dies geschieht mit Hilfe der ersten Ableitung, die gleich Null gesetzt wird:

$f`(x) = 12 \cdot x^3 - 120 \cdot x^2 + 288 \cdot x = 0$,   daraus folgt:

$x_e \cdot (12 \cdot x_e^2 - 120 \cdot x_e + 288) = 0$,   daraus folgt:

$x_{e1} = 0 \vee (12 \cdot x_e^2 - 120 \cdot x_e + 288) = 0$ der Wert von x_{e1} stellt gewissermaßen

eine Probe dar, da der Ballon ja weich gestartet wurde. Es gilt jetzt noch die anderen

Extremwerte zu finden: Division durch 12 liefert:

$x_e^2 - 10 \cdot x_e + 24 = 0$ damit liefert die p-q-Formel:

$x_{e2/3} = 5 \pm \sqrt{25 - 24} = 5 \pm 1$ also:

$x_{e2} = 6$,   (auch das ist eine Probe, da der Ballon weich landete)

und für den 3. Wert ergibt sich:

$x_{e3} = 4$.

Ob hier wirklich ein Maximum vorliegt, wird mit Hilfe der zweiten Ableitung überprüft. Es ist:

$f``(x) = 36 \cdot x^2 - 240 \cdot x + 288$,   es ergibt sich mit $x_{e3} = 4$:

$f``(4) = 576 - 960 + 288 = -96 < 0$,   also liegt tatsächlich ein Hochpunkt HP

vor!   Dessen Koordinaten lauten: $HP[4 \mid f(4)]$ oder $HP[4 \mid 512]$.

Der Ballon erreichte also seine größte Höhe über N.N nach $x_e = 4\,h$,

sie betrug dort $y_e = 512\,m$.

Ballonflugkurve mit Grashang und Entfernungskurve

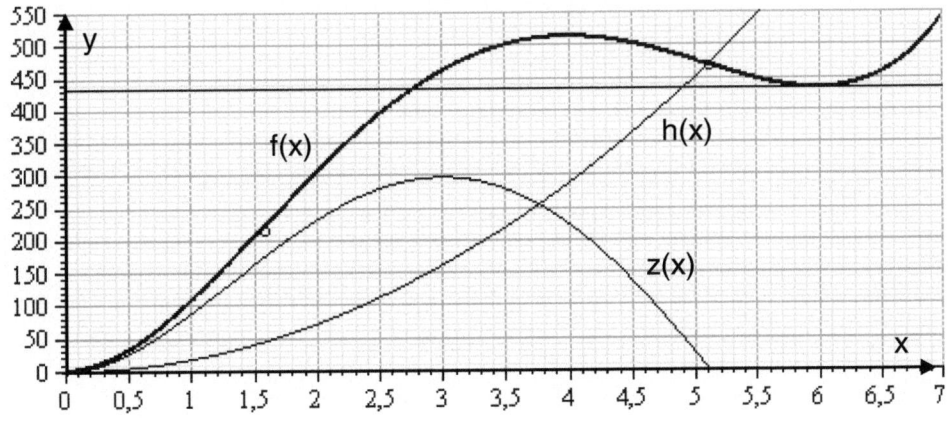

c.) Um das Maximum der Steig- bezw. der Sinkgeschwindigkeit zu finden, muss man die erste Ableitung auf Hoch- bezw. Tiefpunkte hin untersuchen. Das heißt, man bildet die zweite Ableitung und setzt diese dann gleich Null. Im Wesentlichen untersucht man also f(x) auf Wendepunkte hin. Es ist:

$f``(x) = 36 \cdot x^2 - 240 \cdot x + 288 = 0$,   (siehe oben), Division durch 36 ergibt:

$x^2 - \dfrac{20}{3} \cdot x + 8 = 0$,   damit liefert die p-q-Formel:

$x_{w1/2} = \dfrac{10}{3} \pm \sqrt{\dfrac{100}{9} - \dfrac{72}{9}} = \dfrac{10}{3} \pm \dfrac{2}{3} \cdot \sqrt{7}$ oder

$x_{w1} = \dfrac{10}{3} + \dfrac{2}{3} \cdot \sqrt{7} \approx 5{,}097$

$x_{w2} = \dfrac{10}{3} - \dfrac{2}{3} \cdot \sqrt{7} \approx 1{,}569$

Mit Hilfe der dritten Ableitung kann nun gezeigt werden, dass wirklich Wendepunkte vorliegen:

$f```(x) = 72 \cdot x - 240$ es ergibt sich: $f```(x_{w1/2} \neq 0)$

Damit liegt die größte Steiggeschwindigkeit vor nach ca. $x_{w2} \approx 1{,}6 \, h$ auf einer Höhe von $y = f(x_{w2}) \approx 218{,}25 \, m$. Sie betrug dort: $v_{steig} \approx f`(1{,}6) \approx 0{,}2 \, \dfrac{km}{h}$.

d.) Die größte Sinkgeschwindigkeit lag also vor nach ca. $x_{w1} \approx 5{,}1 \, h$ auf einer Höhe von ca. $y = f(x_{w1}) \approx 469{,}20 \, m$. Sie betrug dort: $v_{sink} \approx f`(5{,}1) \approx -0{,}061 \, \dfrac{km}{h}$. Also war die größte Steiggeschwindigkeit erheblich größer als die größte Sinkgeschwindigkeit!

e.) Die vertikale Entfernung zwischen Ballon und Grashang beträgt: $h(x) = f(x) - z(x)$. Das ist: $h(x) = 3x^4 - 40x^3 + 144x^2 - 18x^2 = 3x^4 - 40x^3 + 126x^2$. Um das Maximum zu finden, muss die erste Ableitung gebildet werden und gleich Null gesetzt werden. Es ergibt sich: $h`(x) = 12x^3 - 120x^2 + 252x = 0$ oder $12x \cdot (x^2 - 10x + 21) = 0$. Damit kann auf die Klammer sofort die p-q-Formel angewandt werden. Es ergibt sich: $x_{t1/2} = 5 \pm \sqrt{25 - 21} = 5 \pm \sqrt{4} = 5 \pm 2$, (nur der Wert 3 liegt im Intervall), also $x_t = 3$. Dieser Wert muss in die zweite Ableitung eingesetzt werden: $h``(x) = 36x^2 - 240x + 252$, oder $h``(3) = -144 < 0$, also liegt bei $x_t = 3h$ maximale Entfernung vor. Diese beträgt:

$h(3) = 297 \, m$. (Wert wird auch durch Entfernungskurve s. o. bestätigt.)

Lösung der Variante:

$h(x) = f(x) - z(x) = 3x^4 - 40x^3 + 134{,}64x^2$.

Es ergibt sich für die erste Ableitung: $h`(x) = 12x^3 - 120x^2 + 269{,}28x$.

Es wird das Maximum gesucht, also : $0 = 12x^3 - 120x^2 + 269{,}28x$.

Man kann x vorklammern: $0 = x \cdot (12x^2 - 120x + 269{,}28)$. Es kommt $x = 0$ nicht in

Frage, das wäre am Anfang des Ballonfluges und ist sicher ein Minimum.

Es ergibt sich mit der p-q-Formel: $12 \cdot (x^2 - 10x + 22{,}44) = 0$.

Daraus folgt: $x_{e1/2} = 5 \pm \sqrt{25 - 22{,}44} = 5 \pm \sqrt{2{,}56} = 5 \pm 1{,}6$

Also: $x_e = 5 - 1{,}6 = 3{,}4$. Also nach $t = 3{,}4\,h$ war die Entfernung zwischen Ballon und

Boden maximal. Dass wirklich ein Maximum vorliegt, kann man mit der zweiten

Ableitung zeigen: $h``(x) = 36x^2 - 240x + 269{,}28$.

Da $h``(3{,}4) = -130{,}56 < 0$, liegt also wirklich eine maximale Entfernung vor.

Diese beträgt: $h(3{,}4) = 385{,}1792\,m$.

Ballonflugkurve mit Grashang (Variante) und Entfernungskurve

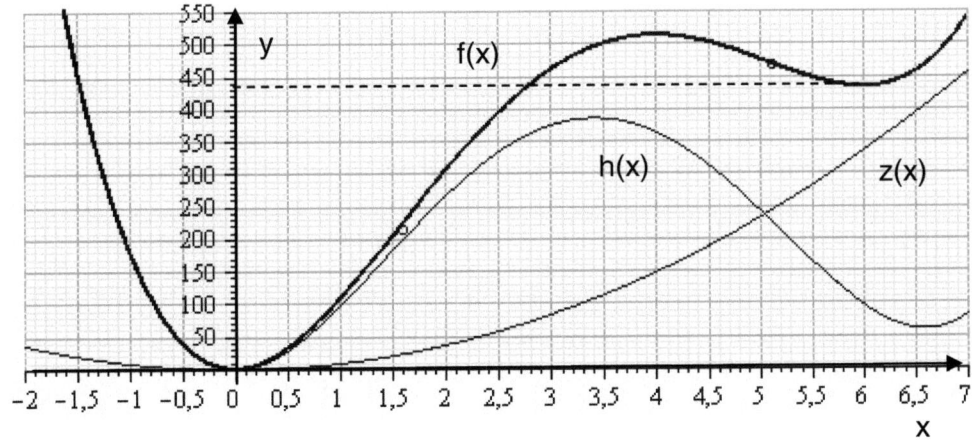

Untersuchung von ln-Funktionen

1.) Gegeben ist die Funktionsvorschrift f(x) mit $f(x) = \ln(1 + x^2)$.

a.) Welche Eigenschaften kann man auf „den ersten Blick" (ohne Rechnung) direkt erkennen, (Def.-Bereich $\mathbb{D}$, Verhalten im Unendlichen, Symmetrieeigenschaften, y-Achsenabschnitt)?

b.) Führen Sie eine vollständige Kurvendiskussion durch! (Bilden der ersten 3 Ableitungen, Bestimmung der Schnittpunkte mit den Koordinatenachsen, Untersuchung auf Hoch-, Tief, und Wendepunkte, Graph im Intervall $-3 \le x \le 3$).

c.) Bestätigen Sie, dass eine Stammfunktion F(x) von f(x) lautet::
$F(x) = x \ln(1 + x^2) - 2x + 2\arctan(x) + C$.

d.) Bestimmen Sie die Fläche A_1, welche vom Graphen der Kurve von f(x) und der x-Achse bis zur Stelle $x = 1$ eingeschlossen wird!

e.) Welche Fläche A_2 schließt die Ursprungsgerade g(x) durch den Wendepunkt im ersten Quadranten vollständig mit dem Kurvengraphen ein ?

Lösungen der ln-Aufgabe Nr. 1

a.) Der Definitionsbereich $\mathbb{D} = \mathbb{R}$, da $f(x)$ für alle $x \in \mathbb{R}$ definiert ist.

Wenn $x \to \pm\infty$, dann geht $f(x) \to \infty$, wegen des Quadrates bei x.

Es ist $f(x) = f(-x)$, also ist $f(x)$ achsensymmetrisch zur y-Achse (auch wegen des Quadrates bei x).

Wenn $x = 0$, dann bleibt $f(0) = \ln(1) = 0$ übrig.

Also ist der y-Achsenabschnitt $y_0 = 0$.

b.) Ableitungen:

Es ist:

$$f'(x) = \frac{1}{x^2+1} \cdot 2x = \frac{2x}{x^2+1} \quad \text{(Ableitung von } \ln(x) \text{ und Einsatz der Kettenregel)}$$

$$f''(x) = \frac{2 \cdot (x^2+1) - 2x \cdot 2x}{(x^2+1)^2} = \frac{2x^2 + 2 - 4x^2}{(x^2+1)^2} = \frac{2 - 2x^2}{(x^2+1)^2} \quad \text{(mit der Quotientenregel)}$$

$$f'''(x) = \frac{-4x \cdot (x^2+1)^2 - (2-2x^2) \cdot 2 \cdot (x^2+1) \cdot 2x}{(x^2+1)^4} = \frac{(x^2+1) \cdot (-4x^3 - 4x - 8x + 8x^3)}{(x^2+1)^4}$$

$$f'''(x) = \frac{-4x^3 - 4x - 8x + 8x^3}{(x^2+1)^3} = \frac{4x^3 - 12x}{(x^2+1)^3} \quad \text{(mit Quotienten- und Kettenregel)}$$

Nullstellen: Hierzu wird die Funktionsvorschrift gleich Null gesetzt. Es ergibt sich: $\ln(1+x^2) = 0$.

Es ist $e^{\ln(1+x^2)} = e^0$ oder $1 + x^2 = e^0 = 1$. Also ist $x^2 = 0$.

Damit lautet die einzige Nullstelle $N[0 \mid 0]$.

Extrempunkte: Wegen der notwendigen Bedingung muss die erste Ableitung gleich Null gesetzt werden. Es ergibt sich:

$\frac{2x}{x^2+1} = 0 \Leftrightarrow x_E = 0$. Dieser Wert wird in die zweite Ableitung eingesetzt. Also:

$f''(0) = \frac{2}{1} = 2 > 0$. Also liegt im Ursprung ein Tiefpunkt TP vor mit $TP[0 \mid 0]$.

Wendepunkte: Wegen der notwendigen Bedingung für Wendepunkte wird die zweite Ableitung gleich Null gesetzt. Es ergibt sich: $\frac{2-2x^2}{(x^2+1)^2} = 0 \Leftrightarrow 2x^2 = 2$ oder $x_W = \pm 1$.

Dieser Wert wird in die dritte Ableitung eingesetzt: $f'''(\pm 1) = \frac{\pm 4 \mp 12}{(1+1)^3} \neq 0$.

Damit ist gezeigt, dass $f(x)$ zwei Wendepunkte WP hat, mit

$WP_1[1 \mid \ln 2] \approx WP_1[1 \mid 0{,}693]$ und $WP_2[-1 \mid \ln 2] \approx WP_2[1 \mid 0{,}693]$.

(außerdem ergibt sich eine Bestätigung der oben genannten Achsensymmetrie)

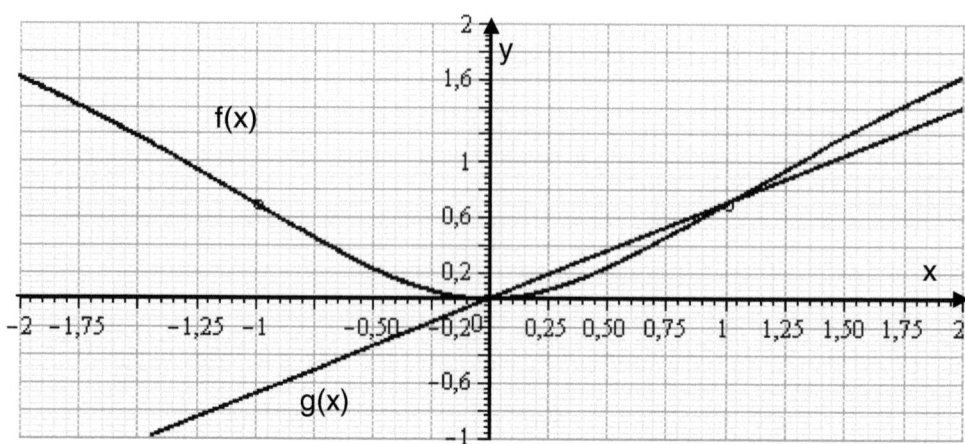

c.) Es ist gegeben: $F(x) = x\ln(1+x^2) - 2x + 2\arctan(x) + C$. Wenn die erste Ableitung von $F(x)$ gebildet wird, ergibt sich mit Produkt- und Kettenregel:

$$F'(x) = \ln(1+x^2) + \frac{x \cdot 2x}{1+x^2} - 2 + \frac{2}{1+x^2} = \ln(1+x^2) + \frac{2x^2 - 2 \cdot (1+x^2) + 2}{1+x^2} \ .$$

$$F'(x) = \ln(1+x^2) + \frac{2x^2 - 2 - 2x^2 + 2}{1+x^2} = \ln(1+x^2) = f(x) \qquad \text{q.e.d.}$$

Damit ist gezeigt, dass $F(x)$ eine Stammfunktion von $f(x)$ ist.

d.) Die gesuchte Fläche berechnet sich wie folgt: $A_1 = \int_0^1 f(x)dx$. Es ergibt sich:

$$A_1 = \left[x\ln(1+x^2) - 2x + 2\arctan x \right]_0^1 = \ln 2 - 2 + \frac{\pi}{2} - 0 \ .$$

(Beachten Sie, dass der Winkel im Bogenmaß berechnet werden muss.) Es ist also

$$A_1 = \ln 2 - 2 + \frac{\pi}{2} \text{ F.E.} \approx 0{,}264 \text{ F.E.}$$

e.) Der Wendepunkt im ersten Quadranten hat die Koordinaten: $WP[1 \mid \ln 2]$. Die Ursprungsgerade durch den Wendepunkt hat demnach die Gleichung $g(x) = m \cdot x$.

Die Steigung m dieser Geraden findet man durch $m = \dfrac{\ln 2 - 0}{1 - 0} = \ln 2$.

Also gilt: $g(x) = \ln 2 \cdot x$. Nun kann die gesuchte Fläche A_2 bestimmt werden. Es ist:

$$A_2 = \int_0^1 (g(x) - f(x))dx = \left[\frac{\ln 2}{2} x^2 - \left(x\ln(1+x^2) - 2x + 2\arctan x \right) \right]_0^1 \ .$$

Damit ergibt sich für den gesuchten Flächeninhalt:

$$A_2 = \frac{\ln 2}{2} - \ln 2 + 2 - \frac{\pi}{2} - 0 = 2 - \frac{\ln 2}{2} - \frac{\pi}{2} \text{ F.E.} \approx 0{,}08263 \text{ F.E.}$$

Untersuchung von ln-Funktionen

2.) Gegeben ist die Funktionsvorschrift f(x) mit $f(x) = (\ln(x))^2 = \ln^2(x)$.

a.) Welche Eigenschaften kann man auf „den ersten Blick" (ohne Rechnung) direkt erkennen, (Def.-Bereich $\mathbb{D}$, Verhalten im Unendlichen, mögliche Symmetrieeigenschaften und y-Achsenabschnitt)?

b.) Führen Sie eine vollständige Kurvendiskussion durch! (Bilden der ersten 3 Ableitungen, Bestimmung der Schnittpunkte mit den Koordinatenachsen, Untersuchung auf Hoch-, Tief, und Wendepunkte, Graph im Intervall $-1 \le x \le 4$).

c.) Zeigen Sie durch 2 malige partielle Integration, dass eine Stammfunktion F(x) von f(x) lautet: $F(x) = x(\ln(x))^2 - 2x\ln(x) + 2x = x\ln^2(x) - 2x\ln(x) + 2x$.

d.) Wie lautet die Gleichung t(x) der Wendetangente an f(x) ? Bestimmen Sie den Flächeninhalt A_1, den die Wendetangente mit dem Kurvengraphen und der x-Achse im ersten Quadranten vollständig einschließt !

e.) Im ersten Quadranten für $0 \le x \le 1$ wird nun eine Parallele zur y-Achse gezogen. Diese schneidet den Kurvengraphen von f(x) und bildet mit den Koordinatenachsen und der Parallelen zur x-Achse ein Rechteck. Welchen Wert muss der x-Wert annehmen, damit dieses Rechteck einen maximalen Flächeninhalt A_2 annimmt ? Wie groß ist dann dieser Flächeninhalt ?

Lösungen der ln-Aufgabe Nr. 2

a.) Der Def.-Bereich ist $\mathbb{D} = \{x \mid x \in \Re, \text{mit } x > 0\}$, da der $\ln(x)$ nur für positive x-Werte definiert ist. Die $\ln(x)$-Werte werden quadriert. Das heißt, da sie für $x < 1$ negativ sind, werden sie größer als Null und somit geht für $x \to 0$ die Funktion $f(x) \to +\infty$. Damit hat f(x) mit der y-Achse so etwas ähnliches wie eine Polstelle. Die y-Achse ist also eine senkrechte Asymptote. Für $x \to +\infty$ geht $f(x) \to +\infty$, aber sehr „langsam". Es gibt keine Symmetrieeigenschaften und keinen y-Achsenabschnitt (s. o.)

b.) <u>Ableitungen</u>: Es ist:

$$f'(x) = 2 \cdot \ln(x) \cdot \frac{1}{x} = \frac{2\ln(x)}{x} \qquad \text{Ableitung von } \ln(x) \text{ und Kettenregel}$$

$$f''(x) = 2 \cdot \frac{\frac{1}{x} \cdot x - \ln(x) \cdot 1}{x^2} = 2 \cdot \frac{1 - \ln(x)}{x^2} \qquad \text{Einsatz der Quotientenregel}$$

$$f'''(x) = 2 \cdot \frac{-\frac{1}{x} \cdot x^2 - (1 - \ln(x)) \cdot 2x}{x^4} = 2 \cdot \frac{x \cdot (-1 - 2 + 2\ln(x))}{x^4} = 2 \cdot \frac{-3 + 2\ln(x)}{x^3}$$

Einsatz der Quotientenregel

<u>Nullstellen</u>: Hierzu wird f(x) gleich Null gesetzt.
Es ergibt sich: $(\ln(x))^2 = 0 \Leftrightarrow \ln(x) = 0$. Daraus folgt: $e^{\ln x} = e^0 = 1$.
Also gibt es genau eine Nullstelle N, mit $N[1 \mid 0]$

<u>Extrempunkte</u>: Wegen der notwendigen Bedingung muss die erste Ableitung gleich Null gesetzt werden. Es ergibt sich: $\frac{2\ln(x)}{x} = 0$. Daraus folgt $\ln(x_E) = 0 \Leftrightarrow x_E = 1$.
Dies wird in die 2. Ableitung eingesetzt: $f''(1) = 2 \cdot \frac{1 - 0}{1} = 2 > 0$.
Also hat f(x) an der Stelle $x = 1$ einen Tiefpunkt TP, mit $TP[1 \mid 0]$

<u>Wendepunkte</u>: Hierzu wird die zweite Ableitung gleich Null gesetzt: $2 \cdot \frac{1 - \ln(x)}{x^2} = 0 \Leftrightarrow \ln(x_W) = 1$ oder $e^{\ln x_W} = e^1$ oder $x_W = e$. Mit der 3.Ableitung ergibt sich: $f'''(e) = 2 \cdot \frac{-3 + 2\ln(e)}{e^3} \neq 0$.

Damit ist gezeigt, dass f(x) einen Wendepunkt WP hat, mit $WP[e \mid 1] \approx WP[2,718 \mid 1]$.

Graphen von f(x), Wendetangente t(x) und $A_2(x)$
ungleiche Achsenmaßstäbe

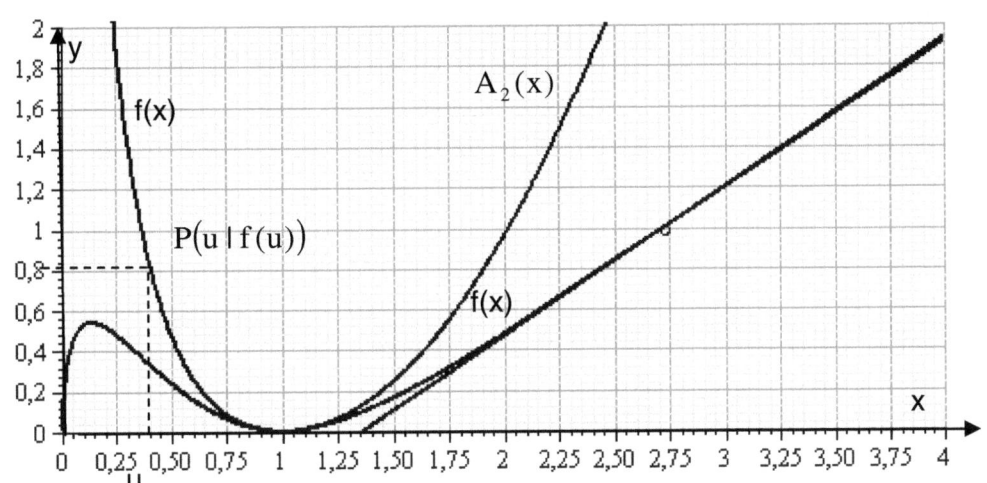

c.)   Es ist $F(x) = \int (\ln x)^2 \, dx = u \cdot v - \int u' \cdot v \, dx = (\ln(x))^2 \cdot x - \int (2 \cdot \ln(x)) \, dx$ mit partieller

Integration, wenn gesetzt wurde: $u = (\ln(x))^2$ und $v = x$

Daraus ergibt sich: $u' = \dfrac{2\ln(x)}{x}$ und $v' = 1$.

Jetzt muss noch $2\int \ln(x) \, dx$ integriert werden. Hier hilft der „Trick" :

$\int \ln(x) \, dx = \int \ln(x) \cdot 1 \, dx$.

Setzt man $u = \ln(x)$ und $v = x$

so ergibt sich $u' = \dfrac{1}{x}$ und $v' = 1$.

Damit ist $2\int \ln(x) \, dx = 2x \cdot \ln(x) - 2\int dx = 2x \cdot \ln(x) - 2x$. Damit ergibt sich für

$F(x) = (\ln(x))^2 \cdot x - 2x \cdot \ln(x) + 2x = x \cdot \ln^2(x) - 2x \cdot \ln(x) + 2x$. q.e.d.

d.)   Die Gleichung der Wendetangente lautet allgemein $t(x) = m \cdot x + b$. Die Steigung im

Wendepunkt ist: $m = f'(e) = \dfrac{2\ln e}{e} = \dfrac{2}{e}$. Also ist (vorläufig) $t(x) = \dfrac{2}{e} \cdot x + b$.

Da Kurvenpunkt gleich Tangentenpunkt ist, gilt: $1 = \dfrac{2}{e} \cdot e + b \Leftrightarrow b = -1$.

Damit lautet die (endgültige) Gleichung der Wendetangente $t(x) = \dfrac{2}{e} \cdot x - 1$.

Um die Fläche A_1 zu bestimmen, muss zunächst der Schnittpunkt von t(x) mit der x-Achse gefunden werden. Dies geschieht durch Nullsetzen von t(x):

$0 = \dfrac{2}{e} \cdot x - 1 \Leftrightarrow x_S = \dfrac{e}{2}$.

Die Fläche wird nun in 2 Schritten bestimmt: $A_1 = I_1 + I_2$.

140

Dabei ist $I_1 = \int\limits_1^{\frac{e}{2}} f(x)dx$.

Es ergibt sich:

$I_1 = \left[x \cdot (\ln(x))^2 - 2x \cdot \ln(x) + 2x\right]_1^{\frac{e}{2}} = \frac{e}{2} \cdot (\ln(\frac{e}{2}))^2 - e \cdot \ln(\frac{e}{2}) + e - 2 \approx 0,0121443$

genauso ist:

$I_2 = \int\limits_{\frac{e}{2}}^{e} (f(x) - t(x))dx = \left[x \cdot (\ln(x))^2 - 2x \cdot \ln(x) + 2x - (\frac{x^2}{e} - x)\right]_{\frac{e}{2}}^{e}$

$I_2 = e - 2e + 2e - e + e - \left(\frac{e}{2} \cdot \left(\ln(\frac{e}{2})\right)^2 - e \cdot \ln(\frac{e}{2}) + e - \frac{e}{4} + \frac{e}{2}\right) = e - \frac{e}{2} \cdot \left(\ln(\frac{e}{2})\right)^2 + e \cdot \ln(\frac{e}{2}) - \frac{5e}{4}$

Es ergibt sich: $I_2 \approx 0,02657$. Damit beträgt die gesuchte Fläche A_1 :

$$A_1 = I_1 + I_2 \approx 0,0121443 + 0,02657 = 0,0387114 \text{ F.E.}$$

e.) Der Flächeninhalt eines Rechteckes ist *Grundseite mal Höhe*. Also muss die Funktion $A_2(x) = x \cdot (\ln(x))^2$ auf ein Maximum hin untersucht werden. Dazu muss wegen der notwendigen Bedingung die erste Ableitung gebildet und gleich Null gesetzt werden. Es ist unter Verwendung der Produkt- und Kettenregel:

$A_2`(x) = (\ln(x))^2 + x \cdot \frac{2\ln(x)}{x} = (\ln(x))^2 + 2\ln(x) = 0$.

Man kann $\ln(x)$ ausklammern. Also: $\ln(x) \cdot (\ln(x) + 2) = 0$.

Daraus ergibt sich sofort die triviale Lsg. $\ln(x) = 0 \Leftrightarrow x_1 = 1$

und als 2. Lösung: $\ln(x) + 2 = 0 \Leftrightarrow \ln(x) = -2$.

Daraus ergibt sich $x_E = e^{-2} \approx 0,1353$.

Ob ein Maximum vorliegt, wird mit der 2. Ableitung überprüft. Es ist:

$f``(x) = 2 \cdot \frac{\ln(x)}{x} + 2 \cdot \frac{1}{x} = 2 \cdot \frac{\ln(x)}{x} + \frac{2}{x}$.

Daraus folgt: $f``(e^{-2}) = \frac{2}{e^{-2}} \cdot (-2 + 1) = \frac{-2}{e^{-2}} < 0$.

Also hat die Rechtecksfläche $A_2(x)$ an der Stelle $x_E = e^{-2} \approx 0,13534$ einen Hochpunkt HP, mit

$$A_2(e^{-2}) = e^{-2} \cdot (\ln(e^{-2}))^2 = e^{-2} \cdot \ln^2(e^{-2}) = \frac{4}{e^2} \text{ F.E.} \approx 0,541 \text{ F.E.}$$

Untersuchung von ln-Funktionen

3.)   Gegeben ist die Funktionsvorschrift f(x) mit $f(x) = x \cdot (1 - \ln(x))$

a.)   Welche Eigenschaften kann man auf „den ersten Blick" (ohne Rechnung) direkt erkennen, (Def.-Bereich $\mathbb{D}$, Verhalten im Unendlichen, mögliche Symmetrieeigenschaften und y-Achsenabschnitt)?

b.)   Führen Sie eine vollständige Kurvendiskussion durch! (Bilden der ersten 3 Ableitungen, Bestimmung der Schnittpunkte mit den Koordinatenachsen, Untersuchung auf Hoch-, Tief, und Wendepunkte, Graph im Intervall $-1 \leq x \leq 4$).

c.)   Zeigen Sie mit Hilfe von partieller Integration, dass eine Stammfunktion F(x) von f(x) lautet:

$$F(x) = -\frac{1}{4} x^2 \cdot (2\ln(x) - 3) + C.$$

Berechnen Sie den Wert der Fläche A_1, den der Graph von f(x) im ersten Quadranten mit der x-Achse einschließt !

d.)   Auf der Kurve von f(x) wandere ein Punkt $[u \mid f(u)]$ mit $0 < u \leq e$. Die jeweilige x-Koordinate und die dazugehörende y-Koordinate bilden mit dem Ursprung ein Dreieck mit der Fläche $A_2(u)$. Wie muss u gewählt werden, damit A_2 maximal wird. Wie groß ist dann $A_{2\,max}$?

Lösungen der ln-Aufgabe Nr. 3

a.) Der Def.-Bereich ist $ID = \{x \mid x \in \Re, \text{mit } x > 0\}$, da der $\ln(x)$ nur für positive x-Werte

definiert ist. Ab $x \geq e$ wird vom Wert 1 immer $\ln x \geq 1$ abgezogen. Das heißt $1 - \ln(x)$

wird negativ. Daraus folgt, dass für $x \to +\infty$ die Funktion $f(x) \to -\infty$ geht, aber sehr

„langsam". Für $x = 0$ ist die Funktion zunächst nicht definiert, da $\ln 0$ nicht definiert

ist. Es kann aber der Grenzwert $\lim_{x \to 0}(x \cdot (1 - \ln(x))) = 0$ gefunden werden und so

„nachträglich" $f(0) = 0$ hinzugefügt werden. Die Funktion hat an dieser Stelle

gewissermaßen eine Lücke, die so geschlossen werden kann. Dass der Grenzwert

existiert, kann man so plausibel machen: Obwohl $\ln(x) \to -\infty$, wenn $x \to 0$, geht der

Grenzwert doch gegen Null, da der ln „langsamer" gegen $-\infty$ geht als $x \to 0$. Es

überwiegt also letztendlich der jeweilige (sehr kleine) x-Wert. Es gibt keine

Symmetrieeigenschaften aber damit dann den y-Achsenabschnitt $y_0 = 0$ (s. o.).

b.) <u>Ableitungen:</u>   Es ist: $f(x) = x \cdot (1 - \ln(x))$.

$$f`(x) = 1 \cdot (1 - \ln(x)) + x \cdot \frac{-1}{x} = -\ln(x)$$ Produktregel u. Abl. von ln (x)

$$f``(x) = -\frac{1}{x} = -x^{-1}$$ Abl. von ln (x)

$$f```(x) = \frac{1}{x^2}$$

<u>Nullstellen:</u> Es ist $0 = x \cdot (1 - \ln(x)) \Leftrightarrow x = 0$ (s. o.) oder als 2.Lösung

$1 - \ln(x) = 0 \Leftrightarrow \ln(x) = 1$.

Daraus folgt: $e^{\ln x} = x = e$.

Damit hat die Funktion zwei Nullstellen $N_1[0 \mid 0]$ und $N_2[e \mid 0]$.

<u>Extrempunkte:</u> Wegen der notwendigen Bedingung wird die erste Ableitung gleich

Null gesetzt. Es ergibt sich: $-\ln(x) = 0 \Leftrightarrow x_E = 1$. Eingesetzt in die zweite Ableitung

folgt: $f``(1) = -1 < 0$. Damit hat f(x) an der Stelle $x_E = 1$ einen Hochpunkt HP, mit

$HP[1 \mid 1]$.

<u>Wendepunkte</u>: Die notwendige Bedingung verlangt, dass $f``(x) = -\dfrac{1}{x} = 0$. Das ist

unmöglich. Damit hat f(x) <u>keine</u> Wendepunkte.

Graphen von f(x) und der Dreiecksfläche $A_2(x)$
ungleiche Achsenmaßstäbe

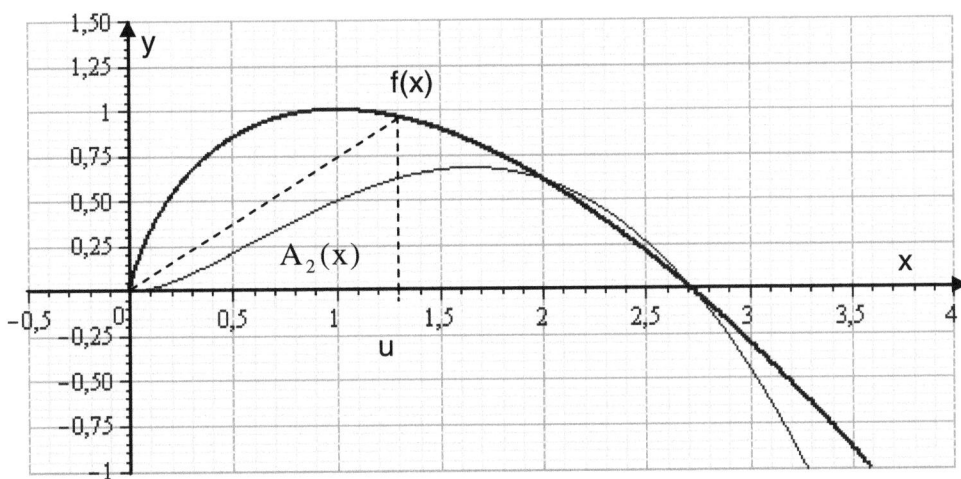

c.) $F(x) = \int (x \cdot (1 - \ln(x))) dx = \int x\, dx - \int x \cdot \ln(x) dx = \dfrac{1}{2} x^2 - \int x \cdot \ln(x) dx$. Das

verbleibende Integral kann mit partieller Integration wie folgt bestimmt werden: Es

gilt: $\int u`v\, dx = uv - \int uv`dx$. Setzt man $\qquad u = \ln(x)$ und $\qquad\qquad v = \dfrac{1}{2} x^2$,

so ergibt sich: $\qquad\qquad\qquad\qquad\qquad u` = \dfrac{1}{x}$ und $\qquad\qquad v` = x$. Damit gilt:

$\int x \cdot \ln(x) dx = \ln(x) \cdot \dfrac{1}{2} x^2 - \dfrac{1}{2} \int x\, dx = \ln(x) \cdot \dfrac{1}{2} x^2 - \dfrac{1}{4} x^2$. Damit ergibt sich für

$F(x) = \int (x \cdot (1 - \ln(x))) dx = \int x\, dx - \int x \cdot \ln(x) dx = \dfrac{1}{2} x^2 - \left(\dfrac{x^2}{2} \ln(x) - \dfrac{1}{4} x^2 \right) = \dfrac{3}{4} x^2 - \dfrac{x^2}{2} \ln(x)$

$$\text{oder } F(x) = -\dfrac{1}{4} x^2 \cdot (2\ln(x) - 3) + C \qquad \text{q.e.d}$$

Den Wert der Fläche findet man durch Einsetzen der jeweiligen Grenzen (und unter Beachtung, des Grenzwertes für $x \to 0$, s. o.):

$$A_1 = \left[-\dfrac{1}{4} x^2 \cdot (2\ln(x) - 3) \right]_0^e = -\dfrac{1}{4} e^2 \cdot (2 \cdot 1 - 3) - 0 = \dfrac{e^2}{4} \approx 1{,}8473 .$$

Damit hat die Fläche A_1, welche im ersten Quadranten vom Graphen und der x-Achse eingeschlossen wird, den Wert von:

$$A_1 = \dfrac{e^2}{4} \text{ F.E.} \approx 1{,}8473 \text{ F.E.}$$

d.) Die gesuchte Fläche A_2 ist ein Dreieck. Dafür gilt: $A_2(x) = \dfrac{1}{2} \cdot g \cdot h = \dfrac{1}{2} \cdot x \cdot f(x)$.

Es ist also $A_2(x)$ auf ein Maximum hin zu untersuchen.

Es ist $A_2(x) = \frac{1}{2}x^2 \cdot (1 - \ln(x))$. Damit folgt für die erste Ableitung, die wegen der notwendigen Bedingung gleich Null gesetzt wird:

$$A_2`(x) = \frac{1}{2} \cdot \left(2x \cdot (1 - \ln(x)) + x^2 \cdot \frac{-1}{x}\right) = \frac{1}{2} \cdot (2x - 2x \cdot \ln(x) - x) = \frac{1}{2}x - x \cdot \ln(x) = 0$$

Hier kann sofort x vorgeklammert werden: $x \cdot \left(\frac{1}{2} - \ln(x)\right) = 0$.

($x = 0$ kommt nicht in Frage, da dann die Dreiecksfläche Null ist.)

Es ergibt sich sofort: $\ln(x) = \frac{1}{2}$ oder $x = e^{\ln x} = e^{\frac{1}{2}}$.

Ob ein Maximum vorliegt, wird mit der zweiten Ableitung überprüft. Es ist:

$$A_2``(x) = \frac{1}{2} - \left(\ln(x) + x \cdot \frac{1}{x}\right) = \frac{1}{2} - \ln(x) - 1 = -\frac{1}{2} - \ln(x).$$

Damit ergibt sich für $A_2``(e^{\frac{1}{2}}) = -\frac{1}{2} - \ln(e^{\frac{1}{2}}) = -\frac{1}{2} - \frac{1}{2} = -1 < 0$.

Also liegt ein Maximum der Dreiecksfläche vor, wenn $x = e^{\frac{1}{2}} \approx 1{,}649$ gewählt wird. Die maximale Fläche hat den Wert

$$A_{2\,max} = \frac{1}{2} \cdot \left(e^{\frac{1}{2}}\right)^2 \cdot (1 - \ln(e^{\frac{1}{2}})) = \frac{1}{2}e \cdot (1 - \frac{1}{2}) = \frac{1}{4}e \approx 0{,}6796.$$

Die maximale Fläche findet man also bei $A_2\left[e^{\frac{1}{2}} \mid \frac{1}{4}e\right] \approx [1{,}649 \mid 0{,}6796]$.

Sie hat den (maximalen)Wert von

$$A_2 = \frac{1}{4}e \text{ F.E.} \approx 0{,}6796 \text{ F.E.}$$

Untersuchung von ln-Funktionen

4.)   Gegeben ist die Funktionsvorschrift f(x) mit $f(x) = \sqrt{x} \cdot \ln(x)$

a.)   Welche Eigenschaften kann man auf „den ersten Blick" (ohne Rechnung) direkt erkennen, (Def.-Bereich $\mathbb{D}$, Verhalten im Unendlichen, mögliche Symmetrieeigenschaften und y-Achsenabschnitt)?

b.)   Führen Sie eine vollständige Kurvendiskussion durch! (Bilden der ersten 3 Ableitungen, Bestimmung der Schnittpunkte mit den Koordinatenachsen, Untersuchung auf Hoch-, Tief, und Wende<u>punkte</u>, Graph im Intervall $-1 \le x \le 2{,}5$).

c.)   Zeigen Sie mit Hilfe partieller Integration (und unter Umständen einer geeigneten Substitution), dass eine Stammfunktion F(x) von f(x) lautet:

$$F(x) = \frac{2}{9}\sqrt{x^3} \cdot (3\ln(x) - 2) + C .$$

Wie groß ist die Fläche A_1, die der Graph von f(x) mit der x-Achse im 4. Quadranten vollständig einschließt ?

d.)   Wie lautet die Gleichung t(x) der Wendetangente ?

e.)   Auf der Kurve von f(x) wandere ein Punkt $[u \mid f(u)]$ mit $0 < u \le 1$. Die jeweilige x-Koordinate und y-Koordinate bilde mit dem Ursprung ein Dreieck der Fläche $A_2(u)$. Wie muss u gewählt werden, damit A_2 maximal wird. Wie groß ist dann $A_{2\,max}$?

Lösungen der ln-Aufgabe Nr 4

a.) Der Def.-Bereich ist $\mathbb{D} = \{x \mid x \in \Re, \text{ mit } x > 0\}$, da der $\ln(x)$ nur für positive x-Werte definiert ist. Für $x = 0$ ist die Funktion zunächst nicht definiert, da $\ln 0$ nicht definiert ist. Es kann aber der Grenzwert $\lim\limits_{x \to 0}(\sqrt{x}\ln(x)) = 0$ gefunden werden und so „nachträglich" $f(0) = 0$ hinzugefügt werden. Die Funktion hat an dieser Stelle gewissermaßen eine Lücke, die so geschlossen werden kann. Dass der Grenzwert existiert, kann man so plausibel machen: Obwohl $\ln(x) \to -\infty$, wenn $x \to 0$, geht der Grenzwert doch gegen Null, da der ln „langsamer" gegen $-\infty$ geht als $\sqrt{x} \to 0$. Es überwiegt also letztendlich der jeweilige (sehr kleine) $\sqrt{x}$-Wert. Es gibt keine Symmetrieeigenschaften aber damit heißt der y-Achsenabschnitt $y_0 = 0$ (s. o.). Für x-Werte mit $x > 1$ ist auch $\ln x > 0$, so dass ab hier $f(x) \to \infty$, wenn $x \to +\infty$ geht.

b.) <u>Ableitungen</u>: Es ist $f(x) = \sqrt{x} \cdot \ln(x) = x^{\frac{1}{2}} \cdot \ln(x)$:

$$f'(x) = \frac{1}{2}x^{-\frac{1}{2}} \cdot \ln(x) + x^{\frac{1}{2}} \cdot \frac{1}{x} = \frac{1}{2\sqrt{x}} \cdot \ln(x) + \frac{1}{\sqrt{x}} = \frac{\ln(x) + 2}{2\sqrt{x}} \qquad \text{(Produktregel)}$$

$$f''(x) = \frac{\frac{1}{x} \cdot 2\sqrt{x} - (\ln(x) + 2) \cdot 2 \cdot \frac{1}{2} \cdot x^{-\frac{1}{2}}}{4x} = \frac{\frac{2}{\sqrt{x}} - \frac{\ln(x) + 2}{\sqrt{x}}}{4x} = -\frac{\ln(x)}{4 \cdot x^{\frac{3}{2}}} \qquad \text{Quotientenr.)}$$

$$f'''(x) = -\frac{\frac{1}{x} \cdot 4 \cdot x^{\frac{3}{2}} - \ln(x) \cdot 4 \cdot \frac{3}{2} \cdot x^{\frac{1}{2}}}{16 \cdot x^3} = -\frac{4 \cdot x^{\frac{1}{2}} - 6\ln(x) \cdot x^{\frac{1}{2}}}{16x^3} = -\frac{2 - 3\ln(x)}{8x^{\frac{5}{2}}}$$

(Quotientenr.)

<u>Nullstellen</u>: Es ist $0 = \sqrt{x} \cdot \ln(x)$. Daraus folgt (s. o.) $x_{N1} = 0$ und $\ln(x_{N2}) = 0$.

Das heißt $x_{N2} = e^{\ln x_{N2}} = e^0 = 1$.

Die Funktion hat also die beiden Nullstellen $N_1[0 \mid 0]$ und $N_2[1 \mid 0]$

<u>Extrempunkte</u>: Wegen der notwendigen Bedingung wird die erste Ableitung gleich Null gesetzt. Es ergibt sich: $\dfrac{\ln(x) + 2}{2\sqrt{x}} = 0$. Daraus folgt $\ln x_E = -2$ oder $x_E = e^{-2}$.

Mit Hilfe der zweiten Ableitung folgt: $f''(e^{-2}) = -\dfrac{\ln(e^{-2})}{4 \cdot (e^{-2})^{\frac{3}{2}}} = -\dfrac{-2}{4 \cdot e^{-3}} > 0$.

Damit hat f(x) an der Stelle $x_E = e^{-2}$ einen Tiefpunkt TP, mit

$$TP\left[e^{-2} \mid -\frac{2}{e}\right] \approx TP[0,1353 \mid -0,7356].$$

Wendepunkte. Wegen der notwendigen Bedingung muss die zweite Ableitung gleich Null gesetzt werden. Es ergibt sich: $-\dfrac{\ln(x)}{4 \cdot x^{\frac{3}{2}}} = 0$ oder $\ln(8x_W) = 0 \Leftrightarrow x_W = 1$.

Eingesetzt in die dritte Ableitung folgt: $f'''(1) = \dfrac{2 - 3\ln(1)}{8 \cdot 1} = \dfrac{1}{4} \neq 0$. Damit ist gezeigt,

dass f(x) an der Stelle $x_W = 1$ einen Wendepunkt WP hat, mit $WP[1 \mid 0]$.

Graphen von f(x), der Wendetangente und (negative) $A_2(u)$
ungleiche Achsenmaßstäbe

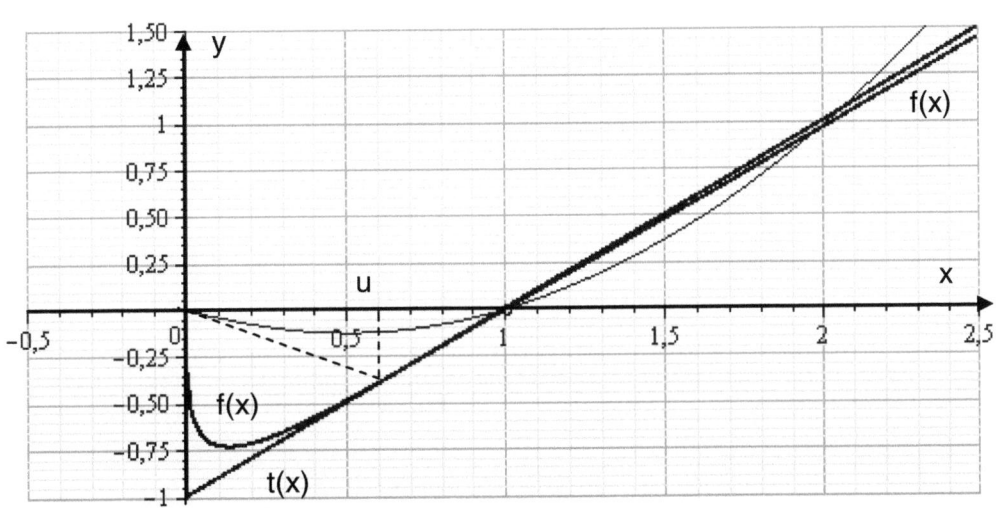

c.) $F(x) = \int (\sqrt{x} \cdot \ln(x))dx$. Das Integral kann mit partieller Integration zunächst wie folgt bestimmt werden: Es gilt: $\int u'v\,dx = uv - \int uv'\,dx$

Setzt man $\qquad\qquad u = \ln(x)$ und $\qquad\qquad v = \dfrac{2}{3} \cdot x^{\frac{3}{2}}$,

so ergibt sich: $\qquad\qquad u' = \dfrac{1}{x}$ und $\qquad\qquad v' = \dfrac{2}{3} \cdot \dfrac{3}{2} \cdot x^{\frac{1}{2}} = \sqrt{x}$

Damit gilt:

$$\int (\sqrt{x} \cdot \ln(x))dx = \frac{2}{3} \cdot x^{\frac{3}{2}} \cdot \ln x - \frac{2}{3}\int x^{\frac{1}{2}}dx.$$

Setzt man $x^{\frac{1}{2}} = z$, so ist $z^2 = x$ und $\dfrac{dx}{dz} = 2z$.

Damit ist $dx = 2zdz$. Dies wird eingesetzt, es ergibt sich:

$$\int (\sqrt{x} \cdot \ln(x))dx = \frac{2}{3} \cdot x^{\frac{3}{2}} \cdot \ln(x) - \frac{2}{3}\int z \cdot 2zdz = \frac{2}{3} \cdot x^{\frac{3}{2}} \cdot \ln(x) - \frac{4}{3}\int z^2dz.$$

Damit folgt:

$$\int (\sqrt{x} \cdot \ln(x))\,dx = \frac{2}{3} \cdot x^{\frac{3}{2}} \cdot \ln(x) - \frac{4}{9} z^3 \,.$$

Es muss noch zurücksubstituiert werden: $z = x^{\frac{1}{2}}$. Also ist $z^3 = x^{\frac{3}{2}}$.
Damit ergibt sich schließlich:

$$F(x) = \frac{2}{3} \cdot x^{\frac{3}{2}} \cdot \ln(x) - \frac{4}{9} \cdot x^{\frac{3}{2}} = \frac{2}{9} \cdot \sqrt{x^3} \cdot (3\ln(x) - 2) = f(x) \,. \quad \text{q.e.d.}$$

Die gesuchte Fläche A_1 ergibt sich zu: $A_1 = -\left[\frac{2}{9} \cdot \sqrt{x} \cdot (3\ln(x) - 2) \right]_0^1 = \frac{4}{9} + 0 \text{ F.E.}$

(Das Minuszeichen wird benötigt, da die Fläche unter der x-Achse liegt; für $\sqrt{x} \cdot \ln(x)$ an der Stelle 0, gilt das oben Gesagte bezüglich des Grenzwertes.)

$$\text{Es ist also } A_1 = \frac{4}{9} \text{ F.E.} \approx 0{,}44444 \text{ F.E.}$$

d.) Die Gleichung der Wendetangente lautet allgemein: $t(x) = m \cdot x + b$. Es ist
$m = f'(x_W) = \frac{1}{2} \cdot \frac{\ln(1) + 2}{\sqrt{1}} = 1$. Also ist $t(x) = x + b$ (vorläufig).

Da Kurvenpunkt gleich Tangentenpunkt ist, gilt: $0 = 1 + b$. Also ist $b = -1$.
Damit lautet die (endgültige) Gleichung der Wendetangente: $t(x) = x - 1$.

e.) Der gesuchte Flächeninhalt ist: $A_2(x) = -\frac{1}{2} \cdot x \cdot f(x)$. Das Minuszeichen steht wieder,

weil die Fläche unter der x-Achse liegt. Also ist $A_2(x) = \frac{-1}{2} x^{\frac{3}{2}} \cdot \ln(x)$. Es muss die

erste Ableitung gebildet und gleich Null gesetzt werden. Es ergibt sich:

$$A_2'(x) = -\frac{1}{2} \cdot \left(\frac{3}{2} x^{\frac{1}{2}} \cdot \ln(x) + \frac{x^{\frac{3}{2}}}{x} \right) = -\frac{1}{2} \cdot x^{\frac{1}{2}} \cdot \left(\frac{3}{2} \cdot \ln(x) + 1 \right) = 0. \text{ Sofort erkennt man,}$$

dass $\frac{3}{2} \cdot \ln(x) + 1 = 0$ sein muss. Daraus folgt: $\ln(x) = -\frac{2}{3} \Leftrightarrow x_E = e^{\frac{-2}{3}}$.

Die zweite Ableitung lautet:

$$A_2''(x) = -\frac{1}{2} \cdot \left(\frac{1}{2} \cdot x^{\frac{-1}{2}} \cdot \left(\frac{3}{2} \cdot \ln(x) + 1 \right) + x^{\frac{1}{2}} \cdot \frac{3}{2x} \right) = -\frac{1}{2} \cdot \left(\frac{1}{2\sqrt{x}} \cdot \left(\frac{3}{2} \cdot \ln(x) + 1 \right) + \frac{3}{2\sqrt{x}} \right)$$

$$A_2''(x) = -\frac{1}{8\sqrt{x}} \cdot (3\ln(x) + 8). \text{ Es ergibt sich mit } x_E = e^{\frac{-2}{3}}:$$

$$A_2''(x_E) = -\frac{1}{8\sqrt{e^{\frac{-2}{3}}}} \cdot \left(3\ln(e^{\frac{-2}{3}}) + 8 \right) = -\frac{1}{8\sqrt{e^{\frac{-2}{3}}}} \cdot \left(3 \cdot \frac{-2}{3} + 8 \right) = -\frac{6}{8\sqrt{e^{\frac{-2}{3}}}} < 0 \,.$$

Also hat die Dreiecksfläche bei $x = e^{\frac{-2}{3}} \approx 0{,}51342$ eine maximale Fläche mit

$$A_{2\,max} = \frac{1}{3 \cdot e} \text{ F.E.} \approx 0{,}1226 \text{ F.E.}$$

Untersuchung von ln-Funktionen

5.)   Gegeben ist die Funktionsvorschrift f(x) mit $f(x) = 8 \cdot \dfrac{\ln(x+1)}{x+1}$.

a.)   Welche Eigenschaften kann man auf „den ersten Blick" (ohne Rechnung) direkt erkennen, (Def.-Bereich $\mathbb{D}$, Verhalten im Unendlichen, mögliche Symmetrieeigenschaften und y-Achsenabschnitt)?

b.)   Führen Sie eine vollständige Kurvendiskussion durch! (Bilden der ersten 3 Ableitungen, Bestimmung der Schnittpunkte mit den Koordinatenachsen, Untersuchung auf Hoch-, Tief, und Wende<u>punkte</u>, Graph im Intervall $-1 \le x \le 5$).

c.)   Zeigen Sie mit Hilfe einer geeigneten Substitution, dass eine Stammfunktion F(x) von f(x) lautet:
$$F(x) = 4 \cdot (\ln(x+1))^2 + C = 4 \cdot \ln^2(x+1) + C.$$
Berechnen Sie die Fläche A_1, die der Graph von f(x) im ersten Quadranten bis zur Wendestelle mit der x-Achse einschließt !

d.)   Berechnen Sie die Fläche A_2, die im ersten Quadranten der Graph von f(x) und die Ursprungsgerade g(x) durch den Hochpunkt HP vollständig einschließen !

e.)   Gegeben ist nun noch die Funktion h(x) mit der Vorschrift $h(x) = \ln(x+1)$. Skizzieren Sie den Graphen von h(x) im gleichen Koordinatensystem. Berechnen Sie den Flächeninhalt A_3, den im ersten Quadranten die Graphen von f(x) und h(x) vollständig einschließen !

Lösungen der ln-Aufgabe Nr 5

a.) Der Def.-Bereich ist $ID = \{x \mid x \in \Re \text{ mit } x > -1\}$. Da der $\ln(x)$ nur für positive x-Werte definiert ist, stellt $x = -1$ eine senkrechte Asymptote dar. Wenn $x \to -1$, dann geht $f(x) \to -\infty$. Wenn $x \to +\infty$, dann geht $f(x) \to 0$. (Der Nenner geht „schneller" gegen ∞ als der $\ln(x+1) \to \infty$. Da aber durch $x+1$ dividiert wird, geht $f(x)$ asymptotisch gegen die x-Achse.

Es gibt keine Symmetrieeigenschaften.

Der y-Achsenabschnitt ist $y_0 = 0$, da $\ln(1) = 0$ ist.

b.) <u>Ableitungen</u>: Es ist: $f(x) = 8 \cdot \dfrac{\ln(x+1)}{x+1}$.

$$f'(x) = 8 \cdot \frac{\frac{1}{x+1} \cdot (x+1) - \ln(x+1) \cdot 1}{(x+1)^2} = 8 \cdot \frac{1 - \ln(x+1)}{(x+1)^2} \qquad \text{(Quotientenregel)}$$

$$f''(x) = 8 \cdot \frac{-\frac{1}{x+1} \cdot (x+1)^2 - (1 - \ln(x+1)) \cdot 2 \cdot (x+1)}{(x+1)^4} = 8 \cdot \frac{(-1 - 2 + 2\ln(x+1))}{(x+1)^3}$$

$$f''(x) = 8 \cdot \frac{2\ln(x+1) - 3}{(x+1)^3} \qquad \text{(Quotienten- und Kettenregel)}$$

$$f'''(x) = 8 \cdot \frac{\frac{2}{x+1} \cdot (x+1)^3 - (2\ln(x+1) - 3) \cdot 3 \cdot (x+1)^2}{(x+1)^6} = 8 \cdot \frac{2 - 6\ln(x+1) + 9}{(x+1)^4}$$

$$f'''(x) = 8 \cdot \frac{-6\ln(x+1) + 11}{(x+1)^4} \qquad \text{(Quotienten- und Kettenregel)}$$

<u>Nullstellen</u>: Aus $0 = 8 \cdot \dfrac{\ln(x+1)}{x+1}$ ergibt sich $\ln(x+1) = 0$ oder $x + 1 = e^0 = 1$ also $x = 0$.

Es gibt also nur die eine Nullstelle $N[0 \mid 0]$.

<u>Extrempunkte</u>: Die notwendige Bedingung verlangt, dass die erste Ableitung gleich Null gesetzt werden muss. Es ergibt sich: $0 = 8 \cdot \dfrac{1 - \ln(x+1)}{(x+1)^2}$. Daraus folgt: $1 - \ln(x+1) = 0 \Leftrightarrow \ln(x+1) = 1$, also ist $x_E + 1 = e^{\ln((x+1))} = e^1$.

Daraus ergibt sich: $x_E = e - 1$. Das muss in die zweite Ableitung eingesetzt werden.

Es folgt: $f''(x_E) = 8 \cdot \dfrac{2\ln(e-1+1) - 3}{(e+1)^3} = 8 \cdot \dfrac{2 - 3}{(e+1)^3} = \dfrac{-8}{(e+1)^3} < 0$.

Damit ist gezeigt, dass $f(x)$ an der Stelle $x_E = e - 1$ einen Hochpunkt HP hat, mit $HP\left[e - 1 \mid \dfrac{8}{e}\right] \approx HP[1{,}718 \mid 2{,}943]$.

<u>Wendepunkte</u>: Hierzu wird die zweite Ableitung gleich Null gesetzt: $0 = 8 \cdot \dfrac{2\ln(x+1) - 3}{(x+1)^3} \Leftrightarrow 2\ln(x+1) - 3 = 0$ oder $\ln(x+1) = \dfrac{3}{2}$.

Also ist $x_W + 1 = e^{\frac{3}{2}}$ oder $x_W = e^{\frac{3}{2}} - 1$.

Dies wird in die dritte Ableitung eingesetzt:

$$f'''(e^{\frac{3}{2}}) = 8 \cdot \frac{-6\ln(e^{\frac{3}{2}}+1)+11}{(e^{\frac{3}{2}}+1)^4} = 0{,}0070 \neq 0 \,. \quad \text{Also liegt bei} \quad x_W = e^{\frac{3}{2}} - 1 \quad \text{ein}$$

Wendepunkt WP vor, mit $\text{WP}\left[e^{\frac{3}{2}}-1 \,\middle|\, 12e^{-\frac{3}{2}}\right] \approx \text{WP}[3{,}482 \,|\, 2{,}677]$.

Graphen von f(x), g(x) und h(x)
ungleiche Achsenmaßstäbe

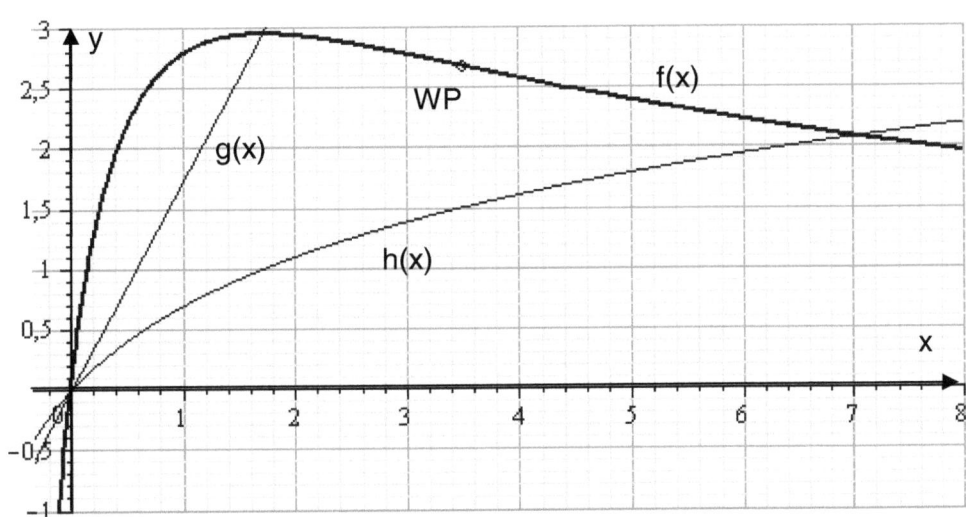

c.)   Es ist $F(x) = 8 \cdot \int \dfrac{\ln(x+1)}{x+1}dx$. Setzt man $u = x+1$, dann ist $du = dx$. Damit geht das

Integral über in: $F(x) = 8 \cdot \int \dfrac{\ln u}{u}du$. Setzt man nun $z = \ln u$, dann ist $u = e^z$ und

$\dfrac{du}{dz} = e^z$. Damit wird $du = e^z dz$. Das Integral heißt jetzt (mit Rücksubstitution):

$$F(x) = 8 \cdot \int \frac{z}{e^z} \cdot e^z dz = 8 \cdot \int z\,dz = 8 \cdot \frac{z^2}{2} = 4(\ln(u))^2 = 4 \cdot (\ln(x+1))^2 = 4 \cdot \ln^2(x+1)\,, \text{q.e.d}$$

Die gesuchte Fläche A_1 ergibt sich zu: $A_1 = \left[4 \cdot (\ln(x+1))^2\right]_0^{e^{\frac{3}{2}}-1}$

$$A_1 = 4 \cdot (\ln(e^{\frac{3}{2}}-1+1))^2 - 4 \cdot (\ln(1))^2 = 4 \cdot \ln^2(e^{\frac{3}{2}}) - 0 = 4 \cdot \left(\frac{3}{2}\right)^2 = 9 \text{ F.E.}$$

Damit hat die Fläche unter der Kurve bis zum Wendepunkt $A_1 = 9$ F.E.

d.)   Die Ursprungsgerade durch den Hochpunkt hat allgemein die Gleichung: $g(x) = m \cdot x$.

Die Steigung m ermittelt man folgendermaßen: $m = \dfrac{f(x_E) - 0}{x_E - 0} = \dfrac{8e^{-1}}{e-1} = \dfrac{8}{e \cdot (e-1)}$.

Damit lautet die gesuchte Ursprungsgerade $g(x) = \dfrac{8}{e \cdot (e-1)} \cdot x \approx 1{,}713 \cdot x$

Die eingeschlossene Fläche A_2 ermittelt man wieder durch Integration:

$A_2 = \int\limits_0^{e-1} (f(x) - g(x))dx$. Es ergibt sich weiter:

$$A_2 = \int\limits_0^{e-1} \left(\frac{8\ln(x+1)}{x+1} - \frac{8x}{e\cdot(e-1)}\right)dx = \left[4\cdot\ln^2(x+1) - \frac{8x^2}{2e\cdot(e-1)}\right]_0^{e-1}.$$

$$A_2 = 4\cdot\ln^2(e) - \frac{4\cdot(e-1)}{e} - 0 = 4 - \frac{4e-4}{e} = 4 - 4 + \frac{4}{e} = \frac{4}{e}.$$

Damit beträgt die von der Ursprungsgerade $g(x)$ und dem Graphen von $f(x)$ eingeschlossene Fläche A_2:

$$A_2 = \frac{4}{e} \text{ F.E.} \approx 1{,}472 \text{ F.E.}$$

e.) Der Graph von $h(x)$ muss mit dem von $f(x)$ zum Schnitt gebracht werden, damit die von beiden Graphen eingeschlossene Fläche A_3 berechnet werden kann. Es ist:

$\frac{8\cdot\ln(x+1)}{x+1} = \ln(x+1) \Leftrightarrow \frac{8\cdot\ln(x+1)}{x+1} - \ln(x+1) = 0$. Daraus ergibt sich

$\ln(x+1)\cdot\left(\frac{8}{x+1} - 1\right) = 0$. Ein Produkt kann nur Null sein, wenn (mindestens) einer der

Faktoren Null ist. Also ist $\ln(x+1) = 0$ oder es ist $\left(\frac{8}{x+1} - 1 = 0\right)$. Daraus folgt sofort.

$x_1 = 0$, denn $\ln 1 = 0$. Oder aber es ist $\left(\frac{8}{x+1} - 1 = 0\right)$.

Das ergibt $8 - (x+1) = 0 \Leftrightarrow 8 - x - 1 = 0$. Daraus folgt: $x_2 = 7$. Die beiden Graphen schneiden sich also bei $x_1 = 0$ und $x_2 = 7$; was durch das Graphen-Bild bestätigt wird.

Die eingeschlossene Fläche A_3 ergibt sich also zu:

$$A_3 = \int\limits_0^7 (f(x) - h(x))dx = \int\limits_0^7 f(x)dx - \int\limits_0^7 h(x)dx = I_1 - I_2.$$

Das Integral I_1 kann sofort mit der gegebenen Stammfunktion $F(x)$ berechnet werden:

$I_1 = \left[4\cdot(\ln(x+1))^2\right]_0^7 = 4\cdot(\ln(8))^2 - 0 = 4\cdot\ln^2(8)$.

Das zweite Integral kann mit partieller Integration gefunden werden.

Setzt man für $x+1 = z$, dann ist $dx = dz$. Also ist $I_2(x) = \int \ln(x+1)dx = \int \ln(z)dz$.

Wegen $\int u`vdz = uv - \int uv`dz$ ergibt sich mit $\qquad v = \ln(z) \qquad$ und $\qquad u = z$

$\qquad\qquad$ und $\qquad v` = \frac{1}{z} \qquad$ und $\qquad u` = 1$.

Daraus folgt:

$I_2(x) = \int \ln(z)dz = z\cdot\ln(z) - \int 1\cdot dz = z\cdot\ln(z) - z = (x+1)\cdot\ln(x+1) - (x+1)$.

Jetzt müssen noch die Grenzen eingesetzt werden. Es ergibt sich:

$I_2 = \left[(x+1)\cdot(\ln(x+1) - 1)\right]_0^7 = 8\cdot(\ln(8) - 1) - 1\cdot(\ln(1) - 1) = 8\ln(8) - 8 + 1 = 8\ln(8) - 7$.

Damit ergibt sich für die eingeschlossene Fläche A_3 der Wert von:

$$A_3 = 4\cdot\ln^2(8) - 8\ln(8) + 7 \approx 7{,}6608 \text{ F.E.}$$

Untersuchung von ln-Funktionen

6.) Gegeben ist die Funktionenschar $f_k(x)$ mit $f_k(x) = \dfrac{k + \ln(x)}{x}$, mit $k \in \Re$. Ihr Graph

sei K_k.

a.) Welche Eigenschaften kann man auf „den ersten Blick" (ohne Rechnung) direkt erkennen, (Def.-Bereich $\mathbb{D}$, Verhalten im Unendlichen, mögliche Symmetrieeigenschaften und y-Achsenabschnitt)?
Zeichnen Sie K_0 und K_2 !

b.) Führen Sie eine vollständige Kurvendiskussion durch! (Bilden der ersten 3 Ableitungen, Bestimmung der Schnittpunkte mit den Koordinatenachsen, Untersuchung auf Hoch-, Tief, und Wende<u>punkte</u>, Graph im Intervall $-1 \le x \le 5$).

c.) Bestimmen Sie die jeweilige Ortskurve $g_h(x)$ und $g_w(x)$, auf der die Hoch- und Wendepunkte von $f_k(x)$ liegen !

d.) Die Kurve K_k, die x-Achse und die zur y-Achse parallelen Geraden durch den jeweiligen Hoch- und Wendpunkt von K_k umschließen eine Fläche A_1. Berechnen Sie den Wert von A_1 ! Welche (erstaunliche) Beobachtung macht man für A_1 ? Deuten Sie das Ergebnis an den jeweiligen Graphen !

e.) Prüfen Sie, ob die ins Unendliche reichende Fläche A_2 von K_0 einen endlichen Flächeninhalt hat; geben Sie diesen Flächeninhalt A_2 gegebenenfalls an !

Lösungen der ln-Aufgabe Nr. 6

a.) Der Def.-Bereich ist $\mathbb{D} = \{x \mid x \in \mathfrak{R} \text{ mit } x > 0\}$. Da der $\ln(x)$ nur für positive x-Werte definiert ist, stellt $x = 0$ eine senkrechte Asymptote dar. Wenn $x \to 0$, dann geht $f(x) \to -\infty$.

Wenn $x \to +\infty$, dann geht $f(x) \to 0$. (Der Nenner geht „schneller" gegen ∞ als der $\ln(x) \to \infty$. Da aber durch x dividiert wird, geht $f(x)$ asymptotisch gegen die x-Achse.

Es gibt keine Symmetrieeigenschaften.

Es gibt keinen y-Achsenabschnitt, da $\dfrac{k + \ln(x)}{x} \to -\infty$, wenn $x \to 0$ geht (s. o.).

b.) <u>Ableitungen:</u> Es ist: $f_k(x) = \dfrac{k + \ln(x)}{x}$.

$$f_k{}'(x) = \frac{\dfrac{1}{x} \cdot x - (k + \ln(x)) \cdot 1}{x^2} = \frac{-k - \ln(x) + 1}{x^2}$$

(Quotientenregel bei allen 3 Ableitungen)

$$f_k{}''(x) = \frac{-\dfrac{1}{x} \cdot x^2 - (-k - \ln(x) + 1) \cdot 2x}{x^4} = \frac{-1 + 2k + 2\ln(x) - 2}{x^3} = \frac{2k + 2\ln(x) - 3}{x^3}$$

$$f_k{}'''(x) = \frac{\dfrac{2}{x} \cdot x^3 - (2k + 2\ln(x) - 3) \cdot 3x^2}{x^6} = \frac{2 - 6k - 6\ln(x) + 9}{x^4} = \frac{11 - 6k - 6\ln(x)}{x^4}.$$

<u>Nullstellen:</u>

Es ist: $0 = \dfrac{k + \ln(x)}{x} \Leftrightarrow \ln(x) = -k$. Daraus folgt: $x_N = e^{\ln x} = e^{-k}$.

Damit haben die Graphen von $f_k(x)$ die jeweilige Nullstelle $N[e^{-k} \mid 0]$.

<u>Extrempunkte:</u>

Wegen der notwendigen Bedingung muss die erste Ableitung gleich Null gesetzt werden. Es ergibt sich: $0 = \dfrac{-k - \ln(x) + 1}{x^2} \Leftrightarrow \ln(x) = 1 - k$. Also ist $x_E = e^{\ln x} = e^{-k+1}$.

Das wird mit Hilfe der zweiten Ableitung überprüft. Es ergibt sich:

$$f''(e^{-k+1}) = \frac{2k + 2\ln(e^{-k+1}) - 3}{e^{-3k+3}} = \frac{2k - 2k + 2 - 3}{e^{-3k+3}} = \frac{-1}{e^{-3k+3}} < 0.$$ Damit ist gezeigt, dass

alle Graphen einen Hochpunkt HP haben, mit $HP[e^{-k+1} \mid e^{k-1}]$.

<u>Wendepunkte:</u>

Es muss die zweite Ableitung gleich Null gesetzt werden. Es ergibt sich:

$$0 = \frac{2k + 2\ln(x) - 3}{x^3} \Leftrightarrow 2\ln(x) = 3 - 2k \text{ oder } \ln(x) = \frac{3}{2} - k.$$

Also wird $x_w = e^{\ln x} = e^{\frac{3}{2} - k}$ in die dritte Ableitung eingesetzt. Es ist:

$$f_k{}'''(e^{\frac{3}{2} - k}) = \frac{11 - 6k - 6 \cdot (\frac{3}{2} - k)}{e^{6-4k}} = \frac{2}{e^{6-4k}} \neq 0.$$

155

Damit haben alle Graphen von $f_k(x)$ einen Wendepunkt WP, mit $WP\left[e^{\frac{3}{2}-k} \mid \frac{3}{2}e^{-\frac{3}{2}+k}\right]$.

Kurvenschar mit Ortskurven der Extrem- und Wendepunkte
ungleiche Achsenmaßstäbe

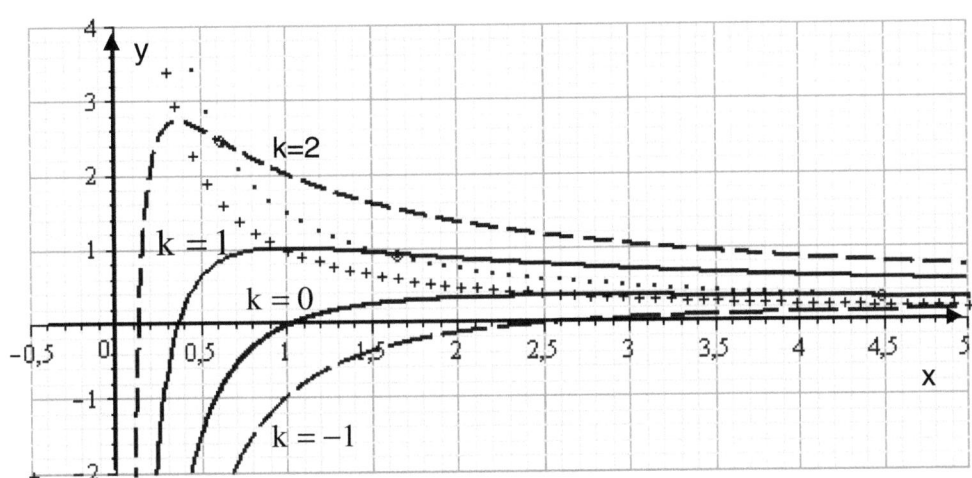

c.) Um die Ortskurven der Extrem- und Wendepunkte zu finden, müssen die Bedingungen für Extrem- bezw. Wendepunkte nach k freigestellt werden. Aus $x_E = e^{-k+1}$ ergibt sich: $\ln(x_E) = -k+1 \Leftrightarrow k = 1 - \ln(x_E)$. Dies wird in $f_k(x)$ eingesetzt.

Es ergibt sich: $y_E = \dfrac{1 - \ln(x) + \ln(x)}{x} = \dfrac{1}{x}$ als Ortskurve, auf der alle Hochpunkte der Kurvenschar liegen.

Genauso ist $\ln(x_W) = \dfrac{3}{2} - k \Leftrightarrow k = \dfrac{3}{2} - \ln(x_W)$.

Damit ist $y_W = \dfrac{\dfrac{3}{2} - \ln(x) + \ln(x)}{x} = \dfrac{3}{2} \cdot \dfrac{1}{x}$ die Ortskurve, auf der alle Wendepunkte der Kurvenschar liegen.

d.) Die gesuchte Fläche A_1 ergibt sich durch Integration. Es ist: $A_1 = \displaystyle\int_{e^{-k+1}}^{e^{\frac{3}{2}-k}} \dfrac{k + \ln(x)}{x}\,dx$.

Zunächst muss die Stammfunktion $F(x)$ ermittelt werden. Es ergibt sich mit partieller Integration aus $I = \int uv'dx = uv - \int u'v\,dx$, wenn $u = k + \ln(x)$ und $v = \ln(x)$

und $u' = \dfrac{1}{x}$ und $v' = \dfrac{1}{x}$

gesetzt wird: $I = (k + \ln(x)) \cdot \ln(x) - \int \dfrac{\ln(x)}{x}\,dx$.

Ebenso $u = \ln(x)$ und $v = \ln(x)$ ergibt:

$u' = \dfrac{1}{x}$ und $v' = \dfrac{1}{x}$.

Damit ist:

$$\int \frac{\ln(x)}{x} dx = (\ln(x))^2 - \int \frac{\ln(x)}{x} dx \Leftrightarrow 2\int \frac{\ln(x)}{x} dx = (\ln(x))^2.$$

Damit ist $F(x) = (k + \ln(x)) \cdot \ln(x) - \frac{1}{2} \cdot (\ln(x))^2 = k \cdot \ln(x) + \frac{1}{2} \cdot \ln^2(x)$.

Jetzt kann die gesuchte Fläche bestimmt werden. Es ist:

$$A_1 = \left[k \cdot \ln(x) + \frac{1}{2} \cdot \ln^2(x) \right]_{e^{-k+1}}^{e^{\frac{3}{2}-k}}.$$

$$A_1 = k \cdot (\frac{3}{2} - k) + \frac{1}{2} \cdot (\frac{3}{2} - k)^2 - k(-k+1) - \frac{1}{2} \cdot (-k+1)^2.$$

$$A_1 = \frac{3}{2}k - k^2 + \frac{9}{8} - \frac{3}{2}k + \frac{1}{2}k^2 + k^2 - k - \frac{1}{2}k^2 + k - \frac{1}{2} = \frac{9}{8} - \frac{1}{2} = \frac{5}{8}.$$

Damit ist die betrachtete Fläche A_1 immer <u>unabhängig</u> von k. Sie beträgt jedes Mal:

$$A_1 = \frac{5}{8} \text{ F.E.} = 0,625 \text{ F.E.}$$

An Hand der Ortskurven kann man erkennen, dass die betrachteten Flächen schmaler werden, wenn k größer wird. Damit werden aber die Flächen gleichzeitig höher, so dass sich das (wie die Rechnung zeigt) genau wieder ausgleicht.

e.) Es ist zu prüfen, ob die ins Unendliche reichende Fläche $A_2 = \left[\frac{1}{2} \cdot \ln^2(x) \right]_1^{\infty}$ einen

endlichen Flächeninhalt hat.

Das heißt Es ist $A_2 = \lim_{z \to \infty} \left(\frac{1}{2} \cdot \ln^2(z) - \frac{1}{2} \cdot 0 \right)$.

Da $\ln x \to \infty$ geht, wenn $x \to \infty$, geht $\ln^2(x)$ erst recht gegen ∞, wenn $x \to \infty$.

Damit hat die Fläche A_2 keinen endlichen Flächeninhalt (obwohl ihr Graph sich asymptotisch an die x-Achse annähert).

Ihr Flächeninhalt kann deshalb auch nicht angegeben werden.

Untersuchung von gebrochen rationalen Funktionen

1.) Gegeben ist eine Funktionenschar $f_k(x) = \dfrac{3}{k} \cdot x + \dfrac{2x}{x^2 - 4}$ mit $k \in \Re \neq 0$.

Der Graph von $f_k(x)$ heißt K_k.

a.) Bilden Sie die ersten zwei Ableitungen !

(Kontrollergebnis: $f_k{}'(x) = \dfrac{3x^4 - 2kx^2 - 24x^2 - 8k + 48}{(x^2 - 4)^2 \cdot k}$)

b.) Führen Sie eine Kurvendiskussion durch, indem Sie den Definitionsbereich $\mathbb{D}$ angeben und $f_k(x)$ untersuchen auf Symmetrie, Asymptoten und Nullstellen.

c.) Für welchen Wert von k schneidet K_k den Graphen von K_{-6} im Ursprung rechtwinklig ?

d.) Für welchen Wert von k besitzt K_k nur einen Schnittpunkt mit der x-Achse ?

e.) Bestimmen Sie die Extrem- und Wendepunkte von K_2. Zeichnen Sie den Graphen von K_2 im Intervall von $-6 \leq x \leq 6$.

f.) Bestimmen Sie den Wert der Fläche A_1, die K_2 im ersten Quadranten mit $0 \leq x < 2$ mit der x-Achse bildet und berechnen Sie A_1 für $k = 2$.

Lösungen der gebrochen rationalen Funktion Nr. 1

a.)   Es ist: $f_k(x) = \dfrac{3}{k} \cdot x + \dfrac{2x}{x^2 - 4}$. Dann ergeben sich die

Ableitungen:

$$f_k{}'(x) = \frac{3}{k} + \frac{2 \cdot (x^2 - 4) - 2x \cdot 2x}{(x^2 - 4)^2} = \frac{3 \cdot (x^4 - 8x^2 + 16) + 2kx^2 - 8k - 4kx^2}{k \cdot (x^2 - 4)^2}$$

$$f_k{}'(x) = \frac{3x^4 - 2kx^2 - 24x^2 - 8k + 48}{k \cdot (x^2 - 4)^2} \qquad \text{q.e.d.}$$

$$f_k{}''(x) = \frac{(12x^3 - 4kx - 48x) \cdot (x^2 - 4)^2 \cdot k - (3x^4 - 2kx^2 - 24x^2 - 8k + 48) \cdot 2 \cdot (x^2 - 4) \cdot 2kx}{k^2 \cdot (x^2 - 4)^4}$$

$$f''(x) = \frac{k \cdot (12x^5 - 48x^3 - 4kx^3 + 16kx - 48x^3 + 192x - 12x^5 + 8kx^3 + 96x^3 + 32kx - 192x)}{k^2 \cdot (x^2 - 4)^3}$$

$$f_k{}''(x) = \frac{4kx^3 + 48kx}{k \cdot (x^2 - 4)^3} = \frac{4x^3 + 48x}{(x^2 - 4)^3} \text{ . Man kann zeigen (obwohl nicht verlangt), dass:}$$

$$f_k{}'''(x) = -12 \cdot \frac{x^4 + 24x^2 + 16}{(x^2 - 4)^4} \text{ ist.}$$

b.)   Der Def. Bereich ist $\mathbb{D} = \mathfrak{R} / \{x = 2, \ x = -2\}$

Es ist: $-f_k(-x) = -\left(\dfrac{3}{-kx} - \dfrac{2x}{x^2 - 4} \right) = \dfrac{3}{kx} + \dfrac{2x}{x^2 - 4} = f_k(x)$.

Damit sind alle Scharen punktsymmetrisch zum Ursprung.
Alle Scharen haben die senkrechten Asymptoten $x = \pm 2$.

Mögliche schiefe Asymptoten erhält man aus $\lim\limits_{x \to \pm\infty} (\dfrac{2x}{x^2 - 4}) = 0$.

Es bleibt also nur $y = \dfrac{3}{k} \cdot x$ „übrig".

Damit ist die Ursprungs-Gerade mit der Gleichung $y = \dfrac{3}{k} \cdot x$ schiefe Asymptote.

Nullstellen:

Aus: $0 = \dfrac{3}{k} \cdot x + \dfrac{2x}{x^2 - 4}$ folgt: $0 = \dfrac{3x^3 - 12x + 2kx}{k \cdot (x^2 - 4)} = \dfrac{x \cdot (3x^2 - 12 + 2k)}{k \cdot (x^2 - 4)}$.   Daraus

ergeben sich die Nullstellen $x_{N1} = 0$ und $x_{N2/3} = \pm\sqrt{4 - \dfrac{2}{3}k} = \pm\dfrac{1}{3}\sqrt{36 - 6k}$.

Es gibt also die folgenden Nullstellen $N_1 \begin{bmatrix} 0 \mid 0 \end{bmatrix}$ und $N_{2/3} \left[\pm\dfrac{1}{3}\sqrt{36 - 6k} \mid 0 \right]$.

c.)   Wenn sich die beiden Graphen rechtwinklig schneiden sollen, muss gelten: $f_{-6}{}'(0) \cdot f_k{}'(0) = -1$.   Es   gilt   also   : $\dfrac{-8 \cdot (-6) + 48}{-6 \cdot 16} \cdot \dfrac{-8k + 48}{16k} = -1$ oder

$\dfrac{96}{-96} \cdot \dfrac{-8k + 48}{16k} = -1 \Leftrightarrow -8k + 48 = 16k$. Daraus folgt: $24k = 48$ oder $k = 2$.

Wenn also $k = 2$ gewählt wird, dann schneiden sich die beiden Graphen $f_{-6}{}`(0)$ und $f_2{}`(0)$ im Ursprung rechtwinklig.

d.) Wenn K_k nur einen Schnittpunkt mit der x-Achse haben soll, kann es nur eine Nullstelle $N_1[0\,|\,0]$ geben. Daraus folgt, der Radikand der anderen Nullstellen muss kleiner als Null sein. Es gilt also: $36 - 6k \leq 0$.
Das ist genau dann der Fall, wenn $6k \geq 36$ oder, wenn $k \geq 6$ gewählt wird.

e.) <u>Extrempunkte:</u> Es soll nur K_2 untersucht werden. Also muss $k = 2$ gesetzt werden. Es ergibt sich, (wegen der notwendigen Bedingung): $f_2{}`(x) = \dfrac{1}{2} \cdot \dfrac{3x^4 - 28x^2 + 32}{(x^2 - 4)^2} = 0$

oder $3x^4 - 28x^2 + 32 = 0$. Mit der Substitution $x^2 = z$ folgt: $3z^2 - 28z + 32 = 0$. Damit die p-q-Formel verwendet werden kann, muss durch 3 dividiert werden:
$z^2 - \dfrac{28}{3}z + \dfrac{32}{3} = 0$. Das ergibt die Lösungen

$z_{1/2} = \dfrac{14}{3} \pm \sqrt{\dfrac{196}{9} - \dfrac{96}{9}} = \dfrac{14}{3} \pm \sqrt{\dfrac{100}{9}} = \dfrac{14}{3} \pm \dfrac{10}{3}$. Also $z_1 = 8$ und $z_2 = \dfrac{4}{3}$.

Die Rücksubstitution ergibt: $x_{E1/2} = \pm\sqrt{8}$ und $x_{E3/4} = \pm\sqrt{\dfrac{4}{3}} = \pm\dfrac{2}{3}\sqrt{3}$. Dies muss in

die zweite Ableitung eingesetzt werden. Es ergibt sich: $f_2{}``(x_{E1}) = \dfrac{4(\sqrt{8} \cdot (8+12))}{(8-4)^3} > 0$.

Genauso ist $f_2{}``(x_{E2}) = \dfrac{4(-\sqrt{8} \cdot (8+12))}{(8-4)^3} < 0$ und $f``(x_{E3}) = \dfrac{4 \cdot \dfrac{2}{3}\sqrt{3} \cdot (\dfrac{4}{3}+12)}{(\dfrac{4}{3} - 4)^3} < 0$,

bezw.: $f``(x_{E4}) = \dfrac{4 \cdot \dfrac{-2}{3}\sqrt{3} \cdot (\dfrac{4}{3}+12)}{(\dfrac{4}{3} - 4)^3} > 0$.

Es gibt also 2 Hoch- und 2 Tiefpunkte, jeweils mit

$HP_1\left[-\sqrt{8}\,|\,-\sqrt{32}\right] \approx HP_1[-2,83\,|\,-5,66]$, $HP_2\left[\dfrac{2}{3}\sqrt{3}\,|\,\dfrac{1}{2}\sqrt{3}\right] \approx HP_2[1,155\,|\,0,866]$ und

$TP_1\left[-\dfrac{2}{3}\sqrt{3}\,|\,-\dfrac{1}{2}\sqrt{3}\right] \approx TP_1[-1,155\,|\,-0,866]$, $TP_2\left[\sqrt{8}\,|\,\sqrt{32}\right] \approx TP_2[2,83\,|\,5,66]$

<u>Wendepunkte</u> Aus $0 = \dfrac{4x^3 + 48x}{(x^2 - 4)^3}$ ergibt sich sofort: $0 = x \cdot (x^2 + 12)$. Die Klammer kann (im Reellen) nicht Null werden, also bleibt nur übrig $x_W = 0$. Setzt man dies in die dritte Ableitung ein, ergibt sich: $f```(0) = -12 \cdot \dfrac{16}{(-4)^4} \neq 0$.

Also liegt im Ursprung ein Wendepunkt WP vor, mit $WP[0\,|\,0]$]

Graph von $f_2(x)$ mit senkrechten und schiefer Asymptoten
ungleiche Achsenmaßstäbe

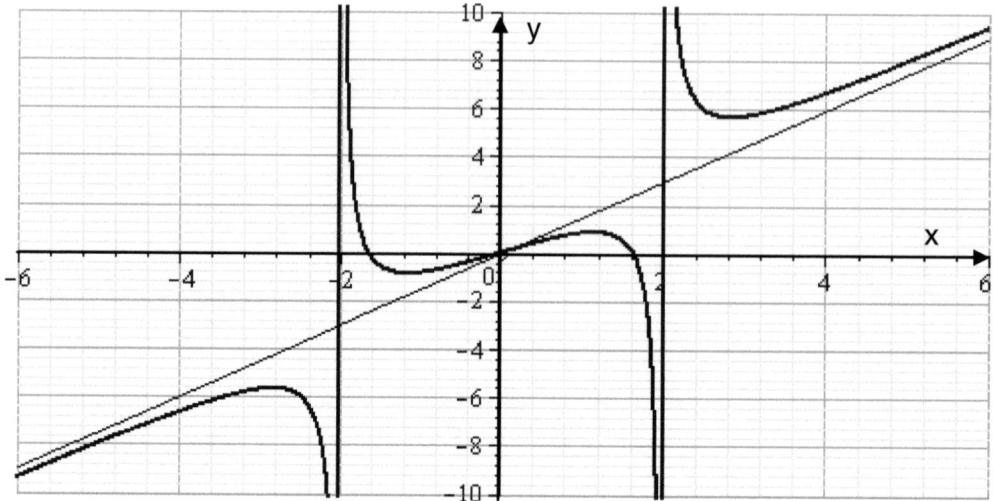

f.)   Die gesuchte Fläche A_1 ergibt sich im ersten Quadranten zu: $A_1 = \int\limits_0^{x_N} (\dfrac{3x}{2} + \dfrac{2x}{x^2 - 4})dx$.

Den Wert für die positive Nullstelle erhält man für $k = 2$ aus den obigen Überlegungen:

Es ist (s. o.) : $x_N = \dfrac{1}{3}\sqrt{36 - 6k} = \dfrac{1}{3}\sqrt{36 - 12} = \dfrac{1}{3}\sqrt{24} = \dfrac{1}{3}\sqrt{4 \cdot 6} = \dfrac{2}{3}\sqrt{6} \approx 1{,}633$.

Also ist zu integrieren:

$$A_1 = \int\limits_0^{\frac{2}{3}\sqrt{6}} (\dfrac{3x}{2} + \dfrac{2x}{x^2 - 4})dx = \left[\dfrac{3x^2}{4} + \ln|x^2 - 4|\right]_0^{\frac{2}{3}\sqrt{6}} = \dfrac{3}{4} \cdot \dfrac{4 \cdot 6}{9} + \ln|\dfrac{8}{3} - 4| - \ln|-4| .$$

$$A_1 = 2 + \ln(\dfrac{4}{3}) - \ln(4) = 2 - \ln(3) \approx 0{,}9014 .$$

Das heißt, die im ersten Quadranten von dem Graphen von $f_2(x)$ und der x-Achse eingeschlossene Fläche A_1 beträgt:

$$A_1 = 2 - \ln 3 \text{ F.E.} \approx 0{,}9014 \text{ F.E.}$$

Im folgenden wird nun das Schaubild einiger Graphen der Kurvenschar dargestellt:

Graphen einiger Scharen von $f_k(x)$ mit schiefer Asymptote $y = \dfrac{3}{2}x$

und die Kurve aller Extrempunkte (Kreuze)
ungleiche Achsenmaßstäbe

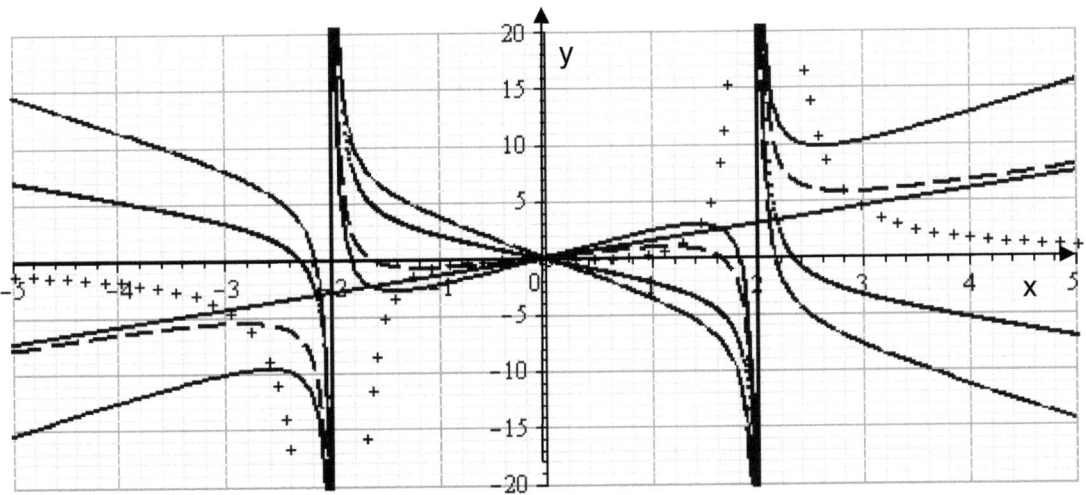

Untersuchung von gebrochen rationalen Funktionen

2.)   Gegeben ist eine Funktion mit der Vorschrift: $f(x) = \dfrac{x^3}{6x-12}$.

a.)   Untersuchen Sie f(x) auf Symmetrien und mögliche Asymptoten hin ! Zeigen Sie insbesondere, dass eine Asymptote lautet: $h(x) = \dfrac{1}{6}x^2 + \dfrac{1}{3}x + \dfrac{2}{3}$.

b.)   Bilden Sie die ersten drei Ableitungen.

c.)   Führen Sie eine vollständige Kurvendiskussion durch.
(y-Achsenabschnitt, Nullstellen, Extrem- und Wendepunkte, Graph im Intervall $-7 \leq x \leq 5$).

d.)   Zeigen Sie, dass eine Stammfunktion F(x) von f(x) lautet:

$$F(x) = \frac{1}{18}x^3 + \frac{1}{6}x^2 + \frac{2}{3}x + \frac{4}{3}\ln|x-2| + C.$$

(Nehmen Sie dabei die Erkenntnisse bei der Bildung der Asymptoten von h(x) wahr.)

e.)   Gegeben ist nun noch die Parabel mit der Gleichung $g(x) = \dfrac{1}{6}x^2 - \dfrac{3}{2}$. Skizzieren Sie den Verlauf des Graphen von g(x) im gleichen Koordinatensystem und bestimmen Sie die Fläche A, die im zweiten, dritten und vierten Quadranten von den Graphen von f(x) und g(x) vollständig eingeschlossen wird !

Lösungen der gebrochen rationalen Funktion Nr. 2

a.) Es ist $f(-x) = \dfrac{-x^3}{-6x-12} \neq f(x)$ und $-f(-x) = \dfrac{x^3}{-6x-12} \neq f(x)$. Damit liegt keine

Achsensymmetrie zur y-Achse und keine Punktsymmetrie zum Ursprung vor.

Um Asymptoten zu finden, werden zunächst die Nullstellen des Nenners untersucht. Es ist $0 = 6x - 12 \Leftrightarrow x = 2$. Das heißt $f(x)$ hat an der Stelle $x = 2$ eine Polstelle, da dort dann durch Null dividiert würde. Um das Verhalten für $x \to \pm\infty$ zu finden, führt man eine unvollständige Polynomdivision durch: Es ergibt sich:

$$(\frac{1}{6}x^3) : (x-2) = \frac{1}{6}\cdot(x^2 + 2x + 4 + \frac{8}{x-2}) = \frac{1}{6}x^2 + \frac{1}{3}x + \frac{2}{3} + \frac{4}{3\cdot(x-2)}.$$

Jetzt erkennt man, dass, wenn $x \to \pm\infty$ geht, der $\lim\limits_{x\to\pm\infty}\left(\dfrac{4}{3\cdot(x-2)}\right) = 0$ ist.

Damit ist gezeigt, dass die andere Asymptote $h(x) = \dfrac{1}{6}x^2 + \dfrac{1}{3}x + \dfrac{2}{3}$ lautet. (q.e.d.)

(Das ist eine Parabel 2. Grades, die nicht symmetrisch zur y-Achse verläuft.)

b.) <u>Ableitungen</u> Es ist: $f(x) = \dfrac{x^3}{6x-12}$. Dann ergibt sich mit der Quotientenregel:

$$f'(x) = \frac{1}{6}\cdot\frac{3x^2\cdot(x-2)-x^3}{(x-2)^2} = \frac{1}{6}\cdot\frac{3x^3-6x^2-x^3}{(x-2)^2} = \frac{1}{6}\cdot\frac{2x^3-6x^2}{(x-2)^2} = \frac{1}{3}\cdot\frac{x^3-3x^2}{(x-2)^2}.$$

$$f''(x) = \frac{1}{3}\cdot\frac{(3x^2-6x)\cdot(x-2)^2 - (x^3-3x^2)\cdot 2\cdot(x-2)}{(x-2)^4}$$

$$f''(x) = \frac{1}{3}\cdot\frac{(3x^2-6x)\cdot(x-2)-2x^3+6x^2)}{(x-2)^3} = \frac{1}{3}\cdot\frac{3x^3-6x^2-6x^2+12x-2x^3+6x^2}{(x-2)^3}$$

$$f''(x) = \frac{1}{3}\cdot\frac{x^3-6x^2+12x}{(x-2)^3}$$

$$f'''(x) = \frac{1}{3}\cdot\frac{(3x^2-12x+12)\cdot(x-2)^3 - (x^3-6x^2+12x)\cdot 3\cdot(x-2)^2}{(x-2)^6}$$

$$f'''(x) = \frac{1}{3}\cdot\frac{(3x^2-12x+12)\cdot(x-2)-3x^3+18x^2-36x}{(x-2)^4}$$

$$f'''(x) = \frac{1}{3}\cdot\frac{3x^3-6x^2-12x^2+24x+12x-24-3x^3+18x^2-36x}{(x-2)^4} = \frac{1}{3}\cdot\frac{-24}{(x-2)^4}$$

$$f'''(x) = \frac{-8}{(x-2)^4}$$

c.) Der Graph geht durch den Ursprung. Damit ist der y-Achsenabschnitt $y_0 = 0$

Es liegt keine weitere Nullstelle N vor; also $N[0\,|\,0]$.

<u>Extrempunkte:</u> Wegen der notwendigen Bedingung wird die erste Ableitung gleich

Null gesetzt. Es ergibt sich $0 = \dfrac{1}{3}\cdot\dfrac{x^3-3x^2}{(x-2)^2} \Leftrightarrow x^2\cdot(x-3) = 0$. Damit liegen zwei

Stellen mit horizontalem Tangentenverlauf vor: $x_{E1} = 0$ und $x_{E2} = 3$. Mit der zweiten Ableitung ergibt sich: $f``(0) = 0$ und $f``(3) = \dfrac{1}{3} \cdot \dfrac{27 - 54 + 36}{1} = 3 > 0$.

Damit kann für $x_{E1} = 0$ (noch) nichts entschieden werden.

Aber bei $x_{E2} = 3$ liegt in jedem Fall ein Tiefpunkt TP vor, mit $TP\left[3 \mid \dfrac{9}{2}\right]$.

Wendepunkte: Hier muss die zweite Ableitung gleich Null gesetzt werden. Es ergibt sich: $0 = \dfrac{1}{3} \cdot \dfrac{x^3 - 6x^2 + 12x}{(x-2)^3} \Leftrightarrow x \cdot (x^2 - 6x + 12) = 0$.

Daraus folgt sofort $x_{W1} = 0$ oder $x^2 - 6x + 12 = 0$.

Die p-q-Formel liefert $x_{W2/3} = 3 \pm \sqrt{9 - 12} \notin \Re$. Damit kommt als Wendepunkt nur $x_{W1} = 0$ in Frage. An dieser Stelle ist aber bereits die erste Ableitung gleich Null. Also könnte es ein Wendepunkt mit horizontaler Tangente also ein Sattelpunkt sein. Dies wird mit der dritten Ableitung entschieden.

In der Tat ist $f```(0) = \dfrac{-8}{(0-2)^4} \neq 0$.

Die Funktion $f(x)$ hat also im Ursprung einen Sattelpunkt SP, mit $SP[0 \mid 0]$.

Graphen von f(x) h(x) und g(x)
ungleiche Achsenmaßstäbe

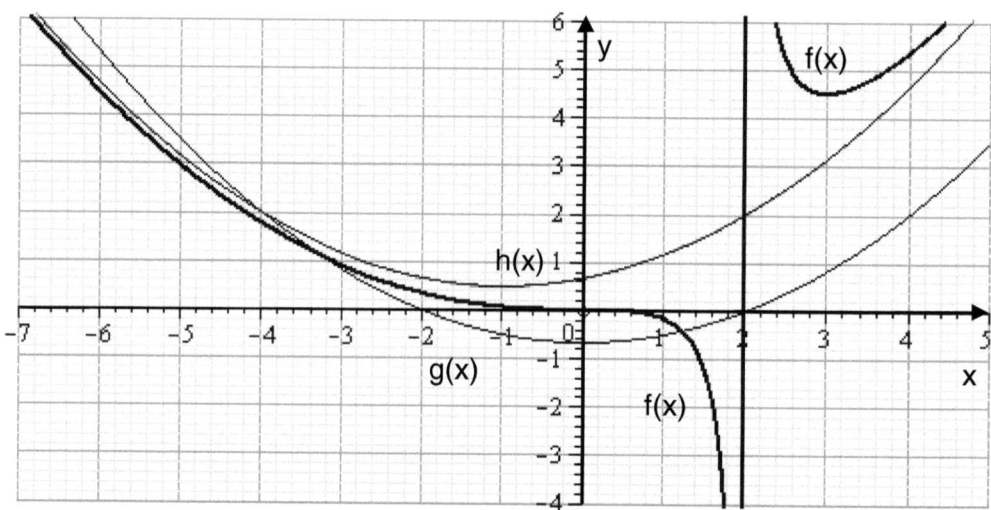

d.)　Finden der Stammfunktion F(x) von f(x):
Wie oben bereits gezeigt, kann $f(x)$ auch geschrieben werden als:
$$f(x) = \frac{1}{6}x^2 + \frac{1}{3}x + \frac{2}{3} + \frac{4}{3 \cdot (x-2)}.$$
Genau das wird jetzt ausgenützt, wenn gebildet wird:
$$F(x) = \int f(x)dx = \int (\frac{1}{6}x^2 + \frac{1}{3}x + \frac{2}{3} + \frac{4}{3 \cdot (x-2)})dx.$$

Es ergibt sich: $F(x) = \dfrac{1}{18}x^3 + \dfrac{1}{6}x^2 + \dfrac{2}{3}x + \dfrac{4}{3}\ln |x-2| + C = f(x)$　q.e.d.

e.) Die Gleichung der gegebenen Parabel lautet: $g(x) = \frac{1}{6}x^2 - \frac{3}{2}$. Dies ist eine nach oben geöffnete Parabel 2. Grades, welche achsensymmetrisch zu y-Achse ist mit Scheitelpunkt $\left[0 \mid -\frac{3}{2}\right]$ und wegen des Faktors $\frac{1}{6}$ „flacher" als die Normalparabel verläuft.

Um die gesuchte Fläche A zu bestimmen, müssen zunächst die beiden Schnittpunkte von g(x) mit f(x) gefunden werden. Dies geschieht durch Gleichsetzen:

$\frac{x^3}{6x - 12} = \frac{1}{6}x^2 - \frac{3}{2}$ liefert zunächst: $\frac{6x^3}{6x - 12} = x^2 - 9 \Leftrightarrow 6x^3 = (x^2 - 9) \cdot (6x - 12)$.

Das ergibt: $6x^3 = 6x^3 - 12x^2 - 54x + 108 \Leftrightarrow 12x^2 + 54x - 108 = 0$.

Wegen der p-q-Formel muss durch 12 dividiert werden. Es ergibt sich: $x^2 + \frac{9}{2}x - 9 = 0$. Damit ergibt sich als Lösung

$$x_{1/2} = -\frac{9}{4} \pm \sqrt{\frac{81}{16} + \frac{144}{16}} = -\frac{9}{4} \pm \sqrt{\frac{225}{16}} = -\frac{9}{4} \pm \frac{15}{4}.$$

Also ist $x_1 = -\frac{24}{4} = -6$ und $x_2 = \frac{6}{4} = \frac{3}{2}$. Setzt man diese Werte in die Vorschriften ein, so ergeben sich die beiden Schnitt-Punkte $P_1\left(-6 \mid \frac{9}{2}\right)$ und $P_2\left(\frac{3}{2} \mid -\frac{9}{8}\right)$.

Nun kann die eingeschlossene Fläche A bestimmt werden. Es ist:

$$A = \int_{-6}^{\frac{3}{2}} (f(x) - g(x))dx = \left[\frac{1}{18}x^3 + \frac{1}{6}x^2 + \frac{2}{3}x + \frac{4}{3}\ln|x - 2|\right]_{-6}^{\frac{3}{2}} - \int_{-6}^{\frac{3}{2}} \left(\frac{1}{6}x^2 - \frac{3}{2}\right)dx.$$

(Die Stammfunktion von f(x) ist ja oben bereits berechnet worden.)

$$A = \left[\frac{1}{18}x^3 + \frac{1}{6}x^2 + \frac{2}{3}x + \frac{4}{3}\ln|x - 2| - \frac{1}{18}x^3 + \frac{3}{2}x\right]_{-6}^{\frac{3}{2}} = \left[\frac{1}{6}x^2 + \frac{13}{6}x + \frac{4}{3}\ln|x - 2|\right]_{-6}^{\frac{3}{2}}$$

$$A = \frac{3}{8} + \frac{13}{4} + \frac{4}{3}\ln\left(\frac{1}{2}\right) - \left(6 - 13 + \frac{4}{3}\ln(8)\right) = \frac{29}{8} + \frac{4}{3} \cdot (\ln(1) - \ln(2)) + 7 - \frac{4}{3}\ln(2^3)$$

$$A = \frac{85}{8} - \frac{4}{3}\ln(2) - \frac{12}{3}\ln(2) = \frac{85}{8} - \frac{16}{3}\ln(2) \approx 6{,}928$$

Die von beiden Graphen von f(x) und g(x) vollständig umschlossene Fläche A beträgt also:

$$A = \frac{85}{8} - \frac{16}{3}\ln(2) \text{ F.E.} \approx 6{,}928 \text{ FE.}$$

Untersuchung von gebrochen rationalen Funktionen

3.)   Gegeben ist eine Funktion mit der Vorschrift: $f(x) = \dfrac{x^2 - x - 2}{x^2 - x - 6}$.

a.)   Geben Sie den Def.-Bereich $\mathbb{D}$ von f(x) an und untersuchen Sie f(x) auf Symmetrien, Asymptoten und auf das Verhalten im Unendlichen !

b.)   Bilden Sie die ersten zwei Ableitungen und führen Sie dann eine vollständige Kurvendiskussion durch.
(Nullstellen, Extrem- und Wendepunkte, Graph im Intervall $-6 \leq x \leq 6$)

(Kontrollergebnis: $f'(x) = -4 \cdot \dfrac{2x - 1}{(x^2 - x - 6)^2}$)

c.)   Bestätigen Sie, dass eine Stammfunktion F(x) von f(x) lautet:

$$F(x) = x + \frac{4}{5}\ln(|x - 3|) - \frac{4}{5}\ln(|x + 2|) + C$$

d.)   Eine Parabel 2. Grades mit der allgemeinen Gleichung $g(x) = ax^2 + bx + c$ verläuft durch die Nullstellen von f(x) und durch den Punkt $P[1 | -4]$. Zeigen Sie (durch Herleitung), dass die Gleichung dieser Parabel lautet: $g(x) = 2x^2 - 2x - 4$!
Berechnen Sie die von f(x) und g(x) vollständig eingeschlossene Fläche A !

e.)   In welchem Punkt Q schneidet die Tangente t(x), an den Graphen von f(x) an der Stelle $x = -3$ angelegt, den Graphen von f(x) ?

f.)   Wie ist die Vorschrift von f(x) in h(x) zu verändern, dass h(x) achsensymmetrisch zur y-Achse ist ?

Lösungen der gebrochen rationalen Funktion Nr. 3

a.) Es ist : $f(x) = \dfrac{x^2 - x - 2}{x^2 - x - 6}$.

Um den Def.-Bereich zu finden, müssen die Nullstellen des Nenners gefunden werden:

Es ergibt sich: $0 = x^2 - x - 6$. Die p-q-Formel liefert sofort:

$$x_{1/2} = \frac{1}{2} \pm \sqrt{\frac{1}{4} + \frac{24}{4}} = \frac{1}{2} \pm \frac{5}{2}.$$ Also ist $x_1 = -2$ und $x_2 = 3$.

Das heißt f(x) hat an den Stellen x_1 und x_2 Polstellen (senkrechte Asymptoten mit Vorzeichenwechsel) und ist dort nicht definiert.

Symmetrien:

Es ist: $f(-x) = \dfrac{x^2 + x - 2}{x^2 + x - 6} \neq f(x)$ und $-f(-x) = -\dfrac{x^2 + x - 2}{x^2 + x - 6} \neq f(x)$.

Damit ist gezeigt, dass f(x) weder punktsymmetrisch zum Ursprung noch achsensymmetrisch zur y-Achse ist.

Asymptoten: Es ist $f(x) = \dfrac{1 - \dfrac{1}{x} - \dfrac{2}{x^2}}{1 - \dfrac{1}{x^2} - \dfrac{6}{x^2}}$ (ist durch Kürzen mit x^2 entstanden)

Jetzt erkennt man, dass $\lim\limits_{x \to \pm\infty} f(x) = 1$ ist. Damit ist $y = 1$ eine waagerechte Asymptote.

Der Graph von f(x) nähert sich im ersten und zweiten Quadranten also der Geraden $y = 1$ asymptotisch, wenn $x \to \pm\infty$ geht.

b.) Ableitungen Es ist: $f(x) = \dfrac{x^2 - x - 2}{x^2 - x - 6}$.

$$f`(x) = \frac{(2x-1) \cdot (x^2 - x - 6) - (x^2 - x - 2) \cdot (2x - 1)}{(x^2 - x - 6)^2} = \frac{(2x-1) \cdot (x^2 - x - 6 - x^2 + x + 2)}{(x^2 - x - 6)^2}$$

$$f`(x) = \frac{(2x-1) \cdot (-4)}{(x^2 - x - 6)^2} = -4 \cdot \frac{2x - 1}{(x^2 - x - 6)^2} \qquad \text{(Quotienten- und Kettenregel)}$$

$$f``(x) = -4 \cdot \frac{2 \cdot (x^2 - x - 6)^2 - (2x - 1) \cdot 2 \cdot (x^2 - x - 6) \cdot (2x - 1)}{(x^2 - x - 6)^4}$$

$$f``(x) = -4 \cdot \frac{2x^2 - 2x - 12 - 8x^2 + 8x - 2}{(x^2 - x - 6)^3} = -4 \cdot \frac{-6x^2 + 6x - 14}{(x^2 - x - 6)^3} = 8 \cdot \frac{3x^2 - 3x + 7}{(x^2 - x - 6)^3}.$$

Nullstellen: Es ist:

$0 = \dfrac{x^2 - x - 2}{x^2 - x - 6} \Leftrightarrow x^2 - x - 2 = 0$. Die p-q-Formel liefert: $x_{N1/2} = \dfrac{1}{2} \pm \sqrt{\dfrac{1}{4} + \dfrac{8}{4}} = \dfrac{1}{2} \pm \dfrac{3}{2}$.

Damit ergeben sich die beiden Werte: $x_{N1} = -1$ und $x_{N2} = 2$. Die Funktion hat also die beiden Nullstellen $N_1[-1\,|\,0]$ und $N_2[2\,|\,0]$.

Extrempunkte: Wegen der notwendigen Bedingung muss die erste Ableitung gleich Null gesetzt werden. Es ergibt sich: $0 = -4 \cdot \dfrac{2x - 1}{(x^2 - x - 6)^2} \Leftrightarrow 2x - 1 = 0$.

Das heißt bei $x_E = \dfrac{1}{2}$ verläuft die Tangente an f(x) horizontal. Dies wird in die zweite

Ableitung eingesetzt, es ergibt sich: $f``(\dfrac{1}{2}) = 8 \cdot \dfrac{\dfrac{3}{4} - \dfrac{3}{2} + 7}{(\dfrac{1}{4} - \dfrac{1}{2} - 6)^3} = 8 \cdot \dfrac{\dfrac{25}{4}}{(-\dfrac{25}{4})^3} < 0$.

Daraus folgt, dass ein Hochpunkt HP vorliegt, mit $HP\left[\dfrac{1}{2} \mid \dfrac{9}{25}\right]$.

<u>Wendepunkte</u>: Es muss die zweite Ableitung gleich Null gesetzt werden. Es ist:

$$0 = 8 \cdot \dfrac{3x^2 - 3x + 7}{(x^2 - x - 6)^3} \Leftrightarrow 3x^2 - 3x + 7 = 0.$$

Wegen der p-q-Formel muss durch 3 dividiert werden:

$$x^2 - x + \dfrac{7}{3} = 0 \Leftrightarrow x_{1/2} = \dfrac{1}{2} \pm \sqrt{\dfrac{1}{4} - \dfrac{7}{3}} = \dfrac{1}{2} \pm \sqrt{-\dfrac{25}{12}} \notin \Re.$$

Daraus ergibt sich, dass (im Reellen) die notwendige Bedingung für Wendepunkte nicht erfüllt werden kann. Es gibt also <u>keine</u> Wendepunkte.

Graphen von f(x) mit Asymptoten, g(x) und t(x)
ungleiche Achsenmaßstäbe

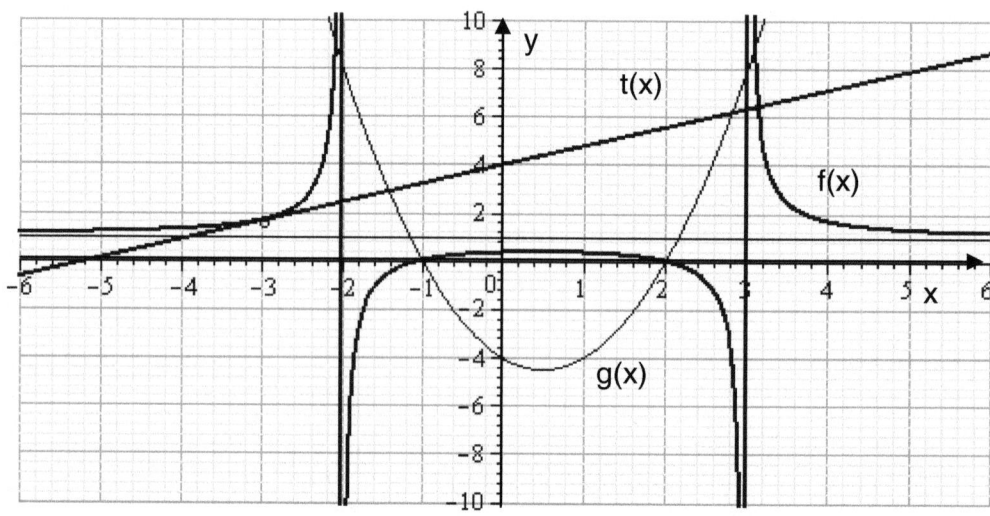

c.)   Um zu bestätigen, dass $F(x) = x + \dfrac{4}{5}\ln(|x - 3|) - \dfrac{4}{5}\ln(|x + 2|) + C$ eine

Stammfunktion von f(x) ist, muss die erste Ableitung von F(x) gebildet werden. Es ergibt sich:

$$F`(x) = 1 + \dfrac{4}{5 \cdot (x - 3)} - \dfrac{4}{5 \cdot (x + 2)} = \dfrac{5 \cdot (x - 3) \cdot (x + 2) + 4 \cdot (x + 2) - 4 \cdot (x - 3)}{5 \cdot (x - 3) \cdot (x + 2)}.$$

$$F`(x) = \dfrac{5x^2 + 10x - 15x - 30 + 4x + 8 - 4x + 12}{5 \cdot (x - 3) \cdot (x + 2)} = \dfrac{5x^2 - 5x - 10}{5 \cdot (x - 3) \cdot (x + 2)}.$$

Damit ist $F`(x) = \dfrac{x^2 - x - 2}{x^2 - x - 6} = f(x)$ q.e.d.

d.) Gesucht ist die Gleichung der Parabel, die durch die beiden Nullstellen N_1 und N_2 von f(x) und durch den Punkt $P[1\,|-4]$ verläuft. Dazu werden diese Aussagen in die allgemeine Gleichung

$g(x) = ax^2 + bx + c$ eingesetzt. Es ergibt sich

$g(1) = -4 = a + b + c$	(1)		
$g(-1)=0=a-b+c$	(2)		
$g(2) = 0 = 4a + 2b + c$	(3)	Es wird (3)-(2) gebildet. Es ergibt sich:
$0 = 3a + 3b$	(4)	Es wird (2)-(1) gebildet. Es ergibt sich:
$4=-2b$	(5)	wird nach b freigestellt. Es ergibt sich:
$b = -2$	(5a)	wird in (4) eingesetzt. Es ergibt sich:
$0 = 3a - 6$	(6)	wird nach a freigestellt. Es ergibt sich:
$a = 2$	(6a)	und (5a)werden z. Beisp in (2) eingesetzt:
$0 = 2 + 2 + c$	(7)	wird nach c freigestellt. Es ergibt sich:
$c = -4$	(7a)	

Damit ist gezeigt, dass die Gleichung der Parabel lauten muss:

$$g(x) = 2x^2 - 2x - 4 \qquad \text{q.e.d.}$$

Die von f(x) und g(x) vollständig eingeschlossene Fläche A wird durch Integration

gefunden: $A = \displaystyle\int_{-1}^{2} (f(x) - g(x))dx = \int_{-1}^{2} (\frac{x^2 - x - 2}{x^2 - x - 6} - (2x^2 - 2x - 4))dx$.

Da die Stammfunktion von f(x) als F(x) bereits bekannt ist, ergibt sich:

$$A = \left[x + \frac{4}{5}\ln(|x-3|) - \frac{4}{5}\ln(|x+2|) \right]_{-1}^{2} - \int_{-1}^{2} (2x^2 - 2x - 4)dx . \text{ Das liefert:}$$

$$A = 2 + \frac{4}{5}\ln|-1| - \frac{4}{5}\ln(4) - (-1 + \frac{4}{5}\ln|-4| - \frac{4}{5}\ln(1)) - \left[\frac{2x^3}{3} - x^2 - 4x \right]_{-1}^{2} \text{ oder}$$

$$A = 2 - \frac{4}{5}\ln(4) + 1 - \frac{4}{5}\ln(4) - (\frac{16}{3} - 4 - 8 - (-\frac{2}{3} - 1 + 4)) = 3 - \frac{8}{5}\ln(4) + 9 = 12 - \frac{8}{5}\ln(4)$$

Damit beträgt die von beiden Graphen eingeschlossene Fläche

$$A = 12 - \frac{8}{5}\ln(2^2) = 12 - \frac{16}{5}\ln(2) \text{ F.E.} \approx 9{,}782 \text{ F.E.}$$

e.) Die Gleichung der Tangente t(x) lautet allgemein: $t(x) = m \cdot x + n$. Die Steigung m ist die Steigung von f(x) an der Stelle $x = -3$. Also ist $m = f'(-3) = -4 \cdot \dfrac{-6-1}{(9+3-6)^2} = \dfrac{7}{9}$.

Also heißt $t(x) = \dfrac{7}{9}x + n$ (vorläufiges Ergebnis). Es ist Kurvenpunkt gleich Tangentenpunkt. Damit gilt: $\dfrac{5}{3} = \dfrac{7}{9} \cdot (-3) + n \Leftrightarrow n = \dfrac{5}{3} + \dfrac{21}{9} = 4$.

Die Tangentengleichung lautet (endgültig) also $t(x) = \dfrac{7}{9}x + 4$.

Der Schnittpunkt Q mit f(x) wird durch Gleichsetzen von t(x) mit f(x) gefunden. Es

ergibt sich: $\dfrac{7}{9}x + 4 = \dfrac{x^2 - x - 2}{x^2 - x - 6}$. Es ergibt sich weiter durch Ausmultiplizieren und

Freistellen nach Null: $7x^3 + 20x^2 - 69x - 198 = 0$.

Da $x = -3$ als eine „Nullstelle" bereits bekannt ist, muss eine Polynomdivision durch $(x - (-3))$ erfolgen. Es ergibt sich:

$(7x^3 + 20x^2 - 69x - 198) : (x + 3) = 7x^2 - x - 66$. Damit ist $7x^2 - x - 66 = 0$.

Wegen der p-q-Formel muss durch 7 dividiert werden: $x^2 - \dfrac{1}{7}x - \dfrac{66}{7} = 0$.

Das ergibt: $x_{2/3} = \dfrac{1}{14} \pm \sqrt{\dfrac{1}{196} + \dfrac{1848}{196}} = \dfrac{1}{14} \pm \sqrt{\dfrac{1849}{196}} = \dfrac{1}{14} \pm \dfrac{43}{14}$.

Damit ist $x_2 = \dfrac{44}{14} = \dfrac{22}{7}$ und $x_3 = -\dfrac{42}{14} = -3$, (nichts Neues).

Die Tangente t(x) schneidet f(x) also im Punkt $Q\left[\dfrac{22}{7} \mid \dfrac{58}{9}\right] \approx Q[3{,}143 \mid 6{,}444]$.

(Der Schnittpunkt wird auch am Graphen bestätigt.)

f.)   Wenn die Funktion achsensymmetrisch zur y-Achse werden soll, dann ist der Graph um $\dfrac{1}{2}$ nach links zu verschieben. Das erreicht man, indem alle x-Werte um $x = \dfrac{1}{2}$

vergrößert werden müssen. Es ergibt sich $h(x) = \dfrac{(x + \frac{1}{2})^2 - (x + \frac{1}{2}) - 2}{(x + \frac{1}{2})^2 - (x + \frac{1}{2}) - 6}$.

Es ergibt sich dabei:

$h(x) = \dfrac{x^2 + x + \frac{1}{4} - x - \frac{1}{2} - 2}{x^2 + x + \frac{1}{4} - x - \frac{1}{2} - 6} = \dfrac{x^2 - \frac{9}{4}}{x^2 - \frac{25}{4}} = \dfrac{4x^2 - 9}{4x^2 - 25}$.

Die neue Funktion h(x) ist achsensymmetrisch zur y-Achse, da nun $h(-x) = h(x)$, wegen der Quadrate bei den x-Werten.

Natürlich müsste dann auch g(x) verschoben werden. Es ergäbe sich

$g^*(x) = 2 \cdot (x + \tfrac{1}{2})^2 - 2 \cdot (x + \tfrac{1}{2}) - 4 = 2x^2 + 2x + \tfrac{1}{2} - 2x - 1 - 4$.

Die mitverschobene Parabel hätte also die folgende Vorschrift:

$$g^*(x) = 2x^2 - \dfrac{9}{2}$$

Untersuchung von gebrochen rationalen Funktionen

4.) Gegeben ist eine Funktion mit der Vorschrift: $f(x) = \dfrac{x^3 + 3x^2 - 4x - 12}{x^3 + 3x^2 + 2x + 6}$.

a.) Zeigen Sie, dass für f(x) auch geschrieben werden kann: $f(x) = \dfrac{(x+3) \cdot (x^2 - 4)}{(x+3) \cdot (x^2 + 2)}$

Geben Sie die Definitionslücke von f(x) an und erweitern Sie dort f(x) stetig !

b.) Untersuchen Sie f(x) auf Symmetrien und mögliche Asymptoten hin !

c.) Führen Sie nun eine vollständige Kurvendiskussion durch. (Def. Bereich ID geben Sie den y-Achsenabschnitt an, und bestimmen Sie mögliche Nullstellen, Extrem- und Wendepunkte, zeichnen Sie den Graphen im Intervall $-5 \le x \le 5$).

d.) Bestätigen Sie, dass eine Stammfunktion F(x) von f(x) lautet:

$$F(x) = x - 3\sqrt{2} \cdot \arctan(\frac{1}{2}\sqrt{2} \cdot x) + C .$$

e.) Welche Fläche A schließen die Tangente t(x) mit dem Graphen von f(x), an der Stelle $x = -2$ an f(x) angelegt, vollständig im dritten und vierten Quadranten ein ?

a.) Es ist behauptet, dass $f(x) = \dfrac{(x+3) \cdot (x^2 - 4)}{(x+3) \cdot (x^2 + 2)}$. Durch Ausmultiplizieren ergibt sich:

$$f(x) = \frac{x^3 - 4x + 3x^2 - 12}{x^3 + 2x + 3x^2 + 6} = \frac{x^3 + 3x^2 - 4x - 12}{x^3 + 3x^2 + 2x + 6} \qquad \text{q.e.d.}$$

Damit ist bekannt, dass f(x) an der Stelle $x = -3$ eine Unstetigkeitsstelle hat, da dort Null durch Null gebildet werden muss, was zunächst nicht definiert ist. Es muss also der $\lim\limits_{x \to -3} f(x)$ gefunden werden. Hierzu nimmt man die „gekürzte" Form und lässt dort

$x \to -3$ gehen. Es ergibt sich $\lim\limits_{x \to -3} \left(\dfrac{x^2 - 4}{x^2 + 2} \right) = \dfrac{5}{11}$.

Es kann also dort die Funktion stetig ergänzt werden mit $P\left[-3 \mid \dfrac{5}{11} \right]$.

Im Weiteren braucht also nur die „gekürzte" Form untersucht zu werden.

b.) Nimmt man die stetig erweiterte Form, dann ist f(x) achsensymmetrisch zur y-Achse, da $f(x) = f(-x)$.

Die möglichen Asymptoten findet man, indem zunächst die Nullstellen des Nenners untersucht werden: Es ergibt sich $x^2 + 2 = 0$, diese Gleichung hat im Reellen keine Lösung.

Es gibt also keine senkrechten Asymptoten.

Lässt man dagegen $x \to \pm\infty$ gehen, so erkennt man aus $f(x) = \lim\limits_{x \to \pm\infty} \dfrac{1 - \dfrac{4}{x^2}}{1 + \dfrac{2}{x^2}} = 1$.

Damit liegt als horizontale Asymptote die Gerade mit der Gleichung $y = 1$ vor.

c.) Für eine Kurvendiskussion wird also nur die „gekürzte" Form verwendet.

<u>Ableitungen</u> Es ist $f(x) = \dfrac{x^2 - 4}{x^2 + 2}$:

$$f`(x) = \frac{2x \cdot (x^2 + 2) - (x^2 - 4) \cdot 2x}{(x^2 + 2)^2} = \frac{2x^3 + 4x - 2x^3 + 8x}{(x^2 + 2)^2} = 12 \cdot \frac{x}{(x^2 + 2)^2}$$

$$f``(x) = 12 \cdot \frac{1 \cdot (x^2 + 2)^2 - x \cdot (x^2 + 2) \cdot 2 \cdot 2x}{(x^2 + 2)^4} = 12 \cdot \frac{x^2 + 2 - 4x^2}{(x^2 + 2)^3} = 12 \cdot \frac{-3x^2 + 2}{(x^2 + 2)^3}$$

$$f```(x) = 12 \cdot \frac{-6x \cdot (x^2 + 2)^3 - (-3x^2 + 2) \cdot 3 \cdot (x^2 + 2)^2 \cdot 2x}{(x^2 + 2)^6}$$

$$f```(x) = 12 \cdot \frac{-6x \cdot (x^2 + 2) - 6x \cdot (-3x^2 + 2)}{(x^2 + 2)^4} = 12 \cdot \frac{-6x^3 - 12x + 18x^3 - 12x}{(x^2 + 2)^4}$$

$$f```(x) = 12 \cdot \frac{12x^3 - 24x}{(x^2 + 2)^4} = 144 \cdot \frac{x^3 - 2x}{(x^2 + 2)^4}$$

Der Def.–Bereich ist $ID = \Re$ (nach der stetigen Ergänzung).

Der y-Achsenabschnitt ist $y_0 = f(0) = \dfrac{-4}{2} = -2$.

<u>Nullstellen:</u> Aus $\dfrac{x^2 - 4}{x^2 + 2} = 0$ ergibt sich $x_{N1/2} = \pm 2$.

f(x) hat also die beiden Nullstellen $N_1[-2\,|\,0]$ und $N_2[2\,|\,0]$.

(siehe auch Achsensymmetrie s. o.)

<u>Extrempunkte:</u> Die erste Ableitung wird gleich Null gesetzt:

$0 = 12 \cdot \dfrac{x}{(x^2 + 2)^2} \Leftrightarrow x_E = 0$. Dies in die zweite Ableitung eingesetzt, ergibt:

$f``(0) = 12 \cdot \dfrac{2}{8} > 0$. Also hat f(x) an der Stelle $x = 0$ einen TP, mit $TP[0\,|\,-2]$.

<u>Wendepunkte:</u> die zweite Ableitung gleich Null gesetzt, ergibt:

$0 = 12 \cdot \dfrac{-3x^2 + 2}{(x^2 + 2)^3} \Leftrightarrow 3x_w^2 = 2$ oder $x_{W1/2} = \pm\sqrt{\dfrac{2}{3}} = \pm\dfrac{1}{3}\sqrt{6} \approx \pm 0{,}8165$.

Mit der dritten Ableitung ergibt sich.

$f```(\pm\dfrac{1}{3}\sqrt{6}) = 144 \cdot \dfrac{x^3 - 2x}{(x^2 + 2)^4} \approx 144 \cdot \dfrac{0{,}544 - 1{,}633}{2{,}025} \neq 0$.

Damit liegen zwei Wendepunkte WP vor, mit

$WP_1\left[-\dfrac{1}{3}\sqrt{6}\,|\,-\dfrac{5}{4}\right] \approx WP_1[-0{,}816\,|\,-1{,}25]$ und $WP_2\left[\dfrac{1}{3}\sqrt{6}\,|\,-\dfrac{5}{4}\right] \approx WP_2[0{,}816\,|\,-1{,}25]$

(siehe auch Achsensymmetrie s. o.)

Graphen von f(x) der Asymptote mit $y = 1$ und t(x)
ungleiche Achsenmaßstäbe

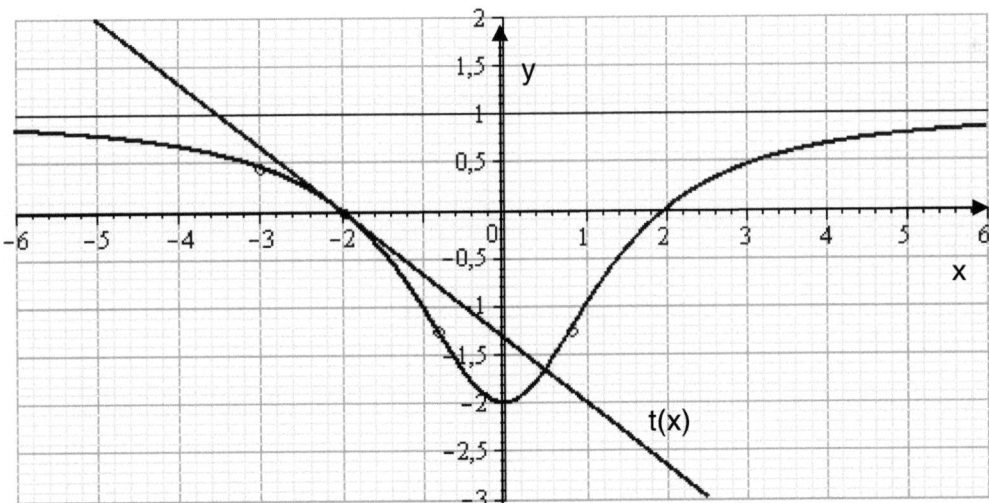

d.)   Es soll bestätigt werden, dass $F(x) = x - 3\sqrt{2} \cdot \arctan(\dfrac{1}{2}\sqrt{2} \cdot x) + C$ eine

Stammfunktion von f(x) ist. Dazu muss F(x) abgeleitet werden. Es ergibt sich:

$F`(x) = 1 - \dfrac{3 \cdot 2}{2 \cdot (1 + \dfrac{1}{4} \cdot 2 \cdot x^2)} = 1 - \dfrac{3}{1 + \dfrac{1}{2}x^2} = 1 - \dfrac{6}{2 + x^2} = \dfrac{2 + x^2 - 6}{2 + x^2} = \dfrac{x^2 - 4}{x^2 + 2} = f(x)$

Damit ist gezeigt, dass F(x) tatsächlich eine Stammfunktion von f(x) ist.

(Bei der Ableitung von arctan x wurde berücksichtigt, dass $(\arctan x)' = \dfrac{1}{1+x^2}$.)

e.) Um die gesuchte Fläche zu finden, muss zunächst die Gleichung der Tangente aufgestellt werden, die in allgemeiner Form lautet: $t(x) = m \cdot x + b$. Der Anstieg m ist die Steigung des Graphen von f(x) an der Stelle $x = -2$, hier der Nullstelle. Es ist

$$m = f'(-2) = 12 \cdot \frac{-2}{(4+2)^2} = 12 \cdot \frac{-2}{36} = -\frac{2}{3}. \text{ Also gilt } t(x) = -\frac{2}{3}x + b \text{ (vorläufig). Den}$$

Wert von b findet man, indem ausgenützt wird, dass Tangentenpunkt gleich Kurvenpunkt ist: $0 = -\dfrac{2}{3} \cdot (-2) + b \Leftrightarrow b = -\dfrac{4}{3}$.

Die (endgültige) Tangentengleichung lautet also: $t(x) = -\dfrac{2}{3}x - \dfrac{4}{3}$. Die von der

Tangente und der Kurve eingeschlossene Fläche A wird durch Integration gefunden. Dazu muss aber der 2. Schnittpunkt von t(x) mit dem Graphen von f(x) bekannt sein. Dieser wird durch Gleichsetzen bestimmt:

$$-\frac{2}{3}x - \frac{4}{3} = \frac{x^2-4}{x^2+2} \Leftrightarrow -2x \cdot (x^2+2) - 4 \cdot (x^2+2) = 3 \cdot (x^2-4).$$

Das ergibt: $-2x^3 - 4x - 4x^2 - 8 = 3x^2 - 12 \Leftrightarrow -2x^3 - 7x^2 - 4x + 4 = 0$. Die Lösung wird durch eine Polynomdivision mit $(x - (-2))$ gefunden, da ja $x = -2$ als Lösung bereits bekannt ist. Also $(-2x^3 - 7x^2 - 4x + 4) : (x+2) = -2x^2 - 3x + 2 = 0$. Wegen der p-q-Formel muss durch -2 dividiert werden: $x^2 + \dfrac{3}{2}x - 1 = 0$ ergibt als

Lösungen: $x_{2/3} = -\dfrac{3}{4} \pm \sqrt{\dfrac{9}{16} + \dfrac{16}{16}} = -\dfrac{3}{4} \pm \dfrac{5}{4}$.

Damit ist $x_2 = \dfrac{2}{4} = \dfrac{1}{2}$ und $x_3 = -2$ (nichts Neues).

Die Fläche A kann jetzt bestimmt werden:

$$A = \int_{-2}^{\frac{1}{2}} (t(x) - f(x))\,dx = \int_{-2}^{\frac{1}{2}} \left(\frac{-2}{3}x - \frac{4}{3} - \frac{x^2-4}{x^2+2} \right) dx . \text{ Hierbei muss berücksichtigt werden,}$$

dass die Stammfunktion F(x) von f(x) bekannt ist. Es ergibt sich:

$$A = \left[\frac{-x^2}{3} - \frac{4}{3}x - \left(x - 3\sqrt{2} \cdot \arctan\left(\frac{1}{2}\sqrt{2} \cdot x \right) \right) \right]_{-2}^{\frac{1}{2}}$$

$$A = -\frac{1}{12} - \frac{2}{3} - \frac{1}{2} + 3\sqrt{2}\arctan\left(\frac{1}{4}\sqrt{2} \right) - \left(-\frac{4}{3} + \frac{8}{3} + 2 + 3\sqrt{2}\arctan(-\sqrt{2}) \right)$$

$$A = \frac{-55}{12} + 3\sqrt{2} \cdot \left(\arctan\left(\frac{1}{4}\sqrt{2} \right) - \arctan(-\sqrt{2}) \right) \approx -\frac{55}{12} + 5{,}4949 \approx 0{,}9115$$

(Hier muss der arctan x im Bogenmaß berechnet werden.)

Die von der Tangente t(x) und dem Graphen von f(x) vollständig eingeschlossene Fläche A beträgt:

$$A = \frac{-55}{12} + 3\sqrt{2} \cdot \left(\arctan\left(\frac{1}{4}\sqrt{2} \right) - \arctan(-\sqrt{2}) \right) \text{ F.E.} \approx -\frac{55}{12} + 5{,}4949 \text{ F.E.} \approx 0{,}9115 \text{ F.E.}$$

Untersuchung von gebrochen rationalen Funktionen

5.) Gegeben ist eine Funktion mit der Vorschrift: $f(x) = \dfrac{x^3 - x^2 + x - 6}{x^2 - 2x}$.

a.) Zeigen Sie, dass für f(x) auch geschrieben werden kann: $f(x) = \dfrac{(x-2) \cdot (x^2 + x + 3)}{(x-2) \cdot x}$

Geben Sie die Definitionslücke von f(x) an und erweitern Sie dort f(x) stetig !

b.) Untersuchen Sie f(x) auf Symmetrien und mögliche Asymptoten hin !

c.) Führen Sie nun eine vollständige Kurvendiskussion durch. (Def. Bereich ID geben Sie den y-Achsenabschnitt an, und bestimmen Sie mögliche Nullstellen, Extrem- und Wendepunkte, zeichnen Sie den Graphen im Intervall $-5 \le x \le 5$).

d.) Eine zweite Funktion (Parabel) mit der allgemeinen Gleichung $g(x) = ax^2 + bx + c$ geht durch die Punkte $P[-3\,|-3]$ und $Q[3\,|\,5]$ von f(x). Außerdem verläuft die Tangente von g(x) an der Stelle $x = -\dfrac{1}{2}$ horizontal. Zeigen Sie, dass die Gleichung von g(x) lauten muss: $g(x) = \dfrac{4}{3}x^2 + \dfrac{4}{3}x - 11$!

e.) Zeigen Sie, dass eine Stammfunktion F(x) von f(x) lautet:

$$F(x) = \frac{1}{2}x^2 + x + 3\ln|x| + C$$

f.) Bestimmen Sie die Fläche A, die im dritten Quadranten von f(x) und g(x) vollständig eingeschlossen wird !

Lösungen der gebrochen rationalen Funktion Nr. 5

a.)   Es ist behauptet, dass: $f(x) = \dfrac{(x-2) \cdot (x^2 + x + 3)}{(x-2) \cdot x}$. Durch Ausmultiplizieren ergibt

sich: $f(x) = \dfrac{x^3 + x^2 + 3x - 2x^2 - 2x - 6}{x^2 - 2x} = \dfrac{x^3 - x^2 + x - 6}{x^2 - 2x}$ q.e.d.

Damit ist bekannt, dass $f(x)$ an der Stelle $x = 2$ eine Unstetigkeitsstelle hat, da dort Null durch Null gebildet werden muss, was zunächst nicht definiert ist. Es muss also der $\lim\limits_{x \to 2} f(x)$ gefunden werden. Hierzu nimmt man die „gekürzte" Form und lässt dort

$x \to 2$ gehen. Es ergibt sich $\lim\limits_{x \to 2} \left(\dfrac{x^2 + x + 3}{x} \right) = \dfrac{9}{2}$.

Es kann also dort die Funktion stetig ergänzt werden mit $R\left[2 \mid \dfrac{9}{2} \right]$.

Im Weiteren braucht also nur die „gekürzte" Form untersucht zu werden.

b.)   Es ist $f(-x) = \dfrac{x^2 - x + 3}{-x} \neq f(x)$ und $-f(-x) = \dfrac{-x^2 + x - 3}{-x} \neq f(x)$.

Damit ist gezeigt, dass bei $f(x)$ weder Achsensymmetrie zur y-Achse noch Punktsymmetrie zum Ursprung vorliegt.

Lässt man dagegen $x \to 0$ gehen, so erkennt man, dass $f(x) \to \pm\infty$ geht. Damit hat $f(x)$ bei $x = 0$ eine senkrechte Asymptote (Polstelle mit Vorzeichenwechsel). Um zu entscheiden, wie sich der Graph für $x \to \pm\infty$ verhält, führt man eine unvollständige Polynomdivision durch. Es ergibt sich:

$$(x^3 - x^2 + x - 6) : (x^2 + 2x) = x + 1 + \dfrac{3x}{x^2 - 2x} = x + 1 + \dfrac{3}{x - 2}.$$

Damit liegt als schiefe Asymptote die Gerade mit der Gleichung $h(x) = x + 1$ vor,

denn der $\lim\limits_{x \to \pm\infty} \left(\dfrac{3}{x - 2} \right) = 0$.

c.)   Für eine Kurvendiskussion wird also nur die „gekürzte" Form verwendet.

<u>Ableitungen</u>: Es ist: $f(x) = \dfrac{x^2 + x + 3}{x}$. Dann ergibt sich mit der Quotientenregel:

$$f'(x) = \dfrac{(2x+1) \cdot x - (x^2 + x + 3) \cdot 1}{x^2} = \dfrac{2x^2 + x - x^2 - x - 3}{x^2} = \dfrac{x^2 - 3}{x^2}$$

$$f''(x) = \dfrac{2x \cdot x^2 - (x^2 - 3) \cdot 2x}{x^4} = \dfrac{2x^3 - 2x^3 + 6x}{x^4} = \dfrac{6}{x^3}$$

$$f'''(x) = \dfrac{-6 \cdot 3x^2}{x^6} = -\dfrac{18}{x^4}$$

Der Def.-Bereich ist $\mathbb{D} = \{x \mid x \in \mathfrak{R}\}$, mit $x \neq 0$ (nach der stetigen Ergänzung).
Wegen der Polstelle (s. o.) kann kein y-Achsenabschnitt angegeben werden.

Aus $0 = \dfrac{x^2 + x + 3}{x}$ ergibt sich $x^2 + x + 3 = 0$. Mit der p-q-Formel folgt:

$x_{N1/2} = -\dfrac{1}{2} \pm \sqrt{\dfrac{1}{4} - \dfrac{12}{4}} \notin \Re$. Das heißt, f(x) hat <u>keine</u> Nullstellen.

Extrempunkte: Die erste Ableitung muss wegen der notwendigen Bedingung gleich

Null gesetzt werden: $0 = \dfrac{x^2 - 3}{x^2} \Leftrightarrow x_{E1/2} = \pm\sqrt{3}$. Mit der zweiten Ableitung ergibt

sich: $f``(\sqrt{3}) = \dfrac{6}{3\sqrt{3}} > 0$ und $f``(-\sqrt{3}) = \dfrac{6}{-3\sqrt{3}} < 0$.

Damit liegt ein Tiefpunkt TP vor, mit $TP\left[\sqrt{3} \,|\, 2\sqrt{3} + 1\right] \approx TP[1,7321 \,|\, 4,4641]$ und ein

Hochpunkt HP, mit $HP\left[-\sqrt{3} \,|\, -2\sqrt{3} + 1\right] \approx HP[-1,7321 \,|\, -2,4641]$.

Wendepunkte: Die notwendige Bedingung ($6 \neq 0$) für Wendepunkte kann nicht erfüllt werden. Also gibt es <u>keine</u> Wendepunkte.

Graphen von f(x), Asymptote h(x) und Parabel g(x)
ungleiche Achsenmaßstäbe

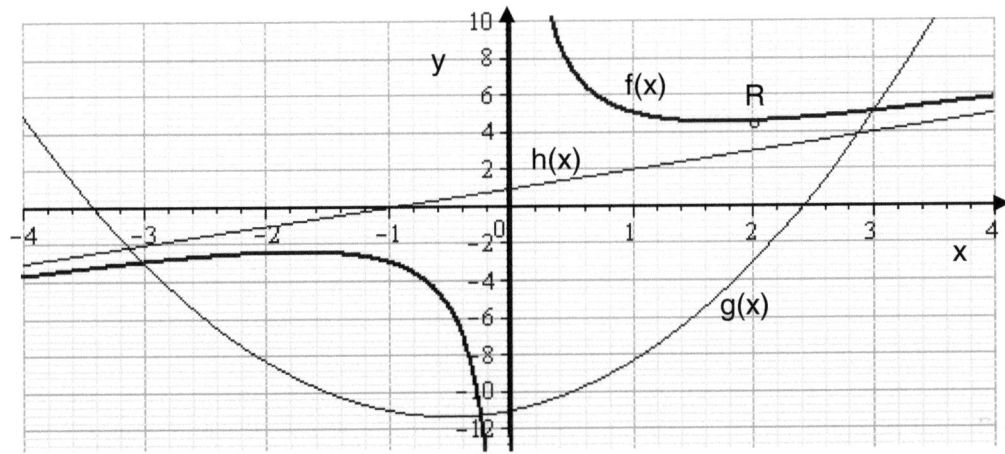

d.) Die Parabel hat die allgemeine Form $g(x) = ax^2 + bx + c$. Man benötigt außerdem die erste Ableitung. Es ist $g`(x) = 2ax + b$. Die Aussagen des Textes werden nun verwendet. Es ergibt sich.

$5 = 9a + 3b + c$	(1)	Punkt $[3\,|\,5]$ wurde eingesetzt.
$-3 = 9a - 3b + c$	(2)	Punkt $[-3\,|\,-3]$ wurde eingesetzt.
$0 = -a + b$	(3)	bei $x = -\dfrac{1}{2}$ verläuft Tangente horizontal
$8 = 6b$	(4)	folgt aus (1)-(2)
$b = \dfrac{8}{6} = \dfrac{4}{3}$	(4a)	(4) freigestellt nach b, wird eingesetzt in (3):
$a = b = \dfrac{4}{3}$	(5)	wird eingesetzt z. Beisp. in (1)
$5 = 9 \cdot \dfrac{4}{3} + 3 \cdot \dfrac{4}{3} + c$	(6)	wird freigestellt nach c, es ergibt sich:
$c = 5 - 12 - 4 = -11$	(6a)	Damit ist gezeigt, dass g(x) lautet:

$$g(x) = \dfrac{4}{3}x^2 + \dfrac{4}{3}x - 11 \quad \text{q.e.d.}$$

e.) Die gesuchte Stammfunktion findet man durch Integration wie folgt:

$$F(x) = \int \frac{x^2 + x + 3}{x} dx = \int \left(x + 1 + \frac{3}{x} \right) dx = \int x \, dx + \int dx + \int \frac{3}{x} dx \,.$$ Es ergibt sich:

$$F(x) = \frac{1}{2} x^2 + x + 3 \ln |x| + C \qquad \text{q.e.d.}$$

(Beim Integrieren von $\frac{1}{x}$ muss von $\ln(x)$ der Betrag von x gebildet werden, um auch negative x-Werte zuzulassen.)

(Die Konstante C ist beliebig zu wählen, da sie beim Ableiten wieder wegfällt.)

f.) Um die gesuchte Fläche A zu finden, müssen die beiden Vorschriften gleichgesetzt werden, um die Integrationsgrenzen zu finden. Es ist: $\frac{4}{3} x^2 + \frac{4}{3} x - 11 = \frac{x^2 + x + 3}{x}$.

Daraus folgt nach Multiplikation mit $3x$: $\quad 4x^3 + 4x^2 - 33x = 3x^2 + 3x + 9$. Das geht über in $4x^3 + x^2 - 36x - 9 = 0$. Da eine Stelle $x = -3$ (als Lösung von $f(x)$ und $g(x)$) bereits bekannt ist, wird eine Polynomdivision durch $(x - (-3))$ durchgeführt.

Es ergibt sich: $(4x^3 + x^2 - 36x - 9) : (x - (-3)) = 4x^2 - 11x - 3 = 0$.

Division durch 4 liefert: $x^2 - \frac{11}{4} x - \frac{3}{4} = 0$. Damit ergibt sich mit der p-q-Formel:

$$x_{2/3} = \frac{11}{8} \pm \sqrt{\frac{121}{64} + \frac{48}{64}} = \frac{11}{8} \pm \sqrt{\frac{169}{64}} = \frac{11}{8} \pm \frac{13}{8}\,.$$ Also ist

$$x_2 = -\frac{2}{8} = -\frac{1}{4} \quad \text{und} \quad x_3 = \frac{24}{8} = 3\,, \text{ (nichts Neues).}$$

Jetzt kann die Fläche bestimmt werden:

$$A = \int_{-3}^{-\frac{1}{4}} (f(x) - g(x)) dx = \left[\frac{1}{2} x^2 + x + 3 \ln |x| - (\frac{4}{9} x^3 + \frac{2}{3} x^2 - 11x) \right]_{-3}^{-\frac{1}{4}}\,.$$ Es folgt:

$$A = \frac{1}{32} - \frac{1}{4} + 3 \ln(\frac{1}{4}) - (\frac{4}{9} \cdot \frac{-1}{64} + \frac{2}{3} \cdot \frac{1}{16} + \frac{11}{4}) - (\frac{9}{2} - 3 + 3 \ln(3) - (\frac{4}{9} \cdot (-27) + \frac{2}{3} \cdot 9 + 33)$$

$$A = -\frac{865}{288} + 3 \ln(\frac{1}{4}) - \frac{51}{2} - 3 \ln(3) = \frac{6479}{288} + 3 \ln(\frac{1}{4}) - 3 \ln(3)$$

Es ist $\ln(\frac{1}{4}) = \ln(1) - \ln(4) = \ln(1) - \ln(2^2) = \ln(1) - 2 \ln(2) = 0 - 2 \ln(2) = -2 \ln(2)$

Damit ergibt sich für die gesuchte Fläche A:

$$A = \frac{6479}{288} - 6 \ln(2) - 3 \ln(3) \text{ F.E.} \approx 15{,}042 \text{ F.E.}$$

Grundsätzliche Bemerkung:

Wenn die zu integrierende Funktionsvorschrift negative x-Werte zulässt und damit die Argumente der ln-Werte, die durch die Integration entstanden sind, negativ werden können, werden in der endgültigen Lösung die Argumente der ln-Werte in Betragsstriche gesetzt.

1.) Zeigen Sie durch Berechnung, dass gilt:

$$\int \frac{6x+9}{x^3-9x}\,dx = -\ln(|x|) + \frac{3}{2}\ln(|x-3|) - \frac{1}{2}\ln(|x+3|) + K.$$

Lösung:

(mit Hilfe einer Partialbruchzerlegung)

Aus dem Ansatz $\dfrac{6x+9}{x^3-9x} = \dfrac{6x+9}{x\cdot(x^2-9)} = \dfrac{6x+9}{x\cdot(x+3)\cdot(x-3)} = \dfrac{A}{x} + \dfrac{B}{x+3} + \dfrac{C}{x-3}$

ergibt sich durch Multiplikation mit allen 3 Nennern, (die $\neq 0$ sind):

$6x+9 = A\cdot(x+3)\cdot(x-3) + B\cdot x\cdot(x-3) + C\cdot x\cdot(x+3)$ oder

$6x+9 = A\cdot(x^2-9) + B\cdot(x^2-3x) + C\cdot(x^2+3x)$ oder

$6x+9 = (A+B+C)\cdot x^2 + (-B+C)\cdot 3x + A\cdot(-9)$

Vergleicht man die jeweiligen Koeffizienten, so ergeben sich die 3 Gleichungen:

$A+B+C = 0$ (1), da kein x^2 in $6x+9$ enthalten ist.

$(-B+C)\cdot 3 = 6$ (2)

$-9A = 9$ (3), aus Gleichung (3) folgt sofort:

$A = -1$ (3a), damit ist

$B+C = 1$ (1a) und

$-B+C = 2$ (2a) Addition von (1a) und (2a) liefert sofort:

$2C = 3$ (4) daraus ergibt sich

$C = \dfrac{3}{2}$ (4a), kann nun in (1a) oder (2a) eingesetzt werden. Hier

wird (2a) verwendet. Es ergibt sich:

$B = C - 2 = \dfrac{3}{2} - 2 = -\dfrac{1}{2}.$ (5)

Nun kann das Integral angegeben werden. Es ist:

$$\int \frac{6x+9}{x^3-9x}\,dx = \int \frac{-1}{x}\,dx - \frac{1}{2}\int \frac{1}{x+3}\,dx + \frac{3}{2}\int \frac{1}{x-3}\,dx = -\ln(x) - \frac{1}{2}\ln(x+3) + \frac{3}{2}\ln(x-3).$$

Zu jedem unbestimmten Integral kann eine bel. Konstante K addiert werden. Also:

$$\int \frac{6x+9}{x^3-9x}\,dx = -\ln(|x|) + \frac{3}{2}\ln(|x-3|) - \frac{1}{2}\ln(|x+3|) + K, \qquad \text{q.e.d.}$$

2.)   Zeigen Sie durch Berechnung, dass gilt:

$$\int \frac{dx}{x^3 - 2x^2} = -\frac{1}{4}\ln(|x|) + \frac{1}{2x} + \frac{1}{4}\ln(|x-2|) + K.$$

Lösung:

Das Integral kann mit einer Partialbruchzerlegung gelöst werden:

Aus dem Ansatz $\dfrac{1}{x^3 - 2x^2} = \dfrac{A}{x} + \dfrac{B}{x^2} + \dfrac{C}{x-2}$ ergibt sich durch Multiplikation mit allen 3 Nennern, (die $\neq 0$ sind):

$1 = A \cdot x \cdot (x-2) + B \cdot (x-2) + C \cdot x^2 = A \cdot x^2 - 2A \cdot x + B \cdot x - 2B + C \cdot x^2$ oder

$1 = (A + C) \cdot x^2 + (-2A + B) \cdot x - 2B$

Vergleicht man die jeweiligen Koeffizienten, so ergeben sich die 3 Gleichungen:

$A + C = 0$ (1), da kein x^2 enthalten ist.

$-2A + B = 0$ (2), da kein x enthalten ist.

$-2B = 1 \Leftrightarrow B = -\dfrac{1}{2}$ (3) B wird in (2)eingesetzt:

$2A = B = -\dfrac{1}{2}$ (2a) . Daraus ergibt sich:

$A = -\dfrac{1}{4}$ (4). Dies wird in (1) eingesetzt:

$C = -A = \dfrac{1}{4}$ (5).

Damit ist

$$\frac{1}{x^3 - 2x^2} = \frac{1}{x^2 \cdot (x-2)} = -\frac{1}{4 \cdot x} - \frac{1}{2 \cdot x^2} + \frac{1}{4 \cdot (x-2)}.$$

Nun kann das Integral angegeben werden. Es ist:

$$\int \frac{dx}{x^3 - 2x^2} = -\frac{1}{4}\int\frac{dx}{x} - \frac{1}{2}\int\frac{dx}{x^2} + \frac{1}{4}\int\frac{dx}{x-2} = -\frac{1}{4}\ln(x) + \frac{1}{2x} + \frac{1}{4}\ln(x-2).$$

Zu jedem unbestimmten Integral kann eine bel. Konstante K addiert werden. Also:

$$\int \frac{dx}{x^3 - 2x^2} = -\frac{1}{4}\ln(|x|) + \frac{1}{2x} + \frac{1}{4}\ln(|x-2|) + K, \quad \text{q.e.d.}$$

3.) Zeigen Sie durch Berechnung, dass gilt:

$$\int \frac{x^2+9}{x^2-9}\,dx = x + 3\ln(|x-3|) - 3\ln(|x+3|) + K.$$

Lösung:

Das Integral kann mit einer Partialbruchzerlegung gelöst werden:

Da im Zähler und Nenner jeweils x^2 vorkommt, ist zunächst eine (unvollständige)

Polynomdivision ratsam: Es ist $(x^2+9):(x^2-9) = 1 + \dfrac{18}{x^2-9}$.

Aus dem Ansatz $\dfrac{18}{x^2-9} = \dfrac{A}{x-3} + \dfrac{B}{x+3}$ ergibt sich durch Multiplikation mit allen 2

Nennern, (die $\neq 0$ sind):
$18 = A \cdot (x+3) + B \cdot (x-3) = A \cdot x + 3A + B \cdot x - 3B$.

$18 = (A+B) \cdot x + 3 \cdot (A-B)$

Vergleicht man die jeweiligen Koeffizienten, so ergeben sich die 2 Gleichungen:

$A + B = 0$ (1), da kein x in 18 enthalten ist.

$3 \cdot (A-B) = 18 \Leftrightarrow A - B = 6$ (2) addiert man (1) und (2), so ergibt sich:

$2A = 6 \Leftrightarrow A = 3$ (3) eingesetzt in (1) ergibt sich:

$B = -A = -3$.   (4)

Nun kann das Integral angegeben werden. Es ist:

$$\int \frac{x^2+9}{x^2-9}\,dx = \int dx + 3\int \frac{dx}{x-3} - 3\int \frac{dx}{x+3} = x + 3\ln(x-3) - 3\ln(x+3).$$

Zu jedem unbestimmten Integral kann eine bel. Konstante K addiert werden. Also:

$$\int \frac{x^2+9}{x^2-9}\,dx = x + 3\ln(|x-3|) - 3\ln(|x+3|) + K, \ \dots \ \text{q.e.d.}$$

4.) Zeigen Sie durch Berechnung, dass gilt:

$$\int \frac{x^3-3}{x^2-3}dx = \frac{x^2}{2} + \left(\frac{3}{2}-\frac{1}{2}\sqrt{3}\right)\ln(|x-\sqrt{3}|) + \left(\frac{3}{2}+\frac{1}{2}\sqrt{3}\right)\ln(|x+\sqrt{3}|) + K.$$

Lösung:

Das Integral kann mit einer Partialbruchzerlegung gelöst werden:

Da im Zähler x^3 und im Nenner x^2 vorkommt, ist zunächst eine (unvollständige) Polynomdivision ratsam. Es ist:

$$(x^3-3):(x^2-3) = x + \frac{3x-3}{x^2-3} = x + \frac{3x-3}{(x-\sqrt{3})\cdot(x+\sqrt{3})}.$$

Aus dem Ansatz $\frac{3x-3}{x^2-3} = \frac{A}{x-\sqrt{3}} + \frac{B}{x+\sqrt{3}}$ ergibt sich durch Multiplikation mit allen 2 Nennern, (die $\neq 0$ sind):

$$3x-3 = A\cdot(x+\sqrt{3}) + B\cdot(x-\sqrt{3}) = A\cdot x + A\sqrt{3} + B\cdot x - B\sqrt{3} \text{ oder}$$

$$3x-3 = (A+B)\cdot x + (A-B)\cdot\sqrt{3}.$$

Vergleicht man die jeweiligen Koeffizienten, so ergeben sich die 2 Gleichungen:

$$A+B = 3 \qquad\qquad (1)$$

$$A-B = -\frac{3}{\sqrt{3}} = -\sqrt{3} \qquad\qquad (2) \text{ Addition von (1)und (2) ergibt}$$

$$2A = 3-\sqrt{3} \Leftrightarrow A = \frac{3}{2}-\frac{1}{2}\sqrt{3} \qquad\qquad (3) \text{ Setzt man (3) in (1) oder (2) ein, ergibt sich}$$

$$B = 3-(\frac{3}{2}-\frac{1}{2}\sqrt{3}) = \frac{3}{2}+\frac{1}{2}\sqrt{3} \qquad (4)$$

Nun kann das Integral angegeben werden. Es ist:

$$\int \frac{x^3-3}{x^2-3}dx = \int x\,dx + (\frac{3}{2}-\frac{1}{2}\sqrt{3})\int\frac{1}{x-\sqrt{3}}dx + (\frac{3}{2}+\frac{1}{2}\sqrt{3})\int\frac{1}{x+\sqrt{3}}dx. \text{ Das ergibt:}$$

$$\int \frac{x^3-3}{x^2-3}dx = \frac{x^2}{2} + \left(\frac{3}{2}-\frac{1}{2}\sqrt{3}\right)\ln(x-\sqrt{3}) + \left(\frac{3}{2}+\frac{1}{2}\sqrt{3}\right)\ln(x+\sqrt{3}).$$

Zu jedem unbestimmten Integral kann eine bel. Konstante K addiert werden. Also:

$$\int \frac{x^3-3}{x^2-3}dx = \frac{x^2}{2} + \left(\frac{3}{2}-\frac{1}{2}\sqrt{3}\right)\ln(|x-\sqrt{3}|) + \left(\frac{3}{2}+\frac{1}{2}\sqrt{3}\right)\ln(|x+\sqrt{3}|) + K, \qquad \text{q.e.d.}$$

5.)   Zeigen Sie durch Berechnung, dass gilt:

$$\int \frac{x-1}{(x+1)^2} dx = \ln(|x+1|) + \frac{2}{x+1} + K.$$

Lösung:

Hier gelingt die Lösung mit Hilfe der Substitution: $z = x+1$.

Damit ist $\frac{dz}{dx} = 1 \Leftrightarrow dx = dz$.

Eingesetzt ergibt sich: $\int \frac{x-1}{(x+1)^2} dx = \int \frac{x-1}{z^2} dz$. Aus der obigen Substitution ergibt

sich weiter: $x-1 = z-2$. Also ergibt sich für das Integral:

$$\int \frac{x-1}{(x+1)^2} dx = \int \frac{x-1}{z^2} dz = \int \frac{z-2}{z^2} dz = \int \frac{1}{z} dz - \int \frac{2}{z^2} dz.$$

Das kann sofort integriert werden: $\int \frac{x-1}{(x+1)^2} dx = \ln(z) + \frac{2}{z} = \ln(x+1) + \frac{2}{x+1}$,

(mit Rücksubstitution)

Zu jedem unbestimmten Integral kann eine bel. Konstante K addiert werden. Also:

$$\int \frac{x-1}{(x+1)^2} dx = \ln(|x+1|) + \frac{2}{x+1} + K, \quad \text{q.e.d.}$$

6.) Zeigen Sie durch Berechnung, dass gilt:

$$\int \frac{8-x}{(4-x)^2}\,dx = \frac{4}{4-x} - \ln(|\,4-x\,|) + K.$$

Lösung:

Hier gelingt die Lösung mit Hilfe der Substitution: $z = 4-x$. Es ergibt sich mit:

$$\frac{dz}{dx} = -1 \Leftrightarrow dx = -dz \text{ also } -\int \frac{8-x}{z^2}\,dz. \qquad \text{Es ist außerdem } z+4 = 8-x.$$

Damit geht das Integral über in: $\int \frac{8-x}{(4-x)^2}\,dx = -\int \frac{z+4}{z^2}\,dz = -\int \frac{dz}{z} - \int \frac{4}{z^2}\,dz.$

Jetzt kann die Integration direkt ausgeführt werden: $\int \frac{8-x}{(4-x)^2}\,dx = -\ln(z) + \frac{4}{z}.$

Die Rücksubstitution liefert: $\int \frac{8-x}{(4-x)^2}\,dx = -\ln(z) + \frac{4}{z} = -\ln(4-x) + \frac{4}{4-x}.$

Zu jedem unbestimmten Integral kann eine bel. Konstante K addiert werden. Also:

$$\int \frac{8-x}{(4-x)^2}\,dx = \frac{4}{4-x} - \ln(|\,4-x\,|) + K, \qquad \text{q.e.d.}$$

Das Integral kann auch mit einer Partialbruchzerlegung gelöst werden: Der Ansatz

$\frac{8-x}{(4-x)^2} = \frac{A}{4-x} + \frac{B}{(4-x)^2}$ liefert nach Multiplikation mit $(4-x)^2$, der $\neq 0$ ist:

$8-x = A \cdot (4-x) + B = 4A - A \cdot x + B = -A \cdot x + 4A + B.$

Es ergeben sich durch Koeffizientenvergleich 2 Gleichungen:

$-1 = -A \Leftrightarrow A = 1$ \hfill (1) und

$8 = 4A + B = 4 + B$ \hfill (2), nachdem aus (1) A eingesetzt wurde.

$B = 4$ \hfill (3).

Jetzt kann das Integral angesetzt werden zu : (Dabei muss wegen der inneren Ableitung auf das jeweilige Vorzeichen geachtet werden):

$$\int \frac{8-x}{(4-x)^2}\,dx = \int \frac{1}{4-x}\,dx + \int \frac{4}{(4-x)^2}\,dx = -\ln(4-x) + \frac{4}{4-x}.$$

Wie oben ergibt sich:

$$\int \frac{8-x}{(4-x)^2}\,dx = \frac{4}{4-x} - \ln(|\,4-x\,|) + K, \qquad \text{q.e.d.}$$

7.)   Zeigen Sie durch Berechnung, dass gilt:

$$\int \frac{1}{x^2 - 4} dx = \frac{1}{4} \ln(|x - 2|) - \frac{1}{4} \ln(|x + 2|) + K.$$

Lösung:

Der Ansatz $\dfrac{1}{x^2 - 4} = \dfrac{A}{x - 2} + \dfrac{B}{x + 2}$ liefert durch Multiplikation mit allen 2 Nennern,

(die $\neq 0$ sind):

$$1 = A \cdot (x + 2) + B \cdot (x - 2) = A \cdot x + 2A + B \cdot x - 2B = (A + B) \cdot x + 2 \cdot (A - B).$$

Es ergeben sich durch Koeffizientenvergleich 2 Gleichungen:

$0 = A + B$ (1), da kein x enthalten ist.

$1 = 2 \cdot (A - B)$ (2) oder

$\dfrac{1}{2} = A - B$ (2a) Addition von (1) und (2a) liefert:

$\dfrac{1}{2} = 2A \Leftrightarrow A = \dfrac{1}{4}$ (3) wird eingesetzt in (1), das ergibt

$B = -A = -\dfrac{1}{4}.$

Jetzt kann das Integral angesetzt werden zu:

$$\int \frac{1}{x^2 - 4} dx = \frac{1}{4} \int \frac{dx}{x - 2} - \frac{1}{4} \int \frac{dx}{x + 2} = \frac{1}{4} \ln(x - 2) - \frac{1}{4} \ln(x + 2).$$

Zu jedem unbestimmten Integral kann eine bel. Konstante K addiert werden. Also:

$$\int \frac{1}{x^2 - 4} dx = \frac{1}{4} \ln(|x - 2|) - \frac{1}{4} \ln(|x + 2|) + K, \quad \text{q.e.d.}$$

8.) Zeigen Sie durch Berechnung, dass gilt:

$$\int \frac{x-7}{x^2+x-2}\,dx = 3\ln(|x+2|) - 2\ln(|x-1|) + K.$$

Lösung:

Die p-q-Formel liefert die Nullstellen des Nenners: Aus $x^2+x-2=0$ ergibt sich:

$$x_{1/2} = -\frac{1}{2} \pm \sqrt{\frac{1}{4}+\frac{8}{4}} = -\frac{1}{2} \pm \frac{3}{2}.$$ Damit ist $x_1=1$ und $x_2=-2$. Somit ist:

$$\frac{x-7}{x^2+x-2} = \frac{x-7}{(x-1)\cdot(x-(-2))} = \frac{x-7}{(x-1)\cdot(x+2)}.$$

Der Ansatz $\dfrac{x-7}{x^2+x-2} = \dfrac{A}{x-1} + \dfrac{B}{x+2}$ liefert durch Multiplikation mit allen 2 Nennern, (die $\neq 0$ sind):

$$x-7 = A\cdot(x+2) + B\cdot(x-1) = A\cdot x + 2A + B\cdot x - B = (A+B)\cdot x + 2A - B.$$

Es ergeben sich durch Koeffizientenvergleich 2 Gleichungen:

$1 = A + B$ (1)

$-7 = 2A - B$ (2) Addition von (1) und (2) ergibt:

$-6 = 3A \Leftrightarrow A = -2$ (3) wird in (1) eingesetzt, es ergibt sich

$B = 1 - A = 1 + 2 = 3$ (4)

Jetzt kann das Integral angesetzt werden zu:

$$\int \frac{x-7}{x^2+x-2}\,dx = -2\int \frac{1}{x-1}\,dx + 3\int \frac{1}{x+2}\,dx = -2\ln(x-1) + 3\ln(x+2).$$

Zu jedem unbestimmten Integral kann eine bel. Konstante K addiert werden. Also:

$$\int \frac{x-7}{x^2+x-2}\,dx = 3\ln(|x+2|) - 2\ln(|x-1|) + K, \qquad \text{q.e.d.}$$

9.) Zeigen Sie durch Berechnung, dass gilt:

$$\int \frac{1}{x^2 - 5x + 6} \, dx = \ln(|x-3|) - \ln(|x-2|) + K.$$

Lösung:

Die p-q-Formel liefert die Nullstellen des Nenners: Aus $x^2 - 5x + 6 = 0$ ergibt sich:

$$x_{1/2} = \frac{5}{2} \pm \sqrt{\frac{25}{4} - \frac{24}{4}} = \frac{5}{2} \pm \frac{1}{2}.$$

Also ist $x_1 = 3$ und $x_2 = 2$.

Damit ist: $\int \dfrac{1}{x^2 - 5x + 6} \, dx = \int \dfrac{1}{(x-3) \cdot (x-2)} \, dx$.

Der Ansatz $\dfrac{1}{x^2 - 5x + 6} = \dfrac{A}{x-3} + \dfrac{B}{x-2}$ wird mit beiden Nennern, die $\neq 0$ sind,

multipliziert. Es ergibt sich:

$$1 = A \cdot (x-2) + B \cdot (x-3) = A \cdot x - 2A + B \cdot x - 3B = (A+B) \cdot x + (-2A - 3B).$$

Es ergeben sich durch Koeffizientenvergleich 2 Gleichungen:

$0 = A + B$ (1), da kein x enthalten ist.

$1 = -2A - 3B$ (2) Aus (1) ergibt sich $A = -B$. Dies wird in (2)

eingesetzt. Es ergibt sich:

$1 = -2 \cdot (-B) - 3B = -B$ (3) Damit ist:

$B = -1$.   (3a) Dies wird eingesetzt in (1). Es ergibt sich:

$A = 1$.   (4)

Jetzt kann das Integral dargestellt werden als:

$$\int \frac{1}{x^2 - 5x + 6} \, dx = \int \frac{1}{x-3} \, dx - \int \frac{1}{x-2} \, dx = \ln(x-3) - \ln(x-2).$$

Zu jedem unbestimmten Integral kann eine bel. Konstante K addiert werden. Also:

$$\int \frac{1}{x^2 - 5x + 6} \, dx = \ln(|x-3|) - \ln(|x-2|) + K, \qquad \text{q.e.d.}$$

10.) Zeigen Sie durch Berechnung, dass gilt:

$$\int \frac{8x^3 + 13x}{(x^2 + 2)^2}\, dx = 4\ln(x^2 + 2) + \frac{3}{2x^2 + 4} + K\,.$$

Lösung:

$$\frac{8x^3 + 13x}{(x^2 + 2)^2} = x \cdot \frac{8x^2 + 13}{(x^2 + 2)^2} = x \cdot \left(\frac{A}{x^2 + 2} + \frac{B}{(x^2 + 2)^2} \right)$$

Dieser Ansatz wird mit beiden Nennern, die $\neq 0$ sind, multipliziert. Es ergibt sich:

$$x \cdot (8x^2 + 13) = x \cdot (A \cdot (x^2 + 2) + B) = x \cdot (A \cdot x^2 + 2A + B)\,.$$

Daraus ergibt sich sofort:

$8 = A$ und $13 = 2A + B$. Setzt man A ein, ergibt sich $B = 13 - 16 = -3$. Also ist:

$$\frac{8x^3 + 13x}{(x^2 + 2)^2} = \frac{8x}{x^2 + 2} - \frac{3x}{(x^2 + 2)^2}\,. \text{ Jetzt kann das Integral angesetzt werden als:}$$

$$\int \frac{8x^3 + 13x}{(x^2 + 2)^2}\, dx = \int \frac{8x}{x^2 + 2}\, dx - \int \frac{3x}{(x^2 + 2)^2}\, dx\,.$$

Mit Hilfe der Substitution $z = x^2 + 2$ ergibt sich: $\dfrac{dz}{dx} = 2x$ oder $dx = \dfrac{dz}{2x}$.

Also ist $\int \dfrac{8x}{z} \cdot \dfrac{1}{2x}\, dz = 4\int \dfrac{dz}{z} = 4\ln(z)$ und $-\int \dfrac{3x}{z^2} \cdot \dfrac{1}{2x}\, dz = -\dfrac{3}{2} \int \dfrac{dz}{z^2} = \dfrac{3}{2z}$.

Mit Rücksubstitution ergibt sich: $\int \dfrac{8x^3 + 13x}{(x^2 + 2)^2}\, dx = 4\ln(x^2 + 2) + \dfrac{3}{2(x^2 + 2)}$.

Zu jedem unbestimmten Integral kann eine bel. Konstante K addiert werden. Also:

$$\int \frac{8x^3 + 13x}{(x^2 + 2)^2}\, dx = 4\ln(x^2 + 2) + \frac{3}{2x^2 + 4} + K\,, \qquad \text{q.e.d.}$$

Hier empfiehlt es sich, einmal den Hauptsatz zu überprüfen. Wenn also

$$F(x) = 4\ln(x^2 + 2) + \frac{3}{2x^2 + 4} + K \quad \text{abgeleitet wird, muss sich} \quad \frac{8x^3 + 13x}{(x^2 + 2)^2} = f(x)$$

ergeben. (Beachten Sie dabei, es ist $\dfrac{3}{(2x^2 + 4)} = 3 \cdot (2 \cdot (x^2 + 2))^{-1}$.)

Es ist $F'(x) = \dfrac{4 \cdot 2x}{x^2 + 2} + \dfrac{3 \cdot (-1) \cdot 4x}{2^2 \cdot (x^2 + 2)^2} = \dfrac{8x}{x^2 + 2} - \dfrac{3x}{(x^2 + 2)^2} = \dfrac{8x \cdot (x^2 + 2) - 3x}{(x^2 + 2)^2}$.

Damit ist $F'(x) = \dfrac{8x^3 + 16x - 3x}{(x^2 + 2)^2} = \dfrac{8x^3 + 13x}{(x^2 + 2)^2} = f(x)$, q.e.d.

11.) Zeigen Sie durch Berechnung, dass gilt:

$$\int \frac{21x}{(x^2+2)^2}\,dx = -\frac{21}{2\cdot(x^2+2)} + K.$$

Lösung:

Durch die Substitution $z = x^2 + 2$ ergibt sich: $\dfrac{dz}{dx} = 2x$ oder $dx = \dfrac{dz}{2x}$.

Dies wird eingesetzt. Es ergibt sich:

$$21\int \frac{x}{z^2}\cdot\frac{dz}{2x} = \frac{21}{2}\int \frac{dz}{z^2} = -\frac{21}{2}\cdot\frac{1}{z}.$$

Nach Rücksubstitution ergibt sich:

$$\int \frac{21x}{(x^2+2)^2}\,dx = -\frac{21}{2\cdot(x^2+2)}.$$

Zu jedem unbestimmten Integral kann eine bel. Konstante K addiert werden. Also:

$$\int \frac{21x}{(x^2+2)^2}\,dx = -\frac{21}{2\cdot(x^2+2)} + K, \qquad \text{q.e.d.}$$

12.) Zeigen Sie durch Berechnung, dass gilt:

$$\int \frac{x+3}{x^2+x} \, dx = 3\ln(|x|) - 2\ln(|x+1|) + K.$$

Lösung:

Das Integral kann mit Hilfe einer Partialbruchzerlegung gelöst werden.

Der Ansatz $\dfrac{x+3}{x^2+x} = \dfrac{A}{x} + \dfrac{B}{x+1}$ liefert nach Multiplikation mit beiden Nennern, (die

$\neq 0$ sind):

$$x + 3 = A \cdot (x+1) + B \cdot x = (A+B) \cdot x + A.$$

Durch Koeffizientenvergleich ergeben sich die beiden Gleichungen:

$1 = A + B$ \hfill (1), da x einmal vorkommt.

$3 = A$ \hfill (2) Damit ergibt sich für:

$B = 1 - A = 1 - 3 = -2$. \hfill (3)

Jetzt kann das Integral angesetzt werden zu:

$$\int \frac{x+3}{x^2+x} \, dx = 3\int \frac{1}{x} \, dx - 2\int \frac{1}{x+1} \, dx = 3\ln(x) - 2\ln(x+1).$$

Zu jedem unbestimmten Integral kann eine bel. Konstante K addiert werden. Also:

$$\int \frac{x+3}{x^2+x} \, dx = 3\ln(|x|) - 2\ln(|x+1|) + K, \qquad \text{q.e.d.}$$

13.) Zeigen Sie durch Berechnung, dass gilt:

$$\int \frac{x^4 + 3x^3 - x^2 - 2x - 3}{x^2 - 1} dx = \frac{x^3}{3} + \frac{3x^2}{2} - \ln(|x-1|) + 2\ln(|x+1|) + K.$$

Lösung:

Da im Zähler x^4 und im Nenner x^2 vorkommt, ist zunächst eine (unvollständige) Polynomdivision ratsam. Es ist:

$$(x^4 + 3x^3 - x^2 - 2x - 3) : (x^2 - 1) = x^2 + 3x + \frac{x-3}{x^2 - 1}.$$

Aus dem Ansatz $\frac{x-3}{x^2-1} = \frac{A}{x-1} + \frac{B}{x+1}$ ergibt sich durch Multiplikation mit den beiden

Nennern, (die $\neq 0$ sind):

$$x - 3 = A \cdot (x+1) + B \cdot (x-1) = Ax + A + Bx - B = (A+B) \cdot x + A - B.$$

Daraus ergeben sich durch Koeffizientenvergleich die beiden Gleichungen:

$1 = A + B$ (1), da x einmal vorkommt.

$-3 = A - B$.   (2) Addition von (1) und (2) liefert:

$-2 = 2A \Leftrightarrow A = -1$ (3) wird eingesetzt z. Beisp. in (1):

$B = 1 - A = 1 + 1 = 2$ (4).

Jetzt kann das Integral dargestellt werden als:

$$\int \frac{x^4 + 3x^3 - x^2 - 2x - 3}{x^2 - 1} dx = \int (x^2 + 3x - \frac{1}{x-1} + \frac{2}{x+1}) dx. \qquad \text{Das ergibt:}$$

$$\int \frac{x^4 + 3x^3 - x^2 - 2x - 3}{x^2 - 1} dx = \frac{x^3}{3} + \frac{3x^2}{2} - \ln(x-1) + 2\ln(x+1).$$

Zu jedem unbestimmten Integral kann eine bel. Konstante K addiert werden. Also:

$$\int \frac{x^4 + 3x^3 - x^2 - 2x - 3}{x^2 - 1} dx = \frac{x^3}{3} + \frac{3x^2}{2} - \ln(|x-1|) + 2\ln(|x+1|) + K, \qquad \text{q.e.d.}$$

14.) Zeige Sie durch Berechnung, dass gilt:

$$\int x \cdot \sqrt{(a^2 - x^2)} \, dx = -\frac{1}{3} \sqrt{(a^2 - x^2)^3} + K.$$

Lösung:

Die Lösung gelingt hier mit Hilfe der Substitution $z = a^2 - x^2$.

Es ist dann:

$$\frac{dz}{dx} = -2x \Leftrightarrow dx = -\frac{dz}{2x}.$$

Damit geht das Integral über in:

$$\int x \cdot \sqrt{(a^2 - x^2)} \, dx = \int \frac{x \cdot \sqrt{z}}{-2x} \, dz = -\frac{1}{2} \int z^{\frac{1}{2}} \, dz = -\frac{1}{2} \cdot \frac{z^{\frac{3}{2}}}{\frac{3}{2}} = -\frac{1}{3} z^{\frac{3}{2}}.$$

Die Rücksubstitution ergibt:

$$\int x \cdot \sqrt{(a^2 - x^2)} \, dx = -\frac{1}{3} \sqrt{(a^2 - x^2)^3}.$$

Zu jedem unbestimmten Integral kann eine bel. Konstante K addiert werden. Also:

$$\int x \cdot \sqrt{(a^2 - x^2)} \, dx = -\frac{1}{3} \sqrt{(a^2 - x^2)^3} + K, \qquad \text{q.e.d.}$$

15.) Zeigen Sie durch Berechnung, dass gilt:

$$\int x \cdot \sqrt{(a+x)}\,dx = \frac{2}{15}\sqrt{(a+x)^3} \cdot (3x-2a) + K\,.$$

Lösung:

Die Lösung gelingt durch partielle Integration. Es ist:

$$\int u \cdot v'\,dx = u \cdot v - \int u' \cdot v\,dx\,.$$

Setzt man $\quad u = x$ und $v' = (a+x)^{\frac{1}{2}}$, $\qquad$ so ergibt sich:

$$u' = 1 \text{ und } v = \frac{2}{3} \cdot (a+x)^{\frac{3}{2}}\,. \qquad \text{Damit folgt:}$$

$$\int x \cdot \sqrt{(a+x)}\,dx = \frac{2}{3}x \cdot (a+x)^{\frac{3}{2}} - \int \frac{2}{3} \cdot (a+x)^{\frac{3}{2}}\,dx = \frac{2}{3}x \cdot (a+x)^{\frac{3}{2}} - \frac{2}{3}(a+x)^{\frac{5}{2}} \cdot \frac{2}{5}\,.$$

$$\int x \cdot \sqrt{(a+x)}\,dx = 2 \cdot (a+x)^{\frac{3}{2}} \cdot (\frac{1}{3}x - \frac{2}{15}a - \frac{2}{15}x) = \frac{2}{15} \cdot (a+x)^{\frac{3}{2}} \cdot (5x - 2a - 2x)\,.$$

Das ergibt schließlich:

$$\int x \cdot \sqrt{(a+x)}\,dx = \frac{2}{15}\sqrt{(a+x)^3} \cdot (3x - 2a)\,.$$

Zu jedem unbestimmten Integral kann eine bel. Konstante K addiert werden. Also:

$$\int x \cdot \sqrt{(a+x)}\,dx = \frac{2}{15}\sqrt{(a+x)^3} \cdot (3x - 2a) + K\,, \qquad \text{q.e.d.}$$

Die Lösung gelingt auch durch <u>Substitution</u>:

$$u = \sqrt{a+x} \text{ liefert } u^2 = a+x\,.$$

Daraus ergibt sich: $x = u^2 - a$ und $dx = 2u \cdot du$. Setzt man dies in das Integral ein, so folgt:

$$I = \int x \cdot \sqrt{a+x}\,dx = \int (u^2 - a) \cdot u \cdot 2u \cdot du = \int (2u^4 - 2a \cdot u^2)\,du = \frac{2u^5}{5} - \frac{2a \cdot u^3}{3}\,.$$

Das ergibt: $I = 2u^3 \cdot (\frac{u^2}{5} - \frac{a}{3}) = \frac{2}{15}u^3 \cdot (3u^2 - 5a)\,.$

Die Rücksubstitution ergibt:

$$I = \frac{2}{15} \cdot \sqrt{(a+x)^3} \cdot (3a + 3x - 5a) = \frac{2}{15} \cdot \sqrt{(a+x)^3} \cdot (3x - 2a)\,, \qquad \text{s. o.}$$

16.) Zeigen Sie durch Berechnung, dass gilt:

$$\int x^2 \cdot \sqrt{1-x}\,dx = -\frac{2}{105} \cdot \sqrt{(1-x)^3} \cdot (15x^2 + 12x + 8) + K.$$

Lösung:

Die Lösung gelingt durch die Substitution:

$u = \sqrt{1-x}$ liefert $x = 1 - u^2$. Daraus folgt: $dx = -2u \cdot du$.

Damit ergibt sich: $\int x^2 \cdot \sqrt{1-x}\,dx = -\int (1-u^2)^2 \cdot u \cdot 2u \cdot du$. Das ergibt:

$$I = -2\int (1 - 2u^2 + u^4) \cdot u^2\,du = -2\int (u^2 - 2u^4 + u^6)\,du = -2 \cdot \left(\frac{u^3}{3} - \frac{2}{5}u^5 + \frac{u^7}{7}\right).$$

Die Rücksubstitution ergibt:

$$I = -2 \cdot \left(\frac{(1-x)^{\frac{3}{2}}}{3} - \frac{2}{5} \cdot (1-x)^{\frac{5}{2}} + \frac{(1-x)^{\frac{7}{2}}}{7}\right).$$

$$I = -\frac{2}{105} \cdot \sqrt{(1-x)^3} \cdot (35 - 2 \cdot 21 \cdot (1-x) + 15 \cdot (1-x)^2)$$

$$I = -\frac{2}{105} \cdot \sqrt{(1-x)^3} \cdot (35 - 42 + 42x + 15 \cdot (1 - 2x + x^2).$$

$$I = -\frac{2}{105} \cdot \sqrt{(1-x)^3} \cdot (15x^2 + 12x + 8)$$

Zu jedem unbestimmten Integral kann eine bel. Konstante K addiert werden. Also:

$$\int x^2 \cdot \sqrt{1-x}\,dx = -\frac{2}{105} \cdot \sqrt{(1-x)^3} \cdot (15x^2 + 12x + 8) + K, \qquad \text{q.e.d.}$$

17.) Zeigen Sie durch Berechnung, dass gilt:

$$\int \frac{x}{\sqrt{1-x}} dx = -\frac{2}{3}\sqrt{1-x} \cdot (x+2) + K \ .$$

Lösung:

Die Lösung gelingt durch die Substitution: $u = \sqrt{1-x}$.

Dann ist: $x = 1 - u^2$ und damit $dx = -2u \cdot du$.

Eingesetzt ergibt sich:

$$\int \frac{x}{\sqrt{1-x}} dx = -\int \frac{1-u^2}{u} \cdot 2u \cdot du = -2\int (1-u^2)du = -2 \cdot (u - \frac{u^3}{3}) = -2u \cdot (1 - \frac{u^2}{3}) \ .$$

Die Rücksubstitution liefert:

$$\int \frac{x}{\sqrt{1-x}} = -2 \cdot \sqrt{1-x} \cdot (1 - \frac{1-x}{3}) = -2\sqrt{1-x} \cdot (\frac{3-1+x}{3}) = -\frac{2}{3} \cdot \sqrt{1-x} \cdot (x+2) \ .$$

Zu jedem unbestimmten Integral kann eine bel. Konstante K addiert werden. Also:

$$\int \frac{x}{\sqrt{1-x}} dx = -\frac{2}{3}\sqrt{1-x} \cdot (x+2) + K \ , \qquad \text{q.e.d.}$$

18.) Zeigen Sie durch Berechnung, dass gilt:

$$\int \frac{dx}{\sqrt{6x - x^2 - 8}} = \arcsin(x - 3) + K \, .$$

Lösung:

Aus $-x^2 + 6x - 8 = -(x^2 - 6x + 8)$ wird durch quadratische Ergänzung:

$$-x^2 + 6x - 8 = -(x^2 - 6x + 8) = -(x^2 - 6x + 9 - 9 + 8) = -(x - 3)^2 + 1 = 1 - (x - 3)^2 \, .$$

Die Substitution $u = x - 3$ liefert $dx = du$.

Also geht das Integral über in

$$\int \frac{dx}{\sqrt{6x - x^2 - 8}} = \int \frac{du}{\sqrt{1 - u^2}} = \arcsin(u) \, .$$

Die Rücksubstitution liefert:

$$\int \frac{dx}{\sqrt{6x - x^2 - 8}} = \arcsin u = \arcsin(x - 3) \, .$$

Zu jedem unbestimmten Integral kann eine bel. Konstante K addiert werden. Also:

$$\int \frac{dx}{\sqrt{6x - x^2 - 8}} = \arcsin(x - 3) + K \, , \qquad \text{q.e.d.}$$

19.) Zeigen Sie durch Berechnung, dass gilt:

$$\int \frac{dx}{\sin(x)} = \ln\left(\sqrt{\left|\frac{1-\cos(x)}{1+\cos(x)}\right|}\right) + K$$

Lösung:

Die Substitution $z = \cos(x)$ liefert: $\dfrac{dz}{dx} = -\sin(x)$ oder $dx = -\dfrac{dz}{\sin(x)}$. Damit geht das

Integral über in: $\int \dfrac{dx}{\sin(x)} = -\int \dfrac{dz}{\sin^2(x)}$. Mit dem Additionstheorem

$1 = \sin^2(x) + \cos^2(x)$ ergibt sich für $\sin^2(x) = 1 - \cos^2(x)$. Also ist

$$\int \frac{dx}{\sin(x)} = -\int \frac{dz}{1-\cos^2(x)} = -\int \frac{dz}{1-z^2}.$$

Dies kann nun leicht mit Partialbruchzerlegung gelöst werden.

Es ist $\dfrac{1}{1-z^2} = \dfrac{A}{1-z} + \dfrac{B}{1+z}$. Die Multiplikation mit beiden Nennern ergibt:

$1 = A \cdot (1+z) + B \cdot (1-z) = A + A \cdot z + B - B \cdot z = A + B + (A-B) \cdot z$.

Der Koeffizientenvergleich liefert die beiden Gleichungen:

$0 = A - B$ 　　　　　　　　　　　　(1) und

$1 = A + B$. 　　　　　　　　　　　　(2) Addition beider Gleichungen ergibt:

$1 = 2A \Leftrightarrow A = \dfrac{1}{2}$ 　　　　　　　(3) Damit ist:

$B = A = \dfrac{1}{2}$. 　　　　　　　　　(4). Also ist:

$$\int \frac{dx}{\sin(x)} = -\int \frac{dz}{1-z^2} = -\frac{1}{2} \cdot \int \frac{dz}{1-z} - \frac{1}{2} \cdot \int \frac{dz}{1+z} = \frac{1}{2}\ln(1-z) - \frac{1}{2}\ln(1+z). \quad \text{(Kettenregel!)}$$

Die Rücksubstitution ergibt:

$$\int \frac{dx}{\sin(x)} = \frac{1}{2} \cdot \ln(1-\cos(x)) - \frac{1}{2} \cdot \ln(1+\cos(x)).$$

$$\int \frac{dx}{\sin(x)} = \frac{1}{2} \cdot \ln\left(\frac{1-\cos(x)}{1+\cos(x)}\right) = \ln\left(\sqrt{\frac{1-\cos(x)}{1+\cos(x)}}\right).$$

Zu jedem unbestimmten Integral kann eine bel. Konstante K addiert werden. Also:

$$\int \frac{dx}{\sin(x)} = \ln\left(\sqrt{\left|\frac{1-\cos(x)}{1+\cos(x)}\right|}\right) + K, \quad \text{q.e.d.}$$

Leiten Sie zur Übung das Endergebnis ab, um zur Ausgangsfunktion zu gelangen!

20.)   Zeigen Sie durch Berechnung, dass gilt:

$$\int \frac{1}{x}\sqrt{\ln(x)}\,dx = \frac{2}{3}\cdot(\sqrt{\ln(x)})^3 + K\,.$$

Lösung:

Durch die Substitution $z = \sqrt{\ln(x)} = (\ln(x))^{\frac{1}{2}}$ ergibt sich für:

$\frac{dz}{dx} = \frac{1}{2}\cdot(\ln(x))^{-\frac{1}{2}}\cdot\frac{1}{x}$. Damit ist

$dx = 2x\cdot\sqrt{\ln(x)}\cdot dz$. Also ist

$\int \frac{1}{x}\sqrt{\ln(x)}\,dx = \int \frac{1}{x}\sqrt{\ln(x)}\cdot 2x\cdot\sqrt{\ln(x)}\,dz = 2\int z^2\,dz$. Also ist, mit Rücksubstitution:

$\int \frac{1}{x}\sqrt{\ln(x)}\,dx = \frac{2}{3}\cdot z^3 = \frac{2}{3}\cdot(\sqrt{\ln(x)})^3\,.$

Zu jedem unbestimmten Integral kann eine bel. Konstante K addiert werden. Also:

$$\int \frac{1}{x}\sqrt{\ln(x)}\,dx = \frac{2}{3}\cdot(\sqrt{\ln(x)})^3 + K\,, \qquad \text{q.e.d.}$$

21.) Zeigen Sie durch Berechnung, dass gilt:

$$\int \sqrt{a^2 - x^2}\, dx = \frac{1}{2} a^2 \arcsin \frac{x}{|a|} + \frac{1}{2} x \cdot \sqrt{a^2 - x^2} + K\,.$$

Lösung:

Die Lösung gelingt durch die Substitution $x = a \cdot \sin u$. Dann ist $dx = a \cdot \cos u \cdot du$. Damit geht das Integral über in:

$$I = \int \sqrt{a^2 - x^2}\, dx = \int \sqrt{a^2 - a^2 \sin^2(u)} \cdot a \cdot \cos(u) \cdot du = a^2 \int \sqrt{1 - \sin^2(u)} \cdot \cos(u) \cdot du\,.$$

Wegen

$$\sin^2(u) + \cos^2(u) = 1 \text{ ist } \sqrt{1 - \sin^2(u)} = \cos(u)\,.$$

Damit wird $I = a^2 \int \cos^2(u) \cdot du$.

$\int \cos^2 u \cdot du$ wird am besten mit partieller Integration gelöst. Setzt man:

$$v = \cos(u) \quad \text{und} \quad z` = \cos(u)\,, \qquad \text{so ergibt sich:}$$
$$v` = -\sin(u) \quad \text{und} \quad z = \sin(u)\,. \qquad \text{Es folgt dann:}$$

$$\int \cos^2(u) \cdot du = \cos(u) \cdot \sin(u) + \int \sin^2(u) \cdot du = \cos(u) \cdot \sin(u) + \int (1 - \cos^2(u)) \cdot du\,.$$

Damit kann wieder teilweise integriert werden:

$$\int \cos^2(u) \cdot du = \cos(u) \cdot \sin(u) + u - \int \cos^2(u) \cdot du\,. \quad \text{Daraus ergibt sich:}$$

$$2 \int \cos^2(u) \cdot du = \cos(u) \cdot \sin(u) + u \quad \text{oder aber}$$

$$\int \cos^2(u) \cdot du = \frac{1}{2} \cdot \cos(u) \cdot \sin(u) + \frac{1}{2} u\,.$$

Damit geht das Integral I über in: $I = \dfrac{a^2}{2} \cdot (\cos(u) \cdot \sin(u) + u)$.

Die Rücksubstitution liefert aus $x = a \cdot \sin(u)$:für $u = \arcsin(\dfrac{x}{a})$.

Wegen $x = a \cdot \sin u$ und $a \cdot \cos(u) = \sqrt{a^2 - a^2 \cdot \sin^2(x)} = \sqrt{a^2 - x^2}$ s.o., ergibt sich schließlich:

$$I = \frac{a^2}{2} \cdot \arcsin(\frac{x}{a}) + \frac{1}{2} x \cdot \sqrt{a^2 - x^2}\,.$$

(a^2 ist immer positiv; daher wird a in Betragstriche gesetzt.)
Zu jedem unbestimmten Integral kann eine bel. Konstante K addiert werden. Also:

$$I = \frac{a^2}{2} \cdot \arcsin(\frac{x}{|a|}) + \frac{1}{2} x \cdot \sqrt{a^2 - x^2} + K\,, \qquad \text{q.e.d.}$$

22.) Zeigen Sie durch Berechnung, dass gilt:

$$\int x \cdot \sqrt{x+6}\, dx = \frac{2}{5}(x+6)^{\frac{3}{2}} \cdot (x-4) + K.$$

Lösung:

Die Lösung gelingt durch die Substitution $u = \sqrt{x+6}$.

Dann ist $u^2 = x+6$ oder $x = u^2 - 6$, und damit ist $dx = 2u \cdot du$.

Damit geht das Integral über in:

$$I = \int x \cdot \sqrt{x+6}\, dx = \int (u^2 - 6) \cdot u \cdot 2u \cdot du = 2\int (u^4 - 6u^2)\, du.$$

Das ergibt:

$$I = 2 \cdot \left(\frac{u^5}{5} - \frac{6u^3}{3}\right) = 2 \cdot \left(\frac{u^5}{5} - 2u^3\right).$$

Die Rücksubstitution liefert:

$$I = 2 \cdot \left(\frac{(x+6)^{\frac{5}{2}}}{5} - 2 \cdot (x+6)^{\frac{3}{2}}\right) = \frac{2}{5} \cdot (x+6)^{\frac{3}{2}} \cdot (x+6-10\cdot 1).$$

Das ergibt schließlich:

$$I = \frac{2}{5} \cdot (x+6)^{\frac{3}{2}} \cdot (x-4).$$

Zu jedem unbestimmten Integral kann eine bel. Konstante K addiert werden. Also:

$$I = \frac{2}{5} \cdot (x+6)^{\frac{3}{2}} \cdot (x-4) + K, \qquad \text{q.e.d.}$$

23.) Zeigen Sie durch Berechnung, dass gilt:

$$\int \frac{4x}{\sqrt{2x-5}}\,dx = \frac{4}{3}\sqrt{2x-5}\cdot(x+5)+K.$$

Lösung:

Die Lösung gelingt durch die Substitution: $u = \sqrt{2x-5}$.

Dann ergibt sich: $u^2 = 2x-5$ oder $x = \dfrac{u^2}{2}+\dfrac{5}{2}$. Damit ist $dx = u\cdot du$.

Damit geht das Integral über in:

$$I = \frac{4}{2}\cdot\int\frac{u^2+5}{u}\cdot u\,du = 2\int(u^2+5)du = 2\cdot(\frac{u^3}{3}+5u) \quad\text{oder}$$

$$I = \frac{2}{3}\cdot(u^3+15u) = \frac{2}{3}u\cdot(u^2+15) = \frac{2}{3}\cdot\sqrt{2x-5}\cdot(2x-5+15).$$

Damit geht das Integral über in:

$$I = \frac{2}{3}\cdot\sqrt{2x-5}\cdot(2x+10) = \frac{4}{3}\cdot\sqrt{2x-5}\cdot(x+5).$$

Zu jedem unbestimmten Integral kann eine bel. Konstante K addiert werden. Also:

$$I = \frac{2}{3}\cdot\sqrt{2x-5}\cdot(2x+10) = \frac{4}{3}\cdot\sqrt{2x-5}\cdot(x+5)+K, \quad\text{q.e.d.}$$

24.)   Zeigen Sie durch Berechnung, dass gilt:

$$\int x^2 \cdot \sqrt{1-x}\,dx = -\frac{2}{105} \cdot \sqrt{(1-x)^3} \cdot (15x^2 + 12x + 8) + K.$$

Lösung:

Die Lösung gelingt durch die Substitution: $u = \sqrt{1-x}$.

Damit ergibt sich:

$u^2 = 1-x$ oder $x = 1-u^2$.

Damit ist $dx = -2u \cdot du$.

Das Integral geht also über in:

$$I = \int x^2 \cdot \sqrt{1-x^2}\,dx = -2\int (1-u^2)^2 \cdot u \cdot u \cdot du = -2\int (1-2u^2+u^4) \cdot u^2 \cdot du.$$

$$I = -2\int (u^2 - 2u^4 + u^6)\,du = -2 \cdot (\frac{u^3}{3} - \frac{2u^5}{5} + \frac{u^7}{7}) = -2u^3 \cdot (\frac{1}{3} - \frac{2u^2}{5} + \frac{u^4}{7}).$$

Die Rücksubstitution ergibt:

$$I = -2\sqrt{(1-x)^3} \cdot (\frac{1}{3} - \frac{2}{5} \cdot (1-x) + \frac{1}{7} \cdot (1-x)^2)$$

$$I = -2\sqrt{(1-x)^3} \cdot (\frac{1}{3} - \frac{2}{5} + \frac{2}{5}x + \frac{1}{7} - \frac{2}{7}x + \frac{1}{7}x^2)$$

$$I = -2\sqrt{(1-x)^3} \cdot (\frac{8}{105} + \frac{4}{35}x + \frac{1}{7}x^2). \text{ Damit geht das Integral über in:}$$

$$I = \frac{-2}{105}\sqrt{(1-x)^3} \cdot (8 + 12x + 15x^2)$$

Zu jedem unbestimmten Integral kann eine bel. Konstante K addiert werden. Also:

$$I = \frac{-2}{105}\sqrt{(1-x)^3} \cdot (8 + 12x + 15x^2) + K, \qquad \text{q.e.d.}$$

25.) Zeigen Sie durch Berechnung, dass gilt:

$$\int \frac{dx}{x \cdot \sqrt{x+4}} = \frac{1}{2} \cdot (\ln(|\sqrt{x+4} - 2|) - \ln(\sqrt{x+4} + 2)) + K.$$

Lösung:

Die Lösung gelingt durch die Substitution: $u = \sqrt{x+4}$.

Damit ist: $u^2 = x + 4$ und $x = u^2 - 4$. Dann ist: $dx = 2u \cdot du$.

Damit geht das Integral über in:

$$I = \int \frac{dx}{x \cdot \sqrt{x+4}} = \int \frac{2u}{(u^2 - 4) \cdot u} du = 2 \int \frac{1}{u^2 - 4} du = 2 \int \frac{1}{(u-2) \cdot (u+2)} du.$$

Das letzte Integral kann z. Beisp. mit Partialbruchzerlegung gelöst werden. Es ist:

$$\frac{1}{u^2 - 4} = \frac{A}{u+2} + \frac{B}{u-2}.$$ Multiplikation mit beiden Nennern ergibt:

$$1 = A \cdot (u - 2) + B \cdot (u + 2) = (A + B) \cdot u + 2 \cdot (-A + B).$$

Das ergibt die beiden Gleichungen:

$0 = A + B$ (1), weil kein u enthalten ist, und

$1 = 2 \cdot (-A + B)$ (2) oder

$\dfrac{1}{2} = -A + B$ (2a) Addition von (1) und (2a) ergibt:

$\dfrac{1}{2} = 2B \Leftrightarrow B = \dfrac{1}{4}$ (3) wird in (1) eingesetzt, es ergibt sich

$A = -B = -\dfrac{1}{4}$ (4). Damit geht das Integral über in:

$$I = 2 \cdot \int \left(\frac{-1}{4 \cdot (u+2)} + \frac{1}{4 \cdot (u-2)} \right) du = \frac{1}{2} (\ln(u - 2) - \ln(u + 2)).$$

Die Rücksubstitution ergibt:

$$I = \frac{1}{2} \cdot \left(\ln(\sqrt{x+4} - 2) - \ln(\sqrt{x+4} + 2) \right).$$ Damit ist gezeigt, dass

$$\int \frac{dx}{x \cdot \sqrt{x+4}} = \frac{1}{2} \cdot (\ln(\sqrt{x+4} - 2) - \ln(\sqrt{x+4} + 2)).$$

Zu jedem unbestimmten Integral kann eine bel. Konstante K addiert werden. Also:

$$\int \frac{dx}{x \cdot \sqrt{x+4}} = \frac{1}{2} \cdot (\ln(|\sqrt{x+4} - 2|) - \ln(|\sqrt{x+4} + 2|)) + K, \quad \text{q.e.d.}$$

Auch hier ist eine Übung zum Ableiten des Ergebnisses sehr nützlich!

26.)   Zeigen Sie durch Berechnung, dass gilt:

$$\int \frac{\sqrt{x}}{x-1}\,dx = 2\sqrt{x} + \ln(|\sqrt{x}-1|) - \ln(\sqrt{x}+1) + K$$

Lösung:

Die Lösung gelingt durch die Substitution: $u = \sqrt{x}$.

Das führt auf:

$x = u^2$ und $dx = 2u \cdot du$.

Damit geht das Integral über in:

$$I = \int \frac{u}{u^2-1} \cdot 2u \cdot du = \int \frac{2u^2}{u^2-1}\,du .$$

Der Zahler von I enthält u^2, dies kann (z. Beisp. mit einer unvollständigen Polynomdivision) „vereinfacht" werden zu:

$$I = \int \frac{2\cdot(u^2-1)+2}{u^2-1}\,du = \int (2 + \frac{2}{(u-1)\cdot(u+1)})\,du .$$

Jetzt kann auf den 2. Ausdruck im Integral die Partialbruchzerlegung angewandt werden:

$\frac{2}{u^2-1} = \frac{A}{u-1} + \frac{B}{u+1}$. Die Multiplikation mit allen Nennern, (die $\neq 0$ sind), ergibt :

$2 = A\cdot(u+1) + B\cdot(u-1) = (A+B)\cdot u + A - B$. Das ergibt die beiden Gleichungen:

$0 = A + B$	(1) und
$2 = A - B$.	(2) Addition von (1) und (2) liefert:
$2 = 2A \Leftrightarrow A = 1$.	(3) wird z. Beisp. in (1) eingesetzt:
$0 = 1 + B \Leftrightarrow B = -1$	(4).

Damit lautet das Integral:

$I = 2u + \int (\frac{1}{u-1} - \frac{1}{u+1})\,du = 2u + \ln(u-1) - \ln(u+1)$. Die Rücksubstitution ergibt:

$I = 2\sqrt{x} + \ln(\sqrt{x}-1) - \ln(\sqrt{x}+1)$

Damit ist gezeigt, dass

$$\int \frac{\sqrt{x}}{x-1}\,dx = 2\sqrt{x} + \ln(\sqrt{x}-1) - \ln(\sqrt{x}+1) .$$

Zu jedem unbestimmten Integral kann eine bel. Konstante K addiert werden. Also:

$$\int \frac{\sqrt{x}}{x-1}\,dx = 2\sqrt{x} + \ln(|\sqrt{x}-1|) - \ln(\sqrt{x}+1) + K , \qquad \text{q.e.d.}$$

27.) Zeigen Sie durch Berechnung, dass gilt:

$$\int \sqrt{9-x^2}\,dx = \frac{9}{2}\arcsin(\frac{x}{3}) + \frac{x}{2}\cdot\sqrt{9-x^2} + K.$$

Lösung:

Die Lösung gelingt durch die Substitution: $x = 3\cdot\sin(u)$.

Außerdem ist dann $dx = 3\cdot\cos(u)\,du$.

Dann ergibt sich für:

$$\sqrt{9-x^2} = \sqrt{9-9\sin^2(u)} = 3\sqrt{1-\sin^2(u)} = 3\cdot\cos(u),$$

da immer $\sin^2(u) + \cos^2(u) = 1$ ist.

Also geht das Integral über in:

$$I = \int \sqrt{9-x^2}\,dx = \int 3\cos(u)\cdot 3\cos(u)\,du = 9\int\cos^2(u)\,du.$$

Dieses Integral kann mit partieller Integration gelöst werden. (siehe Aufgabe Nr. 21)

Es ist:

$$I = 9\cdot\int\cos^2(u)\,du = \ldots\ldots = \frac{9}{2}\cdot(u + \sin(u)\cdot\cos(u)) = \frac{9}{2}u + \frac{3}{2}\sin(u)\cdot 3\cdot\cos(u).$$

Die Rücksubstitution ergibt:

Aus $\frac{x}{3} = \sin(u)$ ergibt sich $u = \arcsin(\frac{x}{3})$.

Es ist außerdem $\frac{3}{2}\sin(u) = \frac{x}{2}$ und $3\cos(u) = \sqrt{9-x^2}$ (s. o.).

Damit ist gezeigt, dass:

$$I = \int \sqrt{9-x^2}\,dx = \frac{9}{2}\arcsin(\frac{x}{3}) + \frac{x}{2}\cdot\sqrt{9-x^2}.$$

Zu jedem unbestimmten Integral kann eine bel. Konstante K addiert werden. Also:

$$\int \sqrt{9-x^2}\,dx = \frac{9}{2}\arcsin(\frac{x}{3}) + \frac{x}{2}\cdot\sqrt{9-x^2} + K, \qquad \text{q.e.d.}$$

28.) Zeigen Sie durch Berechnung, dass gilt:

$$\int \frac{\sqrt{2x+3}}{4x-2}dx = \frac{1}{2}\sqrt{2x+3} + \frac{1}{2}\cdot\left(\ln(|\sqrt{2x+3}-2|) - \ln(|\sqrt{2x+3}+2|)\right) + K.$$

Lösung:

Die Lösung gelingt durch die Substitution: $u = \sqrt{2x+3}$.

Das ergibt $u^2 = 2x+3$ und damit $x = \frac{1}{2}u^2 - \frac{3}{2}$. Es ist also $dx = u \cdot du$.

Damit geht das Integral über in:

$$I = \int \frac{\sqrt{2x+3}}{4x-2}dx = \int \frac{u}{2u^2-8}u \cdot du = \frac{1}{2}\int \frac{u^2}{u^2-4}du.$$

Mit Hilfe einer (unvollständigen) Polynomdivision ergibt sich:

$$u^2 : (u^2-4) = 1 + \frac{4}{(u-2)\cdot(u+2)}.$$

Der 2.Teil dieser Gleichung kann mit Partialbruchzerlegung gelöst werden. Es ist:

$$\frac{4}{u^2-4} = \frac{A}{u-2} + \frac{B}{u+2}, \text{ ergibt mit Multiplikation beider Nenner, die } \neq 0 \text{ sind:}$$

$$4 = A \cdot (u+2) + B \cdot (u-2) = (A+B)\cdot u + (A-B)\cdot 2.$$

Koeffizientenvergleich ergibt die beiden Gleichungen:

$0 = A + B$	(1) und
$2 = A - B$	(2) Addition von (1) und (2) liefert:
$2 = 2A \Leftrightarrow A = 1$	(3) wird z. Beisp. in (1) eingesetzt:
$B = -A = -1$	(4).

Damit geht das Integral über in:

$$I = \frac{1}{2}u + \frac{1}{2}\int \frac{1}{u-2}du - \frac{1}{2}\int \frac{1}{u+2}du = \frac{1}{2}u + \frac{1}{2}\ln(u-2) - \frac{1}{2}\ln(u+2).$$

Die Rücksubstitution ergibt schließlich:

$$I = \int \frac{\sqrt{2x+3}}{4x-2}dx = \frac{1}{2}\sqrt{2x+3} + \frac{1}{2}\cdot\left(\ln(\sqrt{2x+3}-2) - \ln(\sqrt{2x+3}+2)\right)$$

Zu jedem unbestimmten Integral kann eine bel. Konstante K addiert werden. Also:

$$\int \frac{\sqrt{2x+3}}{4x-2}dx = \frac{1}{2}\sqrt{2x+3} + \frac{1}{2}\cdot\left(\ln(|\sqrt{2x+3}-2|) - \ln(|\sqrt{2x+3}+2|)\right) + K, \quad \text{q.e.d.}$$

29.) Zeigen Sie durch Berechnung, dass gilt:

$$\int \frac{dx}{x^2 \cdot \sqrt{1-x^2}} = -\frac{1}{x} \cdot \sqrt{1-x^2} + K$$

Lösung:

Die Lösung gelingt durch die Substitution: $x = \sin u$.

Dann ist:

$$\sqrt{1-x^2} = \sqrt{1-\sin^2(u)} = \cos(u). \quad \text{(wegen Additionstheorem: } 1 = \sin^2 u + \cos^2 u\text{)}$$

Damit wird aus $dx = \cos(u) \cdot du$.

Damit geht das Integral über in:

$$I = \int \frac{\cos(u)}{\sin^2(u) \cdot \cos(u)} du = \int \frac{du}{\sin^2(u)} = -\cot(u) = -\frac{1}{\tan(u)} = -\frac{\cos(u)}{\sin(u)}.$$

Es muss noch gezeigt werden, dass $\int \frac{1}{\sin^2(u)} du = -\cot(u)$ ist.

Das geht am Besten umgekehrt, indem die Ableitung von $z(u) = -\cot(u) = -\frac{\cos(u)}{\sin(u)}$

gebildet wird. Es ist:

$$z`(u) = -\frac{-\sin(u) \cdot \sin(u) - \cos(u) \cdot \cos(u)}{\sin^2(u)} = \frac{\sin^2(u) + \cos^2(u)}{\sin^2(u)} = \frac{1}{\sin^2(u)}.$$

Die Rücksubstitution ergibt für das Integral: $I = -\frac{1}{x} \cdot \sqrt{1-x^2}$.

Zu jedem unbestimmten Integral kann eine bel. Konstante K addiert werden. Also:

$$\int \frac{dx}{x^2 \cdot \sqrt{1-x^2}} = -\frac{1}{x} \cdot \sqrt{1-x^2} + K, \quad \text{q.e.d.}$$

30.) Zeigen Sie durch Berechnung, dass gilt:

$$\int \frac{x^2}{\sqrt{4-x^2}}\,dx = 2\cdot \arcsin(\frac{x}{2}) - \frac{x}{2}\cdot\sqrt{4-x^2} + K\,.$$

Lösung:

Die Lösung gelingt durch die Substitution: $x = 2\cdot\sin(u)$.

Dann wird aus $dx = 2\cos(u)\cdot du$.

Dann ist $x^2 = 4\cdot\sin^2(u)$.

Damit wird aus: $\sqrt{4-x^2} = \sqrt{4-4\sin^2(u)} = 2\sqrt{1-\sin^2(u)} = 2\cos(u)$.

Damit geht das Integral über in:

$$I = \int \frac{x^2}{\sqrt{4-x^2}}\,dx = \int \frac{4\sin^2(u)}{2\cos(u)}\cdot 2\cos(u)\cdot du = 4\int \sin^2(u)\cdot du\,.$$

Mit Hilfe von partieller Integration ergibt sich:

$$I = 4\int \sin^2(u)\cdot du = \ldots\ldots = 4\cdot\frac{1}{2}\cdot(u-\sin(u)\cdot\cos(u)) = 2\cdot u - 2\sin(u)\cdot\cos(u)\,.$$

Die Rücksubstitution (s. o.) liefert:

$$I = \int \frac{x^2}{\sqrt{4-x^2}}\,dx = 2\cdot\arcsin\left(\frac{x}{2}\right) - x\cdot\frac{1}{2}\cdot\sqrt{4-x^2}\,.$$

Damit ist gezeigt, dass für das Integral

$$I = \int \frac{x^2}{\sqrt{4-x^2}}\,dx = 2\cdot\arcsin\left(\frac{x}{2}\right) - x\cdot\frac{1}{2}\cdot\sqrt{4-x^2}\quad\text{gilt.}$$

Zu jedem unbestimmten Integral kann eine bel. Konstante K addiert werden. Also:

$$\int \frac{x^2}{\sqrt{4-x^2}}\,dx = 2\cdot\arcsin(\frac{x}{2}) - \frac{x}{2}\cdot\sqrt{4-x^2} + K\,,\qquad \text{q.e.d.}$$

31.) Zeigen Sie durch Berechnung, dass gilt:

$$\int \ln(x)dx = x \cdot \ln(x) - x + K.$$

Lösung:

Hier muss ein kleiner „Trick" angewandt werden, dann kann das Integral ganz leicht mit partieller Integration gelöst werden.

Es ist sicherlich $\int \ln(x)dx = \int 1 \cdot \ln(x)dx$. Jetzt kann aufgefasst werden:

$$u = \ln(x) \qquad \text{und} \qquad v = x. \qquad \text{Dann ist:}$$

$$u` = \frac{1}{x} \qquad \text{und} \qquad v` = 1.$$

Damit liefert die partielle Integration:

$$\int \ln(x)dx = x \cdot \ln(x) - \int \frac{1}{x} \cdot x dx = x \cdot \ln(x) - \int dx = x \cdot \ln(x) - x$$

Zu jedem unbestimmten Integral kann eine bel. Konstante K addiert werden. Also:

$$\int \ln(x)dx = x \cdot \ln(x) - x + K \qquad \text{q.e.d.}$$

Merksätze

Merksatz für

1.) quadratische Gleichungen:

Gleichungen der Form $a \cdot x^2 + b \cdot x + c = 0$ müssen immer auf ihre **Normalform** gebracht werden. Diese lautet:

$$x^2 + \frac{b}{a}x + \frac{c}{a} = 0 \text{ oder } x^2 + p \cdot x + q = 0.$$

Dann gilt für die **Lösung:** $x_{1/2} = -\frac{p}{2} \pm \sqrt{\left(\frac{p}{2}\right)^2 - q}$ **(p-q-Formel)**

Beispiel: $-4x^2 - 10x + 6 = 0 \Leftrightarrow x^2 + \frac{5}{2}x - \frac{3}{2} = 0$ (durch Division mit (-4))

Damit ist $p = \frac{5}{2}$ und $q = -\frac{3}{2}$.

Das ergibt als Lösung: $x_{1/2} = -\frac{5}{4} \pm \sqrt{\frac{25}{16} - (-\frac{3}{2})}$ oder

$x_{1/2} = -\frac{5}{4} \pm \sqrt{\frac{25}{16} + \frac{24}{16}} = -\frac{5}{4} \pm \sqrt{\frac{49}{16}} = -\frac{5}{4} \pm \frac{7}{4}$ also $x_1 = -\frac{12}{4} = -3$ und $x_2 = \frac{2}{4} = \frac{1}{2}$.

2.) Steigung zweier senkrecht aufeinander stehender Geraden:

Zwei Geraden mit den Gleichungen $y_1 = m_1 \cdot x + b_1$ und $y_2 = m_2 \cdot x + b_2$. seien gegeben.

Wenn diese Geraden **senkrecht** aufeinander stehen, dann gilt: $m_1 \cdot m_2 = -1$.

Beispiel: Gegeben sei $g(x) = 2x + 3$. Gesucht sei die Gleichung der Normalen $n(x) = m \cdot x + b$ (Gerade, die auf $g(x) = 2x + 3$ senkrecht steht)

Es gilt $m_1 \cdot m_2 = -1$. Daraus folgt $m_2 = -\frac{1}{m_1} = -\frac{1}{2}$.

Wenn jetzt noch der z. Beisp. Punkt $P[1 \mid 5]$ auf der Geraden g(x) gegeben ist, dann gilt wegen $g(1) = n(1)$ oder $5 = -\frac{1}{2} \cdot 1 + b$ also $b = 5 + \frac{1}{2}$.

Die gesuchte Normalengleichung lautet damit also $n(x) = -\frac{1}{2}x + \frac{11}{2}$.

Sie steht im Punkt P senkrecht auf g(x).

3.) Nullstellen ganzrationaler Funktionen

Es gilt der Fundamentalsatz der Algebra (n. Gauss)
Hat ein Polynom n-ten Grades $P_n(x)$ eine Nullstelle bei $x = x_1$, dann wird dieses Polynom in ein Polynom (n-1)-ten Grades durch Division mit $(x - x_1)$ verwandelt.

Es gilt also: $P_{n-1}(x) = \frac{P_n(x)}{x - x_1}$.

Das Polynom $P_{n-1}(x)$ wird also gefunden durch eine (sogenannte) Polynomdivision, von $P_n(x):(x-x_1)=P_{n-1}(x)$

Beispiel:
Vom Polynom 3.Grades $3x^3-14x^2+3x+20=0$ sei die Nullstelle $x_1=4$ bekannt. Dann führt eine Polynomdivision auf:
$(3x^3-14x^2+3x+20):(x-4)=3x^2-2x-5=0$.
Das Ergebnis ist ein Polynom 2. Grades und kann mit Hilfe der p-q-Formel gelöst bzw. weiter verarbeitet werden.

4.)   Differentiations- und Integrationsregeln

<u>Ableitungsregeln</u>

Es seien die (beliebigen) Funktionen f(x) und g(x) gegeben, dann ist

$(a\cdot f(x))`=a\cdot f`(x)$	**Faktorregel**
$(f(x)+g(x))`=f`(x)+g`(x)$	**Summenregel**
$(f(x)\cdot g(x))`=f`(x)\cdot g(x)+f(x)\cdot g`(x)$	**Produktregel**

$$\left(\frac{f(x)}{g(x)}\right)`=\frac{f`(x)\cdot g(x)-f(x)\cdot g`(x)}{(g(x))^2}\qquad\textbf{Quotientenregel}$$

$f`(z(x))=f`(z)\cdot z`(x)$ **Kettenregel** (äußere mal innere Ableitung)

Die Kettenregel ist die allerwichtigste Regel

Wenn $f(x)=x^n$, dann ist $f`(x)=n\cdot x^{n-1}$.   **Ableitung der Potenzfunktion** ($n\in\mathfrak{R}$)

Wenn $f(x)=\ln(x)$, dann ist $f`(x)=\dfrac{1}{x}$ **Ableitung der ln-Funktion**

Wenn $f(x)=e^x$, dann ist $f`(x)=e^x$ **Ableitung der e-Funktion**

Die Ableitung der e-Funktion ist immer die e-Funktion.

Beispiel: $f(x)=e^{x^2}$ dann ist $f`(x)=e^{x^2}\cdot 2x$ **Kettenregel !!**

Der Wert der e-Funktion (an jeder bel. Stelle) ist immer ungleich Null.

Wenn $f(x)=\sin(x)$, dann ist $f`(x)=\cos(x)$ **Ableitung der sin-Funktion**
Wenn $f(x)=\cos(x)$, dann ist $f`(x)=-\sin(x)$ **Ableitung der cos-Funktion**

<u>Integrationsregeln</u>

Es seien die (beliebigen) Funktionen f(x) und g(x) gegeben, dann ist:

$\int a\cdot f(x)dx=a\cdot\int f(x)dx$ **Faktorregel**

$\int(f(x)+g(x))dx=\int f(x)dx+\int g(x)dx$ **Summenregel**

$\int x^n dx=\dfrac{x^{n+1}}{n+1}+C$ mit $n\neq -1$ **Integration einer Potenzfunktion**

(n kann auch negativ sein, bis auf $n=-1$)

$\int\dfrac{1}{x}dx=\ln(x)+C$ **Integration von** $\dfrac{1}{x}$

$\int(f`(x)\cdot g(x))dx=f(x)\cdot g(x)-\int(f(x)\cdot g`(x))dx$ **partielle Integration**

$$\int (f(g(u)) \cdot g\,`(u))du = \int f(x)dx \qquad \textbf{Integration durch Substitution.}$$

Es ist $\int f(x)dx$ zu ermitteln; so kann man durch eine geeignete Substitution $x = g(u)$

setzen. Dabei ist zu beachten, dass $\dfrac{dx}{du} = g\,`(u)$ ist oder $dx = g\,`(u)du$.

Dies wird in das gegebene Integral eingesetzt, und dann wird nach u integriert.

Die Integration ist immer die Umkehrung der Differentiation. Das heißt:

Wenn von einer bel. Funktion f(x) eine Stammfunktion F(x) bekannt ist, dann ist

$$\underline{F`(x) = f(x)} \qquad \textbf{(Hauptsatz der D- und I-Rechnung)}$$

Bibliografische Information der Deutschen Nationalbibliothek: Die Deutsche Nationalbibliothek verzeichnet diese Publikation in der Deutschen Nationalbibliografie; detaillierte bibliografische Daten sind im Internet über dnb.d-nb.de abrufbar.

TWENTYSIX – Der Self-Publishing-Verlag
Eine Kooperation zwischen der Verlagsgruppe Random House und BoD – Books on Demand

© 2016

Herstellung und Verlag:
BoD – Books on Demand, Norderstedt

ISBN: 978-3-7407-0951-8